Übungsbuch Kosten- und Leistungsrechnung für Dummies

Michael Griga

Übungsbuch Kosten- und Leistungsrechnung für Dummies

WILEY
WILEY-VCH Verlag GmbH & Co. KGaA

Bibliografische Information der Deutschen Nationalbibliothek
Die Deutsche Nationalbibliothek verzeichnet diese Publikation in der Deutschen Nationalbibliografie; detaillierte bibliografische Daten sind im Internet über `http://dnb.d-nb.de` abrufbar.

1. Auflage 2014

Printed in Germany

Gedruckt auf säurefreiem Papier

MIX
Papier aus verantwortungsvollen Quellen
FSC www.fsc.org FSC® C006701

Coverfoto: © vasilki – iStockphoto.com
Korrektur: Frauke Wilkens, München
Satz: Beltz Bad Langensalza GmbH, Bad Langensalza
Druck und Bindung: CPI – Ebner & Spiegel, Ulm

ISBN: 978-3-527-70974-8

Über den Autor

Michael Griga, Diplom-Volkswirt, geboren 1966 in Ludwigsburg, studierte Volkswirtschaftslehre in Tübingen. Er ist heute Controller in einem Technologiekonzern. Davor hat er unter anderem als Referent im Ministerium für Wissenschaft, Forschung und Kunst Baden-Württemberg an der Einführung einer Kosten- und Leistungsrechnung an den Hochschulen mitgewirkt. Zu seinen weiteren Aufgaben gehörte dort unter anderem die Entwicklung eines Konzepts für ein Hochschulberichtswesen und -controlling.

Neben *Kosten- und Leistungsrechnung für Dummies* hat Michael Griga mit Raymund Krauleidis *Controlling für Dummies*, *Bilanzen erstellen und lesen für Dummies* und *Buchführung und Bilanzierung für Dummies* geschrieben. Mit Carmen Schönleben hat er das *Übungsbuch Buchführung für Dummies* verfasst.

Cartoonübersicht

von Christian Kalkert

Seite 23

Seite 83

Seite 203

Seite 301

Seite 357

Internet: www.stiftundmaus.de

Inhaltsverzeichnis

Einführung

Dieses Buch ist randvoll mit Übungen und natürlich den passenden Lösungen dazu. Da Sie es gerade in Ihren Händen halten, gehe ich davon aus, dass Sie sich zumindest ein ganz klein wenig für das Thema Kosten- und Leistungsrechnung interessieren, sich gar auf eine Klausur oder Prüfung vorbereiten müssen – ich drücke die Daumen – oder einfach nur Ihre verschütteten Kenntnisse wieder auffrischen wollen. Vielleicht wollen Sie aber auch danach im Job mit Ihren Kostenrechnungskenntnissen glänzen und die dortige Kostenrechnung auf Vordermann bringen.

Anhand einer Vielzahl von Übungen zu den unterschiedlichen Themen können Sie sich hier durch die gesamte Welt der Kosten- und Leistungsrechnung wühlen oder wahlweise auch nur einzelne Gebiete beackern. Schritt für Schritt erweitern Sie mit jeder Aufgabe Ihre Kompetenz, hoffentlich ohne dabei Ihren Humor zu verlieren.

Dieses Buch ergänzt *Kosten- und Leistungsrechnung für Dummies*, was aber nicht bedeutet, dass Sie *Kosten- und Leistungsrechnung für Dummies* unbedingt gelesen haben müssen, um mit diesem Übungsbuch zurechtzukommen. Dieses Buch ist unabhängig davon verwendbar, egal wie Sie Ihre bisherigen Kostenrechnungskenntnisse erworben haben. Wenn Sie aber dennoch *Kosten- und Leistungsrechnung für Dummies* beim Durcharbeiten dieses Übungsbuches danebenlegen wollen, bin ich Ihnen mit Sicherheit nicht böse.

Damit herzlich willkommen in der Welt der Kosten- und Leistungsrechnung. Selbst wenn die Konjunktur brummt und alles wie geschmiert läuft, kommt man nicht an der Kostenrechnung vorbei. Selbst das allerbeste und neueste Produkt muss nun mal kalkuliert werden. Und die Kostenrechnung kann noch viel mehr, Sie können damit ganze Unternehmen steuern! Dazu wurden im Laufe der Jahre mehr oder weniger gute Kosten- und Leistungsrechnungssysteme entwickelt.

In diesem Übungsbuch ist Ihre Mitarbeit gefragt: Auf Sie wartet hier die eine oder andere Übungsaufgabe. Für alle, die bereits auf die ersten Aufgaben brennen, hier die erste Frage: Seit wann gibt es die Kosten- und Leistungsrechnung? Drei Antworten stehen zur Wahl:

- ✓ Seit der Steinzeit: Auch damals musste man bereits auf die Kosten achten.
- ✓ Seit der Einführung der ersten Tabellenkalkulation: Microsoft Excel.
- ✓ Vermutlich seit dem Zeitalter der Industrialisierung.

Leider gibt es keine eindeutige Antwort â la »Seit dem 2.7.1848«. Bereits im Mittelalter wurde fleißig kalkuliert. Aber erst im 18. Jahrhundert fand eine Unterscheidung zwischen einer »Fabrikbuchhaltung« und einer »Finanzbuchhaltung« statt. Mit Beginn der Industrialisierung, also im 19. Jahrhundert, begann man sich mit der Abhängigkeit der Kosten von verschiedenen Einflussgrößen zu befassen. Danach beschleunigte sich die Entwicklung immer weiter. Im Jahr 1899 befasste sich Eugen Schmalenbach in seinem Artikel »Buchführung und Kalkulation im Fabrikgeschäft« mit den Grenzkosten.

Im 20. Jahrhundert entstand die Standardkostenrechnung, Plaut und Kilger entwickelten die Grenzplankostenrechnung, Riebel entwarf die relative Einzelkostenrechnung. Mit den Jahren veränderten sich die Anforderungen, neben der klassischen Produktion betraten die indirekten Bereiche und der Dienstleistungssektor verstärkt die Kostenrechnungsbühne; als Reaktion darauf entstand unter anderem die Prozesskostenrechnung. Die neuesten Entwicklungen berücksichtigen verstärkt verhaltensorientierte Aspekte.

Über dieses Buch

In diesem Buch finden Sie alle Grundlagen und wichtigen alten und neuen Systeme der Kosten- und Leistungsrechnung. Langatmige Theorieabhandlungen und unappetitliche Formeln gibt es nicht. Denn was Sie gerade in den Händen halten, ist ein praxisorientierter und gut verständlicher Überblick über die wunderbare Welt der Kosten- und Leistungsrechnung, gespickt mit Tipps und vor allem sehr vielen Übungsaufgaben.

Erfahren Sie unter anderem,

- ✓ wie die traditionelle Vollkostenrechnung und die Teilkostenrechnung funktionieren,
- ✓ wie Sie alles knallhart durchkalkulieren können,
- ✓ wie Sie Kosten sinnvoll planen und
- ✓ dass es nicht nur auf die blanken Zahlen, sondern auch auf das menschliche Verhalten ankommt.

Konventionen in diesem Buch

Keine Sorge: In diesem Übungsbuch verlangt niemand von Ihnen, dass Sie irgendetwas eingeben, mitschreiben oder ausschneiden sollen, wenn Sie partout nicht wollen. Ansonsten wäre es beim Bearbeiten der einen oder anderen Übungsaufgabe sicher nicht schlecht, zum Stift, Papier und Taschenrechner zu greifen oder sich an den Rechner zu setzen und hier die Lösungen zu erstellen.

Törichte Annahmen über den Leser

Ich gehe davon aus, dass Sie Ihre bisherigen Kostenrechnungskenntnisse mit diesem Übungsbuch vertiefen wollen.

Zudem gehe ich einmal davon aus, dass noch mindestens einer der folgenden Punkte auf Sie zutrifft:

- ✓ Sie müssen sich von Berufs wegen mit der Kosten- und Leistungsrechnung beschäftigen.
- ✓ Sie wollen endlich einmal selbst eine Fixkostendeckungsrechnung durchführen.
- ✓ Sie müssen sich in der Ausbildung oder im Studium mit der Materie herumschlagen.
- ✓ In Ihrer Freizeit lösen Sie unwahrscheinlich gerne Übungsaufgaben aller Art.

Sie dürfen das, was auf Sie zutrifft übrigens auch gerne ankreuzen – es ist ja schließlich Ihr Buch.

Was Sie nicht lesen müssen

Wenn Sie *Kosten- und Leistungsrechnung für Dummies* gelesen haben, dürfen Sie sich natürlich gleich auf die Übungsaufgaben stürzen. Auch wenn Sie es nicht gelesen haben, aber dennoch über ein fundiertes Kostenrechnungswissen verfügen, können Sie die Einführungen zu den jeweiligen Themen ohne schlechtes Gewissen überspringen.

Wie dieses Buch aufgebaut ist

Das Buch ist in fünf Teile gegliedert, die originellerweise fortlaufend nummeriert sind. In den fünf Teilen finden Sie folgende Inhalte:

Teil I: Die Basics

Hier gibt es die ersten Übungen rund um die Begriffe der Kosten- und Leistungsrechnung. Danach dürfen Sie Kostenpläne und Kostenrahmen erstellen.

Teil II: Gegenwart: Die Istkosten- und Leistungsrechnung

Jetzt geht es zur Sache. Im Kapitel zur Kostenartenrechnung üben Sie die Erfassung von Kostenarten und ermitteln kalkulatorische Kosten. Danach geht es in der Kostenstellenrechnung mithilfe des Betriebsabrechnungsbogens, kurz BAB, an die Verteilung der Kosten und an die Verrechnung innerbetrieblicher Leistungen. Abschließend geht es an die Kostenträgerrechnung. Zunächst ist die Stückrechnung, also Kalkulation, an der Reihe, danach folgt die Zeitrechnung, also die Erfolgsrechnung.

Teil III: Zukunft: Plankosten- und Planleistungsrechnung

Jetzt dürfen Sie planen. Übungsaufgaben zu Plankostenrechnungen auf Grundlage von Vollkosten und auf Basis von Teilkosten warten auf Sie. Danach gibt es Übungsaufgaben zur etwas anspruchsvollen relativen Einzelkostenrechnung und zur Prozesskostenrechnung.

Teil IV: Noch mehr Systeme und Methoden

Übungsaufgaben zum Target Costing und zum Life Cycle Costing stehen im Mittelpunkt dieses Teils. Daneben gibt es hier auch Übungen zum Behavioral Accounting und dem Prinzipal-Agent-Modell. Last but not least geht es hier auch um die Gemeinkostenwertanalyse und neue Budgetierungsmethoden wie zum Beispiel das Zero-Base-Budgeting.

Teil V: Der Top-Ten-Teil

Für den versierten … *für Dummies*-Leser ist dieser Teil nichts Neues. Hier gibt es zehn Adressen von hilfreichen Websites zum Thema Kosten- und Leistungsrechnung und zehn Kostensenkungstipps.

Anhang

Im Anhang finden Sie eine Auswahl wichtiger Vokabeln (Deutsch – Englisch) rund um das Thema Kosten- und Leistungsrechnung.

Symbole, die in diesem Buch verwendet werden

In diesem Buch werden einige Symbole verwendet, um bestimmte Arten von Informationen zu kennzeichnen:

Dieses Symbol markiert einen praktischen Tipp, der Ihnen einiges erleichtern kann.

Hier handelt es sich um zusätzliche Erklärungen und Hinweise, die etwaige Unklarheiten beseitigen können.

Hinter diesem Symbol versteckt sich die Erklärung oder die Definition von neu eingeführten Fachbegriffen.

Wie es weitergeht

Das Buch ist so aufgebaut, dass Sie es nicht zwingend wie einen Roman von vorn nach hinten durcharbeiten müssen. Wollen Sie zunächst Übungsaufgaben zur Kalkulation machen, können Sie ohne Umwege Kapitel 8 aufschlagen und loslegen. Wenn Sie das Buch aber dennoch von vorn bis hinten durcharbeiten möchten, bin ich Ihnen auch nicht böse. Wie und in welcher Reihenfolge Sie was, warum und weshalb durcharbeiten, können Sie somit frei entscheiden.

Und nun wünsche ich Ihnen viel Spaß und Erfolg!

Teil I
Die Basics

In diesem Teil ...

Im ersten Kapitel geht es zunächst um die Rolle der Kostenrechnung und deren Ziele. Danach gibt es jede Menge Übungen rund um die wichtigsten Begriffe, damit Sie auch im Schlaf den Unterschied zwischen Kosten, Aufwendungen und Ausgaben erklären können. Zum Schluss dieses Teils gibt es noch Aufgaben zum Rahmen der Kosten- und Leistungsrechnung.

Internes und externes Rechnungswesen

1

In diesem Kapitel ...

- Der Unterschied zwischen internem und externem Rechnungswesen
- Die Rolle der Kosten- und Leistungsrechnung im Rechnungswesen
- Aufgaben der Kosten- und Leistungsrechnung

Jetzt wird es ernst. Die ersten Aufgaben zur Kosten- und Leistungsrechnung warten bereits ganz ungeduldig auf Sie. Sie nähern sich langsam, aber zielstrebig der Kostenrechnung aus der Vogelperspektive an: Aus großer Höhe können Sie zunächst nur das Rechnungswesen erkennen. Die feinen Unterschiede zwischen dem internen und dem externen Rechnungswesen sind mit dem bloßen Auge noch nicht erkennbar. Also ab in den Sturzflug und mitten hinein ins Aufgabengestrüpp.

Intern und extern

Das Rechnungswesen wird insbesondere in Deutschland, Österreich und in der deutschsprachigen Schweiz in zwei Schubladen unterteilt:

- ✓ in ein externes Rechnungswesen und
- ✓ ein internes Rechnungswesen.

Das Rechnungswesen können Sie in diese beiden Schubladen nach einem ganz bestimmten Kriterium einsortieren: nach deren Adressaten. Alle »Rechnungswesensysteme« mit externen Adressaten wie zum Beispiel Gläubigern oder Lieferanten packen Sie in die Schublade »externes Rechnungswesen«. Systeme mit internen Adressaten – das ist in erster Linie das Management – packen Sie in die Schublade »internes Rechnungswesen«.

Aufgabe 1.1

Welchen Grund hat die Auftrennung des Rechnungswesens in ein internes und in ein externes Rechnungswesen im deutschsprachigen Raum?

Aufgabe 1.2

Die Bilanz und die Gewinn-und-Verlust-Rechnung erhalten ihre Zahlen aus der Finanzbuchhaltung. Die Kosten- und Leistungsrechnung mit der Betriebsbuchhaltung ist dagegen ein internes Instrument. In welcher der beiden genannten Buchhaltungen wird das Unternehmensergebnis und in welcher das Betriebsergebnis ermittelt?

Aufgabe 1.3

Da das externe und das interne Rechnungswesen unterschiedliche Zielsetzungen haben, trennt man die beiden Systeme auch im Kontenrahmen in zwei Rechnungskreise. Das externe Rechnungswesen bildet den sogenannten Rechnungskreis I, die Kosten- und Leistungsrechnung entspricht dem Rechnungskreis II. Wie werden die beiden Rechnungskreise miteinander verbunden?

Aufgabe 1.4

Welche der folgenden Interessengruppen bedient das interne Rechnungswesen?

- ✓ Eigentümer einer Kapitalgesellschaft
- ✓ Banken und andere Gläubiger
- ✓ Lieferanten
- ✓ Arbeitnehmer
- ✓ Management
- ✓ die Finanzbehörden

Die Kosten- und Leistungsrechnung

Mit der Kosten- und Leistungsrechnung steht Ihnen ein Informationstool für operative Entscheidungen zur Verfügung. Der Zeithorizont ist somit ziemlich kurzfristig. Es werden meist die nächsten Wochen oder Monate, manchmal jedoch auch das ganze Jahr betrachtet. Dabei werden in erster Linie nur die betrieblichen Prozesse sowie der Periodenerfolg oder Stückerfolg betrachtet.

Die Kosten- und Leistungsrechnung wird aber auch für langfristige Ziele verwendet. Unter dem Stichwort Kostenmanagement werden die Kostenstrukturen betrachtet und aktiv beeinflusst. Dabei kann es auch um ziemlich strategische Themen wie etwa Standortfragen oder Fertigungstiefen gehen. Der Zeithorizont reicht hierbei über mehrere Jahre.

Ziele der Kosten- und Leistungsrechnung

Jetzt geht es um die Ziele der Kosten- und Leistungsrechnung, genauer gesagt um deren Rechnungsziele. Die wichtigsten Aufgaben der Kosten- und Leistungsrechnung sind:

- ✓ Dokumentation und Publikation
- ✓ Planung und Steuerung
- ✓ Verhaltenssteuerung von Mitarbeitern
- ✓ Wirtschaftlichkeitskontrolle

Aufgabe 1.5

Für welche Verwendungszwecke erfasst die Kosten- und Leistungsrechnung entstandene Kosten und Leistungen im Rahmen ihres Dokumentationsziels? Nennen Sie bitte mindestens vier Verwendungszwecke.

Aufgabe 1.6

Das klassische und offizielle Ziel der Kosten- und Leistungsrechnung ist die Bereitstellung von entscheidungsrelevanten Informationen für die Planung und Steuerung des Unternehmens. So weit die Theorie. In der Praxis trifft das Management zwar auch ab und an auf Basis der Kosten- und Leistungsrechnung Entscheidungen. Meistens werden die Entscheidungen aber aus politischen Gründen getroffen. Die Kosten- und Leistungsrechnung dient dann nachträglich der Untermauerung bereits getroffener Entscheidungen. Manchmal verhindert sie sozusagen als schlechtes Gewissen auch üble Fehlentscheidungen.

Eine gewisse Rolle spielt die Kosten- und Leistungsrechnung also doch immer noch bei der Planung und Steuerung. Planungs- und Steuerungsaufgaben ziehen sich wie ein roter Faden durch das gesamte Unternehmen. Mithilfe der Kosten- und Leistungsrechnung werden so viele Fragen entschieden. Nennen Sie bitte mindestens drei typische Fragestellungen und erläutern Sie diese auch gleich kurz.

Aufgabe 1.7

Eine sehr wichtige Aufgabe der Kosten- und Leistungsrechnung ist die Wirtschaftlichkeitskontrolle. Diese Aufgabe ist jedoch nur zusammen mit der Planung und Steuerung sinnvoll. Bei der Wirtschaftlichkeitskontrolle wird ausgewertet und geprüft, ob die ursprüngliche Planung umgesetzt werden konnte. Es kann so allerhand miteinander verglichen werden. Nennen Sie bitte drei mögliche Vergleiche.

Aufgabe 1.8

Beschreiben Sie bitte, was unter einem Zeitvergleich zu verstehen ist.

Aufgabe 1.9

Was versteht man unter einem Betriebsvergleich und was unter Benchmarking?

Lösungen zu den Übungsaufgaben

Aufgabe 1.1

Die Auftrennung des Rechnungswesens im deutschsprachigen Raum hat ihre Ursache in der starken Orientierung des externen Rechnungswesens am Gläubigerschutz und der Steuerbemessungsfunktion. Deshalb fehlte eine interne Entscheidungsgrundlage für das Management. Mit der Entwicklung des internen Rechnungswesens hat sich das Management eine Informationsquelle für entscheidungsrelevante Informationen geschaffen.

Aufgabe 1.2

Das Unternehmensergebnis wird in der Finanzbuchhaltung ermittelt und die Betriebsbuchhaltung ermittelt aus den Kosten und Leistungen das Betriebsergebnis.

Aufgabe 1.3

In der Betriebsbuchhaltung werden die Ergebnisse aus der Finanzbuchhaltung für die Zwecke der Kosten- und Leistungsrechnung angepasst. Mithilfe dieser Anpassungen, der sogenannten Abgrenzung, entsteht aus den Ergebnissen der Finanzbuchhaltung die Kosten- und Leistungsrechnung.

Aufgabe 1.4

Das interne Management soll das Management mit entscheidungsrelevanten Informationen versorgen. Alle anderen Interessengruppen erhalten in aller Regel keinen Zugriff auf das interne Rechnungswesen. Es handelt sich ja immerhin um Interna.

Aufgabe 1.5

Mit der Kosten- und Leistungsrechnung werden entstandene Kosten und Leistungen erfasst, damit

- ✓ das Betriebsergebnis ermittelt werden kann.
- ✓ Deckungsbeiträge ermittelt werden können.
- ✓ Vorräte und selbst erstellte Vermögensgegenstände bewertet werden können.
- ✓ Preisuntergrenzen ermittelt werden können.
- ✓ Preise auf Basis von Selbstkosten für öffentliche Aufträge ermittelt werden können.
- ✓ die Istwerte mit Planwerten für Kontrollzwecke verglichen werden können.

Aufgabe 1.6

Typische Fragestellungen sind:

- ✓ Eigenfertigung oder Fremdbezug
- ✓ Beschaffungsfragen
- ✓ Programmwahl in der Produktion
- ✓ Absatzfragen

Eigenfertigung oder Fremdbezug: Will das Unternehmen bestimmte Vorprodukte selbst fertigen oder fertig einkaufen? Die Kosten- und Leistungsrechnung kann hier Auskunft über die bessere Wahl geben.

Beschaffungsfragen: Mit der Kosten- und Leistungsrechnung können Sie Einkaufspreisobergrenzen bestimmen, den besten Lieferanten ermitteln und dabei auch noch die optimalen Beschaffungsmengen ermitteln, um die besten Einkaufskonditionen und die niedrigsten Lagerhaltungskosten zu erzielen.

Programmwahl in der Produktion: Die Kosten- und Leistungsrechnung stellt für den Produktionsbereich Informationen zur Auswahl des optimalen Produktionsprogramms zur Verfügung.

Absatzfragen: Mit der Kosten- und Leistungsrechnung können Sie ermitteln,

- ✓ welcher Vertriebsweg der lukrativste ist,
- ✓ welche Produkte gewinnbringend sind und
- ✓ wo die Preisuntergrenzen liegen.

Aufgabe 1.7

Die typischen Vergleiche sind:

- ✓ Zeitvergleich
- ✓ Soll-Ist-Vergleich
- ✓ Betriebsvergleich

Aufgabe 1.8

Beim Zeitvergleich werden aktuelle Istwerte mit früheren Istwerten verglichen. Man kann zum Beispiel die Kosten des aktuellen Monats mit den Kosten des Vormonats vergleichen. Manchmal ist ein solcher Vergleich aufgrund saisonaler Schwankungen aber nicht sinnvoll. Dann vergleicht man die Zahlen mit dem Vorjahresmonat oder man vergleicht die aktuellen Quartalswerte mit den Werten des letzten Quartals oder mit den Werten des Vorjahresquartals.

Die ganze Vergleicherei hat jedoch einen Haken: Hat man früher schlecht gewirtschaftet, bietet ein solcher Vergleich keine besonders gute Basis.

Aufgabe 1.9

Beim Betriebsvergleich werden die Istkosten verschiedener Bereiche oder Standorte innerhalb einer Unternehmung miteinander verglichen. Beim Benchmarking dagegen werden die Kosten der eigenen Unternehmung mit den Kosten einer anderen, vergleichbaren Firma verglichen. So ein Vergleich ergibt aber nur dann einen Sinn, wenn die ähnlichen Inhalte verglichen werden.

Die acht Schlüsselbegriffe des Rechnungswesens

2

In diesem Kapitel ...

- Einzahlungen, Einnahmen, Erträge und Erlöse im Schlaf unterscheiden können
- Auszahlungen, Ausgaben, Aufwendungen und Kosten auch im Schlaf unterscheiden können
- Den Unterschied zwischen Erlösen und Leistungen in- und auswendig kennen

Ob Sie es jetzt glauben oder nicht: Die in diesem Kapitel geübte Unterscheidung zwischen den acht Schlüsselbegriffen wird Ihnen im Job immer mal wieder helfen. Aber natürlich nur, wenn Sie in Ihrem Job Berührungspunkte mit kaufmännischen Themen haben.

Nun üben Sie die kleinen und großen Unterschiede zwischen den Begriffen

- ✓ Ein- und Auszahlungen,
- ✓ Einnahmen und Ausgaben,
- ✓ Ertrag und Aufwand sowie
- ✓ Leistungen und Kosten.

Bevor es mit den Übungsaufgaben losgeht, noch ein kleiner Ausflug. Stellen Sie sich vor, Sie wären unsterblich. Mit dieser Erkenntnis im Rücken gründen Sie ein Unternehmen und tätigen Geschäfte. Die Unterscheidung zwischen den hier genannten acht Schlüsselbegriffen ist für Sie persönlich dann gelinde gesagt nicht mehr so wichtig. Sie können sich ja zurücklehnen, die Jahre ins Land streichen lassen und bei der Beurteilung des Unternehmenserfolgs einfach den Zeitraum von der Gründung bis zur Schließung des Unternehmens abwarten und die Endabrechnung betrachten. Die Summe aller Einzahlungen abzüglich aller Auszahlungen ergibt den Gesamterfolg. Aber selbst wenn Sie ewig leben, würden Sie vielleicht nicht erst nach ein paar Hundert Jahren wissen wollen, ob Ihr Unternehmen jedes Jahr rote Zahlen schreibt oder Gewinne erzielt hat. Und um dies herauszufinden, sollte der Erfolg Ihres Unternehmens am besten jährlich festgestellt werden, damit Sie nicht so lange auf Ergebnisse warten müssen.

Ein- und Auszahlungen

Der gesamte Zahlungsverkehr eines Unternehmens mit seiner Umwelt wird durch die Ein- und Auszahlungen abgebildet.

Immer willkommen: Einzahlungen

Eine Einzahlung ist stets erfreulich, erhöht sie doch den Bestand Ihrer liquiden Mittel.

Aufgabe 2.1

Sie betreiben eine Imbissbude und verkaufen Pommes und gegrillte Würste. Soeben konnten Sie erfolgreich eine Portion Pommes mit Ketchup für 2,30 Euro verkaufen. Der Kunden hat bar bezahlt. Haben Sie eine Einzahlung erzielt, die Ihre liquiden Mittel erhöht?

Aufgabe 2.2

Sie wollen Ihr kleines Restaurant renovieren. Immerhin haben Sie anspruchsvolle Kundschaft aus den benachbarten Bürokomplexen mittags zu Gast. Ihre örtliche Volksbank ist so freundlich und gewährt Ihnen einen Kredit in Höhe von 12.000 Euro. Da das Leben nun mal kein Ponyhof ist, müssen Sie den Kredit in 60 Monatsraten zurückzahlen und obendrein auch noch 6,9 Prozent Zinsen bezahlen. Letzten Mittwoch hat die Bank Ihnen die 12.000 Euro auf Ihr Girokonto überwiesen. Handelt es sich bei der Überweisung des Kreditbetrags auf Ihr Girokonto um eine Einzahlung?

Aufgabe 2.3

Es ist Samstag. Vorm Möbelhaus Hofmeister werden die Parkplätze langsam knapp. In der Wohnanbauwandprogrammabteilung geben die Verkäufer ihr Letztes, um den Kundenansturm zu bewältigen. Herr und Frau Zasske wurden gut beraten und haben soeben einen Kaufvertrag für die Wohnanbauwand Futura 2021 abgeschlossen. Drei laufende Meter Eichenimitat inklusive LED-Hintergrundbeleuchtung kosten 7.900 Euro. Heute muss eine Anzahlung in Höhe von 10 Prozent geleistet werden, der Rest ist bei Lieferung in circa acht Woche zu bezahlen. Herr und Frau Zasske zücken an der Kasse die EC-Karte und bezahlen die geforderten 790 Euro. Hatte das Möbelhaus Hofmeister dadurch eine Einzahlung?

Aufgabe 2.4

Es ist Mittwoch, 10 Uhr vormittags. Das Ehepaar Kimmerle besucht das Möbelhaus Hofmeister in der Hoffnung, einen adäquaten Ersatz für die in die Jahre 3-2-1-Sitzer-Couchgarnitur zu bekommen. Gegen 11 Uhr werden sie fündig: eine frühlingshaft gemusterte Garnitur inklusive drei passende Kissen für unglaublich günstige 990 Euro. Da das Möbelhaus derzeit ein Jubiläum feiert, gibt es ein tolles Finanzierungsangebot: 0 Prozent Zinsen und die ersten zwölf Monate tilgungsfrei. Danach muss der Kaufbetrag in zwölf Monatsraten, also zu je 82,50 Euro im Monat, bezahlt werden. Das Ehepaar Kimmerle unterschreibt nicht nur den Kaufvertrag für die herrlich gemusterte Couchgarnitur, sondern auch den Finanzierungsvertrag.

Danach begibt sich das Ehepaar noch in das Restaurant im ersten Stock des Möbelhauses und ordert zweimal Linsen mit Spätzle für insgesamt 5,80 Euro. Die Getränke spart sich das Ehepaar, da Frau Kimmerle in ihrer Handtasche stets eine Flasche Wasser für den kleinen Durst bereithält. Nun zur Preisfrage: In welcher Höhe hat das Möbelhaus Hofmeister vom Ehepaar Kimmerle Einzahlungen an diesem Mittwoch erzielen können?

Aufgabe 2.5

Sie betreiben eine Imbissbude und verkaufen Pommes und gegrillte Würste. Ein Bekannter kommt vorbei und ordert eine große Portion Pommes und eine Currywurst. Das kostet zusammen 4,80 Euro. Da Sie dem Bekannten noch 5 Euro schulden, geben Sie ihm 20 Cent aus Ihrer Kasse, sodass Sie quitt sind. In welcher Höhe entstanden Einzahlungen?

Muss auch sein: Auszahlungen

Immer dann, wenn Sie etwas bar bezahlen oder von Ihrem Girokonto abbuchen lassen, handelt es sich um eine Auszahlung. Die Auszahlung ist das Gegenteil der Einzahlung und verringert Ihre liquiden Mittel beziehungsweise Zahlungsmittel.

Aufgabe 2.6

Das Druckerpapier droht mal wieder zur Neige zu gehen. Das Sekretariat wundert sich über den Papierverbrauch des papierlosen Büros, bestellt dann aber doch eine Palette Druckerpapier für die Kollegen, die ohne Ausdruck nicht arbeiten können. An einem Dienstag steht der Lieferwagen mit der Palette vor der Türe. Rasch wird die Palette entladen und die einzelnen Kartons werden in die Vorratsschränke verstaut. Am Ende wird noch der Lieferschein unterschrieben. Am Donnerstag flattert bereits die Rechnung über 379 Euro ins Haus, die gleich zur Zahlung angewiesen wird, da es bei Zahlung innerhalb von drei Tagen 2 Prozent Skonto gibt.

Gab es eine Auszahlung? Bitte erläutern Sie ob, wann und in welcher Höhe.

Aufgabe 2.7

Der neue Buchhalter soll auf dem Nachhauseweg für das Büro drei Buchhalternasen einkaufen. Dazu gibt ihm sein Chef aus der Kasse 20 Euro mit. Am nächsten Tag kommt der neue Buchhalter ohne Buchhalternasen ins Büro. Der Schreibwarenhändler meinte, dass diese gerade weltweit ausverkauft seien und man sich wohl leider ein paar Monate gedulden müsse. Die 20 Euro wandern wieder zurück in die Kasse. Gab es eine Auszahlung?

Aufgabe 2.8

Der Werkzeughersteller Schraubzufestzu AG leistet sich am 2. Mai 2013 eine neue Maschine zur Herstellung von Schraubwerkzeugen. Der innerhalb von zehn Arbeitstagen fällige Kaufpreis in Höhe von 90.000 Euro wird mit einem Kredit von der Hausbank finanziert. Für den Kredit muss eine monatliche Rate in Höhe von 2.800 Euro entrichtet werden. Die erste Rate wird am 15. Mai fällig, die folgenden Raten dann jeweils zum 15. der Folgemonate.

In welcher Höhe wird die Schraubzufestzu AG im Jahr 2013 im Zusammenhang mit dem Kauf der Maschine Auszahlungen vorgenommen haben?

Aufgabe 2.9

Die Privatbank Texberg GmbH möchte ihre Schalterhalle renovieren, um ihr den Anstrich einer gediegenen Empfangshalle zu geben. Der beauftragte Innenarchitekt Balduin Schirrmüller hat auf Basis der aus dem Projekt »Unsere Bank soll schöner werden«, kurz »UBS sw«, eingesammelten Ideen einen Entwurf erarbeitet, der von schlichter Bescheidenheit dominiert wird: alles in Schwarz-Weiß, ab und an ein paar Grautöne. Das Investitionsvolumen schätzt er auf 2,8 Millionen Euro. Die Geschäftsführung ist hellauf begeistert und will den Plan sofort umsetzen. Daraufhin wird im September 2013 eine Ausschreibung gestartet. Ende Oktober sind alle Aufträge vergeben. Gebaut wird von Anfang Dezember bis Mitte Januar.

Nun zum leidigen Thema Geld: Die Schreinerei Natürlich & Massiv GmbH schickt der Texberg GmbH am 15.12. eine Rechnung mit einer Abschlagszahlung in Höhe von 120.000 Euro für das zu verbauende Material. Das Bankhaus überweist den Rechnungsbetrag am 20.12. Der Maurerbetrieb Staubiger KG stellt erst nach Abschluss der Arbeiten Ende Januar eine Rechnung: 500.000 Euro. Die Privatbank überweist am 3.2. den Rechnungsbetrag.

Der beauftragte Innenarchitekt, Herr Schirrmüller, stellt insgesamt drei Rechnungen: Die erste Rechnung über 80.000 Euro erhält die Texberg GmbH bereits im Oktober. Und bezahlt diese auch gleich. Die zweite Rechnung über 200.000 Euro folgt Mitte Dezember. Und hier gehen die Streitereien los. Die Bank fühlt sich bei der Umsetzung missverstanden. Der Kundenraum wirkt zumindest in diesem Bauzustand total unfreundlich. Herr Schirrmüller beharrt jedoch auf die Umsetzung, da alles so nun einmal geplant sei und eine Änderung zum jetzigen Zeitpunkt nicht mehr möglich wäre. Das Bankhaus Texberg verweigert die Bezahlung der Rechnung und äußert seine gegenteilige Auffassung schriftlich. Herr Schirrmüller lässt alle Handwerker dennoch gemäß Vertrag weiterarbeiten und mahnt die Privatbank über seinen Anwalt an. Diese beauftragt ihre Kanzlei Maddus & Söhne mit dem Fall und lässt vom Rechnungswesen eine Rückstellung in Höhe der geforderten 200.000 Euro bilden. Danach gehen alle Beteiligten in ihren mehr oder minder verdienten Weihnachtsurlaub. Es folgt das Unvermeidliche: Der Jahreswechsel und der Jahresabschluss. Und damit natürlich auch die Frage: In welcher Höhe entstanden bei der Privatbank Texberg GmbH im Jahr 2013 Auszahlungen? Seien Sie so nett und listen Sie die Auszahlungen bitte einzeln auf, damit unbeteiligte Dritte Ihre Antwort nachvollziehen können.

Die Einnahmen und Ausgaben

Nun geht es in die zweite Schwierigkeitsstufe. Neben den reinen Zahlungsvorgängen der Ein- und Auszahlungen werden bei den Einnahmen und Ausgaben auch alle Kreditvorgänge mitgezählt. Also alle Forderungen und Verbindlichkeiten.

Die Einnahmen

Zu den Einnahmen zählen Einzahlungen und neu entstandene Forderungen. Zu den Einnahmen gehören auch Schuldenabnahmen. Einzahlungen, neu entstandene Forderungen und Schuldenabnahmen haben eines gemeinsam: Sie erhöhen Ihr Geldvermögen und sind deshalb Einnahmen. Nicht jede Einzahlung ist jedoch auch eine Einnahme. Insgesamt sind bei der Beziehung zwischen den Einnahmen und Einzahlungen drei Fälle möglich:

- ✓ Einnahme sind gleichzeitig auch Einzahlungen: der Klassiker – Sie verkaufen Ware gegen Bares. Hierbei erzielen Sie Einnahmen und gleichzeitig auch eine Einzahlung.
- ✓ Einnahmen sind nicht gleichzeitig Einzahlungen: Wenn Sie etwas auf Ziel oder gegen Verrechnung von Verbindlichkeiten verkaufen, handelt es sich zwar um Einnahmen, aber nicht um Einzahlungen.
- ✓ Nicht einnahmewirksame Einzahlungen: Sie erhalten liquide Mittel, das Geldvermögen bleibt aber trotzdem gleich. Das geht so: Sie bekommen einen Kredit von der Bank, das Geld wird überwiesen. In derselben Höhe steigen auch Ihre Verbindlichkeiten. Das Geldvermögen bleibt also unverändert.

Damit Sie sich den Zusammenhang zwischen Einnahmen und Einzahlungen besser merken können, habe ich Abbildung 2.1 erstellt.

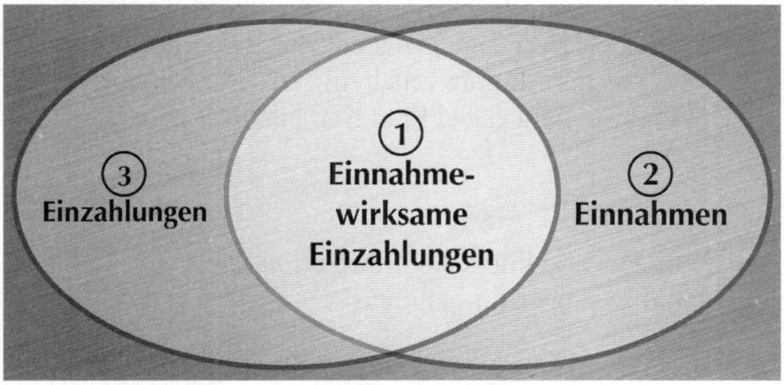

Abbildung 2.1: Einzahlungen und Einnahmen

Aufgabe 2.10

Das Möbelhaus Jäger hat heute eine exklusive Kommode an Frau Meier verkauft. Den Kaufpreis in Höhe von 4.500 Euro muss Frau Meier erst bei Lieferung bezahlen. Hat das Möbelhaus heute eine Einzahlung erhalten? Hat es heute womöglich auch Einnahmen erzielt?

Aufgabe 2.11

Die Bauunternehmung Schnalzke AG möchte sich einen neuen Kran anschaffen. Für den Kauf muss das Unternehmen bei der Bank einen Kredit aufnehmen. Die Bank gibt der Schnalzke AG gerne Kredit und überweist den Kreditbetrag. Hat die Bauunternehmung hierdurch Einnahmen erzielen können?

Aufgabe 2.12

Der Kioskbetreiber Kurt Kraminski verkauft gerade an Herrn Becker eine Tageszeitung. Herr Becker bezahlt bar. Hatte Herr Kraminski damit gleichzeitig eine Einnahme und eine Einzahlung?

Aufgabe 2.13

Die Autovermietung Töff-Mobil KG vermietet Frau Klar für das kommende Wochenende einen Audi Q7, da Frau Klar übers Wochenende einmal quer durch Deutschland zu einer Gartenmesse muss. Mit ihrer A-Klasse wollte sie die 2.000 Kilometer nicht unbedingt fahren. Der Spaß kostet Frau Klar 199 Euro. Wie es der Zufall so in dieser Aufgabe will, betreibt Frau Klar einen Gartenbaubetrieb und pflegt die Außenanlage der Autovermietung. Just vor fünf Tagen hat sie dem Besitzer der Autovermietung Töff-Mobil KG, Herrn Mindorn, einen Herzenswunsch erfüllt und einen wunderschönen Magnolienbaum neben die Einfahrt gepflanzt. Der Baum kostet inklusive Einpflanzung 199 Euro. Frau Klar hatte Herrn Mindorn vor drei Tagen dafür die Rechnung überreicht. Herr Mindorn stellt nun seine Rechnung aus und überreicht sie Frau Klar. Beide notieren nun: Betrag erhalten. Hat Herr Mindorn eine Einzahlung und eine Einnahme erzielt? Und wie sieht es bei Frau Klar aus?

Aufgabe 2.14

Die Aktiengesellschaft Chemicalwellness AG führt erfolgreich eine Kapitalerhöhung durch. Gab es hierdurch Einzahlungen oder Einnahmen?

Aufgabe 2.15

Das Küchenstudio Moser hat dem Ehepaar Häupl soeben eine wunderschöne Küche inklusive Elektrogeräte verkauft. Der Kaufpreis beträgt 12.000 Euro. 10 Prozent des Kaufpreises sind sofort zu bezahlen, der Rest bei Lieferung. Das Ehepaar Häupl begibt sich zur Kasse und begleicht die fällige Anzahlung.

Hatte das Küchenstudio Moser durch die Anzahlung eine Einzahlung und gleichzeitig auch eine Einnahme?

Aufgabe 2.16

Der Obsthändler Palmer verkauft an Frau Aigner ein Pfund Äpfel, 500 Gramm Erdbeeren und ein halbes Kilo Spargel für 8 Euro. Frau Aigner hat heute dummerweise ihren Geldbeutel daheim liegen lassen. Da Frau Aigner Stammkundin ist, darf sie den Samstagseinkauf auch ohne Bezahlung mitnehmen; sie soll den offenen Betrag halt nächsten Samstag begleichen. Der zu zahlende Preis für Frau Aigner: ein Vortrag über mangelnde Selbstdisziplin. Konnte die Obsthandlung Palmer an diesem Samstag durch den Verkauf an Frau Aigner Einzahlungen und Einnahmen erzielen?

Äußerst unangenehm: Ausgaben

Man kann den Zusammenhang zwischen Auszahlungen und Ausgaben ebenfalls so strukturieren wie den Zusammenhang zwischen den Einzahlungen und Einnahmen. Hier sind auch drei Fälle möglich:

- ✓ Ausgaben sind gleichzeitig auch Auszahlungen: Wenn Sie gegen Bares, Schecks oder Überweisung etwas einkaufen, handelt es sich um Auszahlungen und Ausgaben zugleich.
- ✓ Ausgaben sind nicht gleichzeitig Auszahlungen: Wenn Sie etwas auf Ziel oder gegen Verrechnung von Forderungen einkaufen.
- ✓ Nicht ausgabewirksame Auszahlungen: Wenn liquide Mittel abfließen, das Geldvermögen aber unverändert bleibt, handelt es sich um nicht ausgabewirksame Auszahlungen.

Aufgabe 2.17

Die Werbeagentur Frosch deckt ihren Büromaterialbedarf durch monatliche Einkäufe beim Großhändler Paper & More. Stammkunden werden vom Großhändler Paper & More mit erstklassigen Konditionen gehegt und gepflegt. So muss jeder Einkauf erst drei Monate später bezahlt werden. Diesen Freitag ist es bei der Werbeagentur Frosch mal wieder so weit: Der monatliche Einkauf bei Paper & More steht an. Herr Grieshaber kauft für 690 Euro Büromaterial ein. Entstanden aus Sicht der Werbeagentur durch diesen Einkauf Auszahlungen und Ausgaben?

Aufgabe 2.18

Der Automobilhersteller Nieday GmbH hat von einem Zuliefererbetrieb vor einem Monat 30.000 Scheinwerfer erhalten. Da der Automobilhersteller ein Zahlungsziel von vier Wochen ab Lieferung besitzt, muss die Rechnung für diese Lieferung wohl oder übel spätestens heute beglichen werden. Die Buchhaltung weist die Rechnung zur Zahlung an. Entstanden damit am heutigen Tag Auszahlungen und Ausgaben bei der Nieday GmbH?

Aufgabe 2.19

Der Elektronikriese Nikita GmbH hatte vor fünf Jahren für die Erweiterung einer Produktionsstraße bei der Cash & Carry Bank ein Darlehen über 500.000 aufgenommen. Da es sich um ein endfälliges Darlehen mit einer Laufzeit von fünf Jahren handelt, naht der Tag der Rückzahlung. Die 500.000 Euro müssen kommenden Freitag an die Bank zurückgezahlt werden. Hat die Nikita GmbH durch die Darlehenstilgung eine Auszahlung und eine Ausgabe?

Ertrag und Aufwand im externen Rechnungswesen

Nun geht es zur nächsten Schwierigkeitsstufe. Im externen Rechnungswesen geht es in der Erfolgsrechnung um Ertrag und Aufwand.

Beim Begriffspaar Ertrag und Aufwand geht es um die beiden folgenden Inhalte:

- ✓ Reinvermögen und
- ✓ Periodengerechtigkeit.

Das Reinvermögen ist die Differenz aus Vermögen und Fremdkapital; es entspricht dem Eigenkapital. War das Unternehmen im abgelaufenen Geschäftsjahr erfolgreich, weist es in der Erfolgsrechnung beziehungsweise Gewinn-und-Verlust-Rechnung mehr Erträge als Aufwendungen aus. In so einem Fall hat sich das Reinvermögen dann erhöht. Gab es dagegen Verluste, also mehr Aufwendungen als Erträge, hat sich das Reinvermögen reduziert. Es wurde Eigenkapital aufgezehrt.

Es gibt eine einfache Regel: Aufwendungen verringern das Reinvermögen, Erträge erhöhen es.

Beim zweiten Klötzchen, der Periodengerechtigkeit, geht es darum, die Aufwendungen und Erträge immer dem richtigen Geschäftsjahr zuzuordnen.

Viel Aufwand

Aufwendungen sind alle in einem Geschäftsjahr verbrauchten Güter und Dienstleistungen sowie Abnutzungen von Anlagen und Wertminderungen. Die Aufwendungen können Sie dabei in zwei Arten unterteilen: in Zweckaufwendungen und neutrale Aufwendungen. Zweckaufwendungen haben immer etwas mit dem Betriebszweck zu tun. Die neutralen Aufwendungen werden nochmals unterteilt in:

- ✓ **Betriebsfremde Aufwendungen:** Diese Aufwendungen haben, wie es der Name bereits sagt, nichts mit dem Betriebszweck zu tun.

✓ **Außerordentliche Aufwendungen:** Diese Aufwendungen werden zwar durch den normalen Betrieb verursacht, sind aber nicht die Regel. Dazu zählen zum Beispiel Forderungsausfälle.

✓ **Periodenfremde Aufwendungen:** Das sind Aufwendungen aus anderen Abrechnungsperioden.

Bei so viel Unterteilerei bietet sich ein Bild an. Abbildung 2.2 zeigt Ihnen noch mal die einzelnen Begriffe im Überblick.

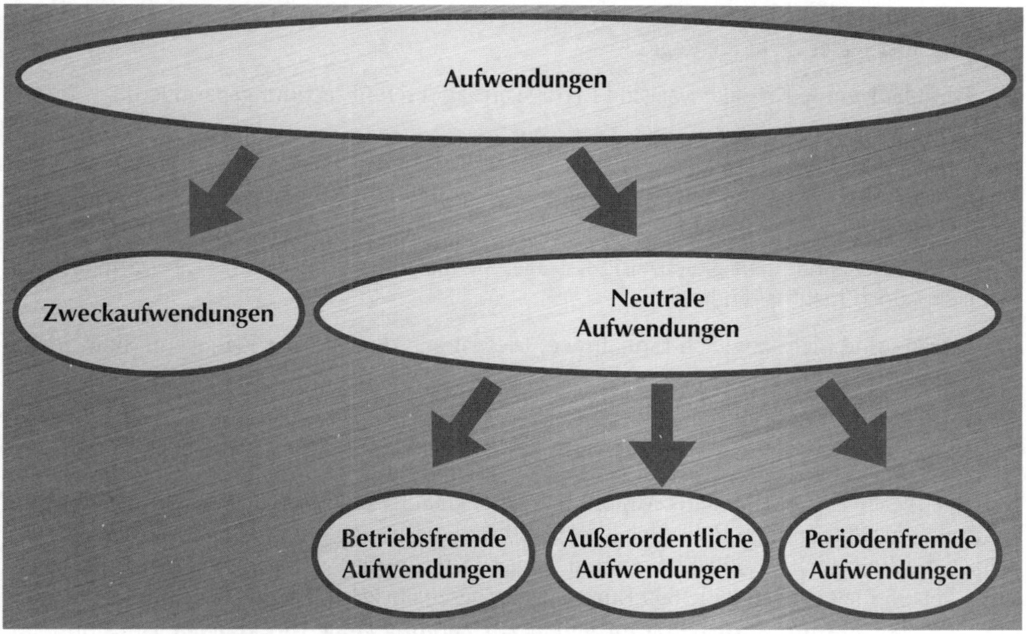

Abbildung 2.2: Verschiedene Aufwandsarten

Das Verhältnis zwischen Ausgaben und Aufwendungen kann in drei Fälle gegliedert werden.

✓ Aufwendungen sind gleichzeitig auch Ausgaben: Wenn Geldvermögen für periodengerechte Zwecke abfließt, handelt es sich gleichzeitig auch um einen Aufwand. Es handelt sich dann um ausgabewirksame Aufwendungen.

✓ Ausgaben sind nicht gleichzeitig Aufwendungen: Sie hatten Ausgaben, aber keine Aufwendungen, wenn diese nicht periodengerecht sind.

✓ Aufwendungen sind nicht zugleich Ausgaben: Dies ist zum Beispiel bei Abschreibungen oder bei der Bildung von Rückstellungen der Fall.

Immer gut: Erträge

Erträge sind das angenehme Gegenteil von Aufwendungen. Erträge sind alle Wertzuwächse eines Abrechnungszeitraums, erbracht etwa mithilfe von produzierten Gütern und Dienstleistungen oder auch Wertsteigerungen. Die Erträge werden wie die Aufwendungen in zwei Arten unterteilt: in betriebliche und neutrale Erträge. Betriebliche Erträge haben immer etwas mit dem Betriebszweck zu tun. Die neutralen Erträge werden nochmals unterteilt in:

- ✓ **Betriebsfremde Erträge:** Diese Erträge haben nichts mit dem Betriebszweck zu tun.
- ✓ **Außerordentliche Erträge:** Diese Erträge werden durch den normalen Betrieb verursacht, sind aber leider nicht die Regel.
- ✓ **Periodenfremde Erträge:** Das sind Erträge aus anderen Abrechnungsperioden.

Für das Verhältnis zwischen Einnahmen und Erträgen gibt es drei Möglichkeiten:

- ✓ Erträge sind gleichzeitig auch Einnahmen: Einnahmen und Erträge fallen gleichzeitig an.
- ✓ Einnahmen sind nicht gleichzeitig Erträge: Sie haben Einnahmen, das Reinvermögen hat sich jedoch nicht verändert.
- ✓ Erträge sind nicht zugleich Einnahmen: Dies ist zum Beispiel der Fall, wenn Sie Ware auf Lager produzieren.

Aufgabe 2.20

Der Speiseeisproduzent Milkyice GmbH hat im abgelaufenen Geschäftsjahr bei der Molkerei Heumilch AG 200 Tonnen Rohmilch eingekauft und diese auch komplett verbraucht. Milkyice erhielt die Rohmilch in 100 Lieferungen. Jeder Lieferung lag auch immer gleich die Rechnung bei. 95 Lieferungen zu je 600 Euro wurden bereits bezahlt. Die letzten fünf Rechnungen über jeweils 600 Euro werden erst im Januar zur Zahlung fällig. Ihre Aufgabe ist es nun aufzulisten, in welcher Höhe es Auszahlungen, Ausgaben und Aufwendungen gab. Bitte erläutern Sie dabei auch, um welche Art von Aufwendungen es sich handelt.

Aufgabe 2.21

Das Bankhaus Konzelmann verkleinert seinen Fuhrpark. Es rangiert dazu drei Fahrzeuge aus. Es handelt sich um drei Mercedes-S-Klassen. Die drei Fahrzeuge werden dem örtlichen Mercedes-Händler für insgesamt 60.000 Euro verkauft. Der Händler überweist den Betrag innerhalb von zehn Arbeitstagen. Handelt es sich aus Sicht des Bankhauses hier um eine Einzahlung, Einnahme oder um einen Ertrag? Falls es sich um einen Ertrag handelt: welche Art von Ertrag?

Aufgabe 2.22

Der Polstermöbelfabrikant Fnauser hat im Februar feinstes Leder bei der benachbarten Lederfabrik eingekauft und bezahlt. Die Rohstoffe kosteten 79.000 Euro. Leider kommt die aktuelle Produktlinie gar nicht bei den Kunden an. Die Produktion stockt und so liegt am Ende des Geschäftsjahrs ein Großteil des Leders noch unverarbeitet im Lager. Ein weiterer Teil wurde zwar verarbeitet, die damit produzierten Ledersofas konnten jedoch nur zur Hälfte verkauft werden. Die andere Hälfte der Sofas steht im Lager und warten auf Käufer. In Zahlen ausgedrückt: Leder im Wert von 9.000 Euro wurde durch zwischenzeitlich verkaufte Sofas verbraucht. Leder im Wert von ebenfalls 9.000 Euro wurde zwar verarbeitet, die Ledersofas stehen jedoch noch im Lager und warten auf Käufer. Und last but not least: Leder im Wert von 61.000 Euro liegt unverarbeitet im Lager.

In welcher Höhe entstanden beim Polstermöbelfabrikanten Fnauser Auszahlungen, Ausgaben und Aufwendungen?

Aufgabe 2.23

Beim Versicherungsunternehmen Nomess AG wurde letzte Nacht im Verwaltungsgebäude eingebrochen. Die Einbrecher entwendeten 50 Laptops. Handelt es sich bei diesem Vorfall um eine Auszahlung, Ausgabe oder um Aufwand? Erläutern Sie bitte Ihre Antwort.

Aufgabe 2.24

Der Backofenhersteller Heuwies KG kauft am 02. Januar eine neue Blechstanzmaschine zum Preis von 24.000 Euro. Der Kaufpreis wird Ende Januar an den Verkäufer überwiesen. Die Maschine besitzt eine Nutzungsdauer von zehn Jahren. In welcher Höhe entstehen durch diesen Geschäftsvorfall in diesem Jahr Auszahlungen, Ausgaben und Aufwendungen?

Aufgabe 2.25

Dem Architekturbüro Bezner droht eine gerichtliche Auseinandersetzung mit einem langjährigen Kunden. Da die Anwälte des Architekturbüros einer möglichen Klage des Kunden durchaus Erfolgschancen einräumen, werden hierfür Rückstellungen in Höhe von 280.000 Euro gebildet. Im darauffolgenden Geschäftsjahr kommt es im Mai tatsächlich zum Prozess, den das Architekturbüro krachend verliert. Es wird verpflichtet, dem Kunden 280.000 Euro zu bezahlen, und muss obendrein auch für die gesamten Verfahrenskosten in Höhe von 12.000 Euro aufkommen. Daneben verlangt der erfolglose Anwalt auch noch 6.000 Euro für den anwaltlichen Beistand im Prozess. Sortieren Sie dieses Desaster bitte nach Auszahlungen, Ausgaben und Aufwendungen in beiden betrachteten Geschäftsjahren.

Zur Sache: Kosten und Leistungen

Nun folgt die höchste Schwierigkeitsstufe. Herzlich willkommen im internen Rechnungswesen mit seinen Kosten und Leistungen. Wann entstehen Kosten oder Leistungen und in welchem Verhältnis stehen diese beispielsweise zu den Aufwendungen, Ausgaben, Erträgen und Einnahmen? Eine beliebte Frage in diesem Zusammenhang ist: Können Sie mir bitte nur die ausgabewirksamen Kosten nennen? Damit Sie oder gar Ihr ganzes Unternehmen hier hoffentlich nie ins Schleudern geraten, folgen nun Übungen rund um alle acht Schlüsselbegriffe.

Nicht gern gesehen: Die Kosten

Zunächst die schlechte Nachricht: Es gibt keine einheitliche Begriffsdefinition zu den Kosten. Die gute Nachricht folgt zugleich: Man kann zumindest zwischen mehr oder minder gebräuchlichen Definitionen unterscheiden. Für Sie hier natürlich die gebräuchlichste Definition der Kosten.

Kosten sind der in Geld bewertete, sachzielbezogene Güter- und Leistungsverbrauch einer Abrechnungsperiode. Kosten fallen also an, wenn Produkte oder Dienstleistungen erstellt werden.

Das heißt nichts anderes, als dass Sie immer zwei Angaben benötigen:

- ✓ die Menge und
- ✓ den Wert.

Die Ermittlung der verbrauchten Menge ist noch relativ einfach. Bei der Bewertung eines verbrauchten Rohstoffs haben Sie leider die Qual der Wahl. Sie können die ehemaligen Anschaffungspreise als Wertansatz wählen oder den aktuellen Wert. Der Bewertung des Güter- und Leistungsverbrauchs können also unterschiedliche Wertansätze zugrunde liegen.

Damit Sie wissen, in welcher Beziehung die Aufwendungen zu den Kosten grundsätzlich stehen können, hier die vier möglichen Fälle:

- ✓ Kosten sind gleichzeitig auch Aufwendungen: Zweckaufwendungen wie zum Beispiel die Entgeltzahlung an die Mitarbeiter sind aufwandsgleiche Kosten
- ✓ Kosten sind gleichzeitig auch Aufwendungen, aber nicht gleich hoch: Hier spricht man von Anderskosten. Das sind kalkulatorische Kosten, die zwar Aufwendungen sind, im internen Rechnungswesen aber anders als im externen Rechnungswesen bewertet werden.
- ✓ Kosten sind nicht gleichzeitig Aufwendungen: Das sind kalkulatorische Kosten, denen kein Aufwand gegenübersteht. Man bezeichnet diese als Zusatzkosten.
- ✓ Aufwendungen sind nicht zugleich Kosten: Alle neutralen Aufwendungen sind niemals zugleich Kosten.

Aufwendungen sind nicht zugleich Kosten

Die neutralen Aufwendungen sind niemals zugleich Kosten, da sie entweder betriebsfremd, außerordentlich oder periodenfremd sind.

- ✓ Betriebsfremde Aufwendungen entstehen, wenn Sie an Ihre Lieblingspartei oder dem Waisenhaus etwas spenden. Das hat in aller Regel nichts mit dem Betriebszweck zu tun. Daher sind dies keine Kosten.
- ✓ Außerordentlicher Aufwand entsteht, wenn die Erde mal wieder bebt und die Fabrikhalle einbricht oder ein Lager abbrennt und und und. So etwas wird in der Kostenrechnung nicht erfasst, da die Kosten sonst viel zu sehr schwanken würden. Eine verlässliche Kalkulation wäre dann kaum möglich.
- ✓ Periodenfremder Aufwand gehört ebenfalls nicht in die Kostenrechnung. So haben beispielsweise Gewerbesteuernachzahlungen für das vergangene Jahr dort nichts zu suchen.

Die vierschichtige Beziehung zwischen Aufwendungen und Kosten ist noch einmal in Abbildung 2.3 dargestellt.

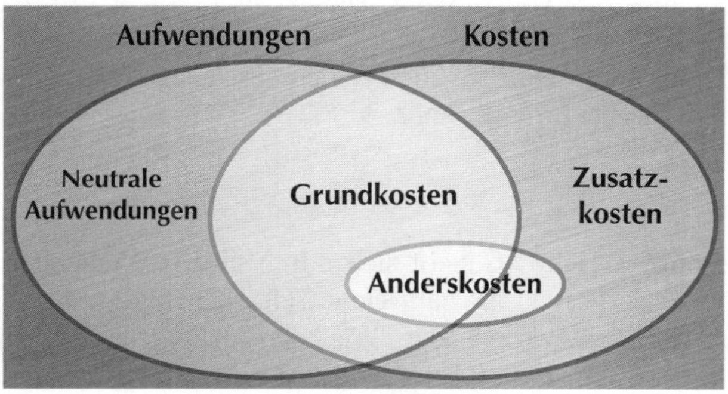

Abbildung 2.3: Aufwendungen und Kosten

Die Leistungen

Unter Leistungen beziehungsweise Erlösen versteht man die in Geld bewerteten, sachzielbezogenen Güter- und Leistungsentstehungen einer Abrechnungsperiode. Leistungen beziehungsweise Erlöse entstehen also, wenn Produkte oder Dienstleistungen erstellt werden. Zieht man von den Erlösen beziehungsweise Leistungen die Kosten ab, erhält man übrigens das *Betriebsergebnis*.

Wie bei den Kosten und Aufwendungen besteht auch zwischen den Leistungen und Erträgen ein vierschichtiges Verhältnis. Die vier möglichen Fälle:

- ✓ Leistungen sind gleichzeitig auch Erträge: Alle Erträge, die mit dem Betriebszweck zu tun haben, sind gleichzeitig auch Leistungen.

- ✓ Leistungen sind gleichzeitig auch Erträge, aber nicht gleich hoch: Hier spricht man von Andersleistungen.
- ✓ Leistungen sind nicht gleichzeitig Erträge: Das sind die sogenannten Zusatzleistungen.
- ✓ Erträge sind nicht zugleich Leistungen: Das sind alle neutralen Erträge.

Aufgabe 2.26

Bei der Handelskette Shop & Shop GmbH wird knallhart kalkuliert. Unter anderem werden auf das eingesetzte Eigenkapital kalkulatorische Zinsen veranschlagt. Immerhin hätte man das Kapital ja auch woanders investieren können. Handelt es sich bei den kalkulatorischen Zinsen um Auszahlungen, Ausgaben, Aufwendungen oder Kosten? Bitte erläutern Sie Ihre Antwort kurz und erklären Sie dabei, um welche Art es sich dabei genau handelt.

Aufgabe 2.27

Die Werbeagentur Meiers beschäftigt vier Mitarbeiter. Geführt werden die vier Mitarbeiter vom Eigentümer der Agentur, Herrn Meier. Dieser veranschlagt in seinem internen Rechnungswesen einen kalkulatorischen Unternehmerlohn von monatlich 18.000 Euro. So soll sichergestellt werden, dass alle Aufträge auch seinen bescheidenen Lebensunterhalt mitfinanzieren. Handelt es sich hierbei um Aufwand?

Aufgabe 2.28

Der Bekleidungsdiscounter Ticky AG sieht sich durch diverse Medienberichterstattungen in der Öffentlichkeit unfair dargestellt. Da zahlreiche Telefonanrufe bei den Medien kein Umdenken in der Berichterstattung bewirkt haben, greift das Management nun zum Äußersten: Es spendet öffentlichkeitswirksam 10.000 Euro an ein Waisenhaus in Bangladesch. Die Meldung sorgt für viel Aufsehen und wird in den Leitmedien diskutiert. Zufrieden lehnt sich das Management zurück. In den Medien will die Diskussion um die Ticky AG aber einfach nicht aufhören. Dort ist von einer Eintagsfliege oder einer billigen Feigenblattaktion die Rede. Daraufhin muss sich das Management der Ticky AG erneut zusammensetzen und beraten, was zu tun sei. Der Marketingchef, Herr Tunlaufen, hat eine glänzende Idee: Die Ticky AG soll in einer Pressemitteilung ankündigen, dass sie ab nächsten Monat dauerhaft Waisenhausprojekte in Bangladesch unterstützt. Da Herr Tunlaufen einmal BWL studiert hat, behauptet er in der Sitzung steif und fest, dass der Ticky AG hierfür keine Kosten entstehen würden. Hat Herr Tunlaufen recht?

Aufgabe 2.29

Die Informatica AG berät Unternehmen bei IT-Problemen. Im letzten Jahr hatte sie auch die Drogeriemarktkette Better beraten. Die Rechnung über 79.000 Euro hat die Drogeriemarktkette Better jedoch nie bezahlt, da sie in Insolvenz ging. Die 79.000 Euro wurden deshalb als uneinbringliche Forderung abgeschrieben. In welcher Höhe sind bei der Informatica AG hierbei Aufwendungen und Kosten entstanden?

Aufgabe 2.30

Der Handwerksbetrieb Gas&Wasser&Strom KG muss für das letzte Geschäftsjahr Gewerbesteuer nachzahlen. Handelt es sich bei der Nachzahlung um Kosten? Falls ja, geben Sie bitte an, ob es sich um Zusatzkosten, Anderskosten oder Grundkosten handelt. Erläutern Sie bitte auch, ob es sich dabei um Aufwand handelt und falls ja, um welche Art von Aufwand.

Aufgabe 2.31

Der Fernseherproduzent Tiger GmbH hat derzeit kleinere Absatzprobleme. Das Lager ist bis zur Decke voll mit nicht verkauften Fernsehern. Alle Hoffnung gilt der anstehenden Fußball-WM. Im Rechnungswesen entbrennt ein Streit darüber, wie die auf Lager liegenden Fernseher zu bewerten sind. Das interne Rechnungswesen möchte die Fernseher nur auf Basis von Teilkosten bewerten, da der Overhead doch noch durch die verkaufte Ware abgedeckt werden konnte. Nur so sei ein realistisches Bild möglich. Das externe Rechnungswesen sieht das völlig anders. Es will die Lagerware auf Basis der Anschaffungs- und Herstellungskosten bewerten; dies entspräche den Vollkosten. Mit zornesroten Gesichtern gehen beide Fraktionen auseinander. Und so kommt es, wie es kommen musste: Jede Fraktion bewertet die Lagerware anders. Dürfen die das?

Aufgabe 2.32

Nennen Sie bitte jeweils ein Beispiel für betriebsfremde, periodenfremde und außerordentliche Erträge.

Aufgabe 2.33

Müssen Sie bei der Überleitung vom Rechnungskreis I zum Rechnungskreis II, also bei der Abgrenzung, bestimmte Erträge und Aufwendungen herausrechnen? Muss stattdessen im Rechnungskreis II etwas hinzugerechnet werden? Und last but not least: Müssen Sie bei abweichenden Beträgen irgendetwas berücksichtigen?

Aufgabe 2.34

Erläutern Sie bitte, was man unter dem wertmäßigen, dem pagatorischen und dem entscheidungsorientierten Kostenbegriff versteht.

Lösungen zu den Übungsaufgaben

Aufgabe 2.1

Der Barverkauf sorgte für eine Erhöhung Ihrer liquiden Mittel, da Sie nun 2,30 Euro mehr in der Kasse haben.

Aufgabe 2.2

Bei der Überweisung des Kreditbetrags auf Ihr Girokonto erhöht sich der Bestand Ihrer liquiden Mittel, da Girokontoguthaben sofort verfügbar sind und somit zu den Zahlungsmitteln zählen. Die später zu bezahlenden monatlichen Kreditraten werden Ihre liquiden Mittel dagegen schmälern. Da es keine negativen Einzahlungen gibt, bezeichnet man die Abbuchungen von Ihrem Girokonto als Auszahlungen.

Aufgabe 2.3

Bei der Anzahlung in Höhe von 790 Euro handelt es sich um eine Einzahlung. Der Bestand an liquiden Mitteln hat sich hierdurch ja erhöht.

Aufgabe 2.4

Da das Ehepaar Kimmerle das großzügige Finanzierungsangebot in Anspruch genommen hat, konnte das Möbelhaus von den beiden lediglich Einzahlungen in Höhe von 5,80 Euro für die Linsen und Spätzle erzielen. Für die Couchgarnitur hat das Möbelhaus eine Forderung gegenüber dem Ehepaar aufgebaut, aber keine Einzahlung erzielt. Erst bei Zahlung der Raten in zwölf Monaten erhält das Möbelhaus dafür Einzahlungen.

Zum Restaurantbesuch im ersten Stock: Auch wenn aus der Aufgabenstellung nicht klar hervorgeht, ob Herr oder Frau Kimmerle bar oder mit EC-Karte die Linsen mit Spätzle bezahlt hat: In beiden Fällen handelt es sich um Einzahlungen.

Für alle, die hier noch weitere, wenn auch weniger wahrscheinliche Möglichkeiten betrachten möchten, bitte sehr: Angenommen, Herr und Frau Kimmerle hätten ihre Geldbeutel daheim vergessen und würden nun an der Restaurantkasse mit ihren Tabletts ohne Zahlungsmittel dastehen und hinter ihnen eine ungeduldige Schlange eröffnen, bleiben folgende weitere Möglichkeiten:

- ✓ Im Restaurant arbeitet ein Bekannter als Koch, erkennt das befreundete Ehepaar just in diesem unglücklichen Moment und hilft spontan aus, indem er die Rechnung an der Kasse bar bezahlt. Das Ehepaar Kimmerle bekundet mehrfach, wie peinlich das alles sei und begleicht die Schulden noch am Abend beim Koch, der ja in der Nachbarschaft wohnt. Für das Möbelhaus Hofmeister eine Einzahlung in Höhe von 5,80 Euro.
- ✓ Das Ehepaar Kimmerle verlässt in Erkenntnis nicht vorhandener Zahlungsmittel die Kassenregion mit ihren Tabletts, stellt diese diskret in der Ecke der Getränkeausgabe ab und

verlässt anschließend das Restaurant des Möbelhauses. Keine Einzahlung für das Möbelhaus.

- ✓ Das Ehepaar Kimmerle darf die Restaurantrechnung bei ihrem nächsten Besuch bezahlen. An diesem Tag keine Einzahlung für das Möbelhaus. Es entsteht stattdessen eine Forderung.

Aufgabe 2.5

Da die 4,80 Euro mit Ihren Schulden verrechnet wurden, gab es keine Einzahlungen. Im Gegenteil: Sie hatten Auszahlungen in Höhe von 20 Cent.

Aufgabe 2.6

Am Tag der Zahlungsanweisung gab es eine Auszahlung in Höhe von 379 Euro abzüglich 2 Prozent Skonto.

Aufgabe 2.7

Bei der Entnahme des Geldscheins aus der Kasse und Übergabe an den Buchhalter gab es eine Auszahlung. Am nächsten Tag gab es dann wieder eine Einzahlung.

Aufgabe 2.8

Die Schraubzufestzu AG hat im Jahr 2013 im Zusammenhang mit dem Kauf der Maschine zur Herstellung von Schraubwerkzeugen folgende Auszahlungen getätigt:

- ✓ Auszahlung des Kaufpreises in Höhe von 90.000 Euro im Mai 2013
- ✓ Ab dem 15. Mai monatlich eine Auszahlung über 2.800 Euro für die Kreditraten. Bis Jahresende sind dies acht Kreditraten, in Summe also 22.400 Euro.

Insgesamt sind das Auszahlungen in Höhe von 112.400 Euro. Nach den Einzahlungen im Zusammenhang mit dem Kauf der Maschine wurde in der Aufgabe nicht explizit gefragt. Es schadet aber auch nicht, diese in der Antwort ergänzend zu erwähnen: Die Schraubzufestzu AG hat auch Einzahlungen in Höhe von 90.000 Euro erzielt, als der Kredit von der Bank ausbezahlt wurde. Damit haben sich die liquiden Mittel um 22.400 Euro verringert.

Aufgabe 2.9

Bei der Privatbank Texberg GmbH gab es im Jahr 2013 folgende Auszahlungen:

- ✓ Am 20.12. gab es eine Auszahlung an die Schreinerei Natürlich & Massiv GmbH in Höhe von 120.000 Euro.
- ✓ Im Oktober wurde die erste Abschlagszahlung in Höhe von 80.000 Euro für den Innenarchitekten, Herrn Schirrmüller, bezahlt.

Insgesamt gab es im Jahr 2013 aus Sicht der Privatbank Texberg GmbH somit Auszahlungen in Höhe von 200.000 Euro.

In der Aufgabe wurden noch zwei weitere Rechnungen erwähnt: Die Rechnung des Maurerbetriebs und die zweite Rechnung des Innenarchitekten.

- ✓ Die Rechnung des Maurerbetriebs wurde erst im Folgejahr gestellt und bezahlt. Somit keine Auszahlung im Jahr 2013.
- ✓ Die zweite Rechnung des Innenarchitekten wurde bis zum Jahresende nicht bezahlt. Somit gab es hierfür keine Auszahlung.

Aufgabe 2.10

Das Möbelhaus konnte heute keine Einzahlungen erzielen. Die Einzahlung wird erst bei Lieferung erfolgen. Es hat aber durch den Kauf heute eine Forderung an Frau Meier aufgebaut. Und diese neue Forderung ist eine Einnahme, da sich damit das Geldvermögen des Möbelhauses erhöht.

Aufgabe 2.11

Nein, die Bauunternehmung hat durch die Überweisung des Kredits keine Einnahmen erzielt, da in derselben Höhe auch die Verbindlichkeiten steigen. Das Geldvermögen bleibt unverändert.

Aufgabe 2.12

Herr Kraminski hat durch den Barverkauf der Tageszeitung an Herrn Becker eine Einnahme erzielt, da sein Geldvermögen wächst, und gleichzeitig auch eine Einzahlung erzielt, da seine liquiden Mittel ebenfalls gestiegen sind.

Aufgabe 2.13

Herr Mindorn hatte keine Einzahlung, da seine Forderung mit seinen Verbindlichkeiten gegenüber Frau Klar verrechnet wurde. Er hatte jedoch eine Einnahme, da sein Geldvermögen zugenommen hat: Seine Verbindlichkeiten haben sich reduziert.

Frau Klar hatte ebenfalls keine Einzahlung, da ihre Forderung gegenüber Herrn Mindorn ja mit der Rechnung für den Audi ausgeglichen wurde. Ihr Geldvermögen hatte sich mit der Forderung an Herrn Mindorn zunächst erhöht, also eine Einnahme vor drei Tagen.

Aufgabe 2.14

Mit der Kapitalerhöhung hat sich das Eigenkapital der Chemicalwellness AG erhöht. Das Geldvermögen und die liquiden Mittel haben sich hierbei erhöht. Es gab somit Einzahlungen und Einnahmen.

Aufgabe 2.15

Die liquiden Mittel des Küchenstudios Moser haben sich durch die Anzahlung erhöht. Somit gab es auf jeden Fall eine Einzahlung.

Nun zu der Frage, ob das Küchenstudio mit der Anzahlung auch eine Einnahme erzielt hat. Das wäre der Fall, wenn sich das Geldvermögen, also die liquiden Mittel und Forderungen abzüglich Verbindlichkeiten, erhöht hätte. Die liquiden Mittel haben sich mit der Anzahlung auf jeden Fall erhöht, sonst hätte es ja keine Einzahlung gegeben. Aber zeitgleich mit dieser Anzahlung entstand auch eine Verbindlichkeit gegenüber dem Ehepaar Häupl. Das Ehepaar ist ja in Vorleistung gegangen. Und deshalb konnte das Küchenstudio mit der geleisteten Anzahlung keine Einnahme erzielen. Das Geldvermögen blieb unverändert.

Aufgabe 2.16

Da Frau Aigner ihren Geldbeutel vergessen hatte, handelt es sich um einen Verkauf auf Ziel. Dies bedeutet für Herrn Palmer, dass er an jenem Samstag hierbei keine Einzahlung, jedoch eine Einnahme erzielen konnte: Er hat ja nun eine Forderung gegenüber Frau Aigner.

Wenn Frau Aigner eine Woche später ihre Außenstände gegenüber Herrn Palmer begleicht, wird Herr Palmer eine Einzahlung erzielen: Seine liquiden Mittel werden um 8 Euro anwachsen; zugleich wird durch die Barzahlung die Forderung beglichen: Das Geldvermögen von Herrn Palmer bleibt damit unverändert, er wird dann keine weiteren Einnahmen verzeichnen können. Zusammengefasst:

- ✓ Am ersten Samstag: keine Einzahlung, aber ein Forderungsaufbau und damit eine Einnahme
- ✓ Am darauffolgenden Samstag: Durch die Begleichung der Schuld eine Einzahlung, aber keine Einnahme, da die Forderung beglichen wird.

Aufgabe 2.17

Durch den Einkauf auf Ziel gab es keine Auszahlungen. Diese werden ja erst in drei Monaten fällig. Ausgaben entstanden dagegen schon, da die Verbindlichkeiten der Werbeagentur angestiegen sind.

Aufgabe 2.18

Die Begleichung der Rechnung führt zu einer Auszahlung, es handelt sich jedoch nicht gleichzeitig um eine Ausgabe, da die bestehende Verbindlichkeit mit der Bezahlung beglichen wurde. Das Geldvermögen bleibt somit unverändert.

Aufgabe 2.19

Durch die Tilgung des Darlehens verringern sich die liquiden Mittel der Nikita GmbH: also eine Auszahlung. Hierdurch verringern sich aber auch die Verbindlichkeiten der Nikita GmbH, sodass keine Ausgabe entstand.

Aufgabe 2.20

Es gab 95-mal eine Auszahlung zu je 600 Euro, also Auszahlungen in Höhe von 57.000 Euro. In dieser Höhe flossen liquide Mittel bei der Milkyice GmbH ab. Ausgaben entstanden durch die Rohstoffeinkäufe natürlich auch. Da sind zunächst einmal die Auszahlungen in Höhe von 57.000 Euro. Diese sind zugleich Ausgaben, da sich das Geldvermögen dadurch verringert hat. Ebenfalls Ausgaben sind die noch offenen fünf Rechnungen, da durch die Lieferungen Verbindlichkeiten in Höhe von fünfmal 600 Euro, also 3.000 Euro entstanden sind. Nun zu den Aufwendungen: Da die Rohstoffe komplett verbraucht wurden, entstanden bei der Milkyice GmbH auch Aufwendungen in Höhe von 60.000 Euro. Es handelt sich dabei um Zweckaufwendungen, da der Rohstoffverbrauch eindeutig dem Betriebszweck diente.

Aufgabe 2.21

Für das Bankhaus Konzelmann handelt es sich bei dem Geschäftsfall um eine Einzahlung, eine Einnahme und um einen Ertrag, da sich die liquiden Mittel, das Geldvermögen und das Reinvermögen, hierdurch erhöht haben. Es handelt sich dabei um einen außerordentlichen Ertrag, da Anlagevermögen verkauft wurde.

Aufgabe 2.22

Beim Polstermöbelfabrikanten Fnauser entstanden durch den Ledereinkauf Auszahlungen in Höhe von 79.000 Euro. In gleicher Höhe entstanden auch Ausgaben, da sich das Geldvermögen wie die liquiden Mittel verringert hat. Bei den Aufwendungen wird es schon etwas kniffeliger: Der gesamte verarbeitete Rohstoff stellt Aufwand dar. Der unverbrauchte Rohstoff ist dagegen kein Aufwand. Somit entstand im abgelaufenen Geschäftsjahr ein Aufwand von 18.000 Euro.

Aufgabe 2.23

Es gab weder eine Auszahlung noch eine Ausgabe, da keine liquiden Mittel abgeflossen sind und sich das Geldvermögen hierdurch nicht verringert hat. Es entstand jedoch ein betriebsfremder Aufwand, da sich das Reinvermögen, genauer gesagt das Anlagevermögen, durch den Diebstahl verringert hat.

Aufgabe 2.24

Es entstehen Auszahlungen und Ausgaben in Höhe von 24.000 Euro, da die Maschine Ende Januar bezahlt wurde. Dadurch haben sich die liquiden Mittel und das Geldvermögen entsprechend verringert. Beim Kauf der Maschine entstand zunächst kein Aufwand, da das Reinvermögen zunächst unverändert blieb: Das Geldvermögen hat sich um 24.000 Euro verringert, das Anlagevermögen hat im gleichen Maße zugenommen. Aufwand entsteht erst durch die Abschreibung des Anlagevermögens: Da die Maschine über zehn Jahre abgeschrieben wird, entstanden in diesem Geschäftsjahr Aufwendungen in Höhe von 2.400 Euro.

Aufgabe 2.25

Im ersten Geschäftsjahr bildet das Architekturbüro eine Rückstellung über 280.000 Euro. Hierbei handelt es sich um Aufwand. Auszahlungen und Ausgaben gab es hier noch keine. Im darauffolgenden Geschäftsjahr gab es Auszahlungen in Höhe von 298.000 Euro. Diese setzen sich zusammen aus

- ✓ einer Auszahlung an den Kunden über 280.000 Euro,
- ✓ einer Auszahlung für die Verfahrenskosten in Höhe von 12.000 Euro und
- ✓ einer Auszahlung an den eigenen Anwalt über 6.000 Euro.

Ausgaben gab es im darauffolgenden Geschäftsjahr ebenfalls in Höhe von 298.000 Euro. Es bestand ja keine Verbindlichkeit aus dem Vorjahr, die nun durch den verlorenen Prozess beglichen werden würde, sondern lediglich eine Rückstellung. Deshalb verringert sich das Geldvermögen erst in diesem Geschäftsjahr.

Im ersten Geschäftsjahr entstanden durch die Bildung der Rückstellung bereits Aufwendungen in Höhe von 280.000 Euro. Im darauffolgenden Geschäftsjahr entstanden weitere Aufwendungen in Höhe von 18.000 Euro für die zu zahlenden Verfahren- und Anwaltskosten. Der Verbrauch der Rückstellung im zweiten Geschäftsjahr stellt keinen nochmaligen Aufwand dar.

Aufgabe 2.26

Bei den kalkulatorischen Zinsen handelt es sich um Zusatzkosten, denen kein Aufwand gegenübersteht; somit entstehen dadurch auch keine Ausgaben und Auszahlungen.

Aufgabe 2.27

Beim kalkulatorischen Unternehmerlohn handelt es sich um Zusatzkosten, die keinen Aufwand darstellen.

Aufgabe 2.28

Herr Tunlaufen hat völlig recht. Dafür fallen bei der Ticky AG keine Kosten an. Solange es bei der Ankündigung bleibt, entsteht noch nicht einmal Aufwand. Sollte die Ticky AG aber tatsächlich dauerhaft an die Waisenhäuser spenden, entsteht betriebsfremder Aufwand. Da dies nichts mit dem Betriebszweck zu tun hat, entstehen keine Kosten. Auch hier hat Herr Tunlaufen also recht.

Aufgabe 2.29

Bei der Informatica AG sind dadurch neutrale Aufwendungen in Höhe von 79.000 Euro entstanden.

Aufgabe 2.30

Bei der Gewerbesteuernachzahlung aus dem Vorjahr handelt es sich um periodenfremden Aufwand. Periodenfremder Aufwand gehört zum neutralen Aufwand. Deshalb entstehen durch die Nachzahlung keine Kosten.

Aufgabe 2.31

Das externe Rechnungswesen ist bei der Bewertung der Lagerware an Gesetze und Rechnungslegungsstandards gebunden. In der Kosten- und Leistungsrechnung kann von diesen Bilanzierungsrichtlinien und -gesetzen jedoch abgewichen werden. Es handelt sich ja immerhin um das interne Rechnungswesen, mit dessen Hilfe das Unternehmen gesteuert werden soll. Die Antwort lautet deshalb: ja, die dürfen das.

Aufgabe 2.32

Betriebsfremde Erträge können Zinsen oder Dividenden aus Wertpapiergeschäften sein. Periodenfremde Erträge können Steuerrückzahlungen sein und außerordentliche Erträge können Gewinne aus dem Verkauf von Anlagevermögen wie zum Beispiel Maschinen sein, sofern über Buchwert verkauft wurde.

Aufgabe 2.33

Sie müssen die neutralen Aufwendungen herausrechnen, da diese nichts mit dem Betriebszweck zu tun haben. Hinzurechnen müssen Sie stattdessen die Zusatzkosten und Zusatzleistungen. Anderskosten und Andersleistungen werden außerdem mit von der Finanzbuchhaltung abweichenden Beträgen angesetzt.

Aufgabe 2.34

Beim wertmäßigen Kostenbegriff versteht man unter Kosten den bewerteten, leistungsbezogenen Güterverbrauch. Die Bewertung muss dabei nicht mit den ehemaligen Anschaffungspreisen erfolgen; sie kann auch mit Wiederbeschaffungspreisen oder Planpreisen erfolgen. Zusätzlich dürfen hier auch Kosten berücksichtigt werden, für die es keine Aufwendungen gibt, also Zusatzkosten. Beim pagatorischen Kostenbegriff darf dagegen lediglich der ehemals gezahlte Preis als Wert angesetzt werden; deshalb der lateinische Begriff pagare, also zahlen. Die Veranschlagung von Zusatzkosten ist auch ausgeschlossen. Damit ist klar, dass meistens der wertmäßige Kostenbegriff verwendet wird.

Paul Riebel genügte der wertmäßige Kostenbegriff jedoch nicht. Er fragte sich, was mit all jenen Kosten ist, die nicht mengenabhängig sind oder nicht eindeutig bestimmten Mengen zugeordnet werden können. Kosten also, die durch bestimmte Entscheidungen ausgelöst wurde, wie zum Beispiel die Anordnung von Überstunden. All diese Kosten umfasst der noch entscheidungsorientierte Kostenbegriff zusätzlich.

Unterschiedliche Kostenbegriffe und Kostenrechnungssysteme

3

In diesem Kapitel ...

- Fixe und variable Kosten sicher unterscheiden
- In Einzel- und Gemeinkosten auftrennen
- Überblick über die Systeme der Kosten- und Leistungsrechnung

Kosten besitzen unterschiedliche Eigenschaften. Fixe Kosten bleiben meist unverändert, springen dann und wann. Manche Kosten sind ganz flexibel, Verzeihung, variabel; einige vereinzeln, andere sind fürchterlich gemein. Hier können Sie die unterschiedlichen Kostenbegriffe üben. Danach wird die erste grobe Unterscheidung zwischen den verschiedenen Systemen der Kosten- und Leistungsrechnung geübt.

Die unterschiedlichen Kostenbegriffe

Die Kosten verändern sich in Abhängigkeit von verschiedenen Einflussfaktoren; deshalb werden sie oft nach eben diesen Einflussfaktoren klassifiziert, damit man sie besser erfassen und auswerten kann. Die wichtigsten Einflussfaktoren sind

- ✓ die Beschäftigung beziehungsweise Kapazitätsauslastung,
- ✓ die Zurechenbarkeit zu Produkten,
- ✓ die Ausgabewirksamkeit,
- ✓ die Herkunft der Kosten und
- ✓ der Zeitbezug.

Viele neue Begriffe, die jetzt alle erklärt werden.

Beschäftigungsabhängige Kosten

Der Klassiker unter den Einflussfaktoren ist die sogenannte Beschäftigung. Ganz grob gesagt geht es hier darum, wie die Mengen die Kosten beeinflussen.

Die *Beschäftigung* ist die tatsächliche Auslastung der Produktionskapazität eines Unternehmens oder auch einer Produktionslinie. Der *Beschäftigungsgrad* drückt das Verhältnis zwischen Kapazität und Beschäftigung aus.

Aufgabe 3.1

Die Druckerei des Wochenblatts kann pro Tag maximal 50.000 Zeitungen drucken. Gestern wurden 30.000 Zeitungen gedruckt. Wie hoch war der Beschäftigungsgrad?

Aufgabe 3.2

Der Solarzellenhersteller Sunny Chinese GmbH mit Sitz in München gehört zum chinesischen Mischkonzern Innovaty. Eigentlich könnte sich die Sunny Chinese die Lagerhalle für die fertigen Solarzellen sparen, da die gesamte Produktion aufgrund hoher Nachfrage stets sofort ausgeliefert wird. Der Beschäftigungsgrad liegt seit Monaten bei 100 Prozent. Erzielt die Sunny Chinese GmbH Gewinne?

Kaum beschäftigungsabhängig: Fixe Kosten

Fixe Kosten sind meist eh da. Und das Schlimme an ihnen: Sie verändern sich nicht in Abhängigkeit von der Beschäftigung. Fixe Kosten sind zum Beispiel die Pacht für die Fabrikhalle, Versicherungsbeiträge, Heizkosten oder die Gehälter der Verwaltungsangestellten.

Langfristig betrachtet, gibt es keine fixen Kosten; bei einer Betriebsschließung, können alle Kosten auf null reduziert werden. Sie sollten also immer einen Zeitrahmen definieren, der für die Unterscheidung in fixe und variable Kosten gelten soll.

Die Fixkosten und der Beschäftigungsgrad beeinflussen die Stückkosten. Bleiben die Fixkosten bei einem steigenden Beschäftigungsgrad unverändert, sinken die Stückkosten. Pro zusätzlich produzierte Einheit entstehen ja nur die sogenannten Grenzkosten, die hier vereinfachend den variablen Kosten gleichgesetzt werden. Dazu ein kleines Beispiel: Der Kekshersteller Schokokeks AG stellt nur einen Keks her, den Okokeks. Das Unternehmen hat Fixkosten in Höhe von einer Million Euro und pro Keks variable Kosten in Höhe von zwei Cent. Im vergangenen Monat hat die Schokokeks AG 20 Millionen Okokekse produziert. Das ergibt nach Adam Riese Fixkosten von einer Million Euro und variable Kosten in Höhe von 400.000 Euro. Die Stückkosten betragen damit 7 Cent. Wird ein weiterer Okokeks produziert, entstehen dafür Grenzkosten in Höhe von 2 Cent.

Fixe Kosten können sich bei der Erweiterung der Produktionskapazität erhöhen. Dann fallen Abschreibungskosten für neue Maschinen, Mieten für neue Hallen und so weiter an. Dieser sprunghafte Anstieg der Fixkosten wird mit dem Begriff *sprungfixe Kosten* beschrieben. Fixe Kosten bleiben bei einem Beschäftigungsrückgang meist unverändert, die Abschreibung für die neue Maschine läuft ja weiter, die Hallenmiete ebenso. Dieser missliche Umstand wird mit dem Begriff *Remanenzkosten* umschrieben.

Fixe Kosten können Sie noch weiter unterscheiden: in den genutzten und den ungenutzten Teil.

Die auf die genutzte Kapazität entfallenden Fixkosten werden oft als *Nutzkosten* bezeichnet. Die auf die ungenutzte Kapazität entfallenden Fixkosten werden dann und wann gerne als *Leerkosten* bezeichnet.

Neben den fixen Kosten gibt es auch noch die variablen Kosten. Diese sind im Gegensatz zu den Fixkosten beschäftigungsabhängig. So ist der Mehlverbrauch eines Bäckers von der Anzahl der gebackenen Brote abhängig. Die Kosten für das Mehl sind also variabel.

Aufgabe 3.3

Herzlichen Glückwunsch zu Ihrem neuen Job: Sie wurden vom Schraubenhersteller Hältwas AG als neuer Kostenrechner eingestellt. Das familiengeführte Unternehmen beschäftigt mittlerweile 750 Mitarbeiter direkt oder auch indirekt über Partnerfirmen und produziert an drei Standorten Schrauben und Dübel. Die aktuell amtierende Patriarchin Frau Hältwas-Dübelin beauftragt Sie gleich an Ihrem ersten Arbeitstag mit der folgenden Aufgabe: Sie hätte von Ihnen gerne eine Übersicht über die Fixkosten des Unternehmens. Die Übersicht muss nicht zwingend auf einen Bierdeckel passen, sollte aber eine DIN-A4-Seite jedoch nicht übersteigen. Sie haben drei Tage Zeit. Frau Hältwas-Dübelin ist so nett und erläutert Ihnen auch den Hintergrund dieser Aufgabe: Da das Geschäft immer volatiler wird, die Umsätze also immer mehr unberechenbar schwanken, möchte sie wissen, wie viel Fixkosten das Unternehmen hat, damit man den dafür benötigten Umsatz ermitteln kann und zusätzlich vielleicht auch an der einen oder anderen Ecke die Fixkosten kritisch beäugen kann. Frau Hältwas-Dübelin hat sich dazu vom Rechnungswesen und der Personalabteilung bereits die nachfolgend aufgelisteten Informationen geben lassen. Ermitteln Sie bitte die Fixkosten der Unternehmung pro Jahr und vergleichen Sie diese mit den variablen Kosten. Gehen Sie dabei davon aus, dass alle Kosten, die nicht binnen drei Monaten in ihrer Höhe beeinflussbar sind, fixe Kosten sind. Ach ja: Sie haben die Stelle im März angetreten.

- ✓ In der Verwaltung und Geschäftsleitung arbeiten 100 Mitarbeiter. Davon sind 90 Personen fest angestellt und nur betriebsbedingt kündbar. Für diese 90 Mitarbeiter entstehen jährlich 8,1 Millionen Euro Personalkosten. Fünf Mitarbeiter sind Praktikanten und monatlich kündbar. Jeder Praktikant kostet monatlich 600 Euro. Weitere fünf Personen sind nicht direkt bei der Hältwas AG angestellt, sondern bei einer Zeitarbeitsfirma. Die Zeitarbeitsfirma erhält pro Person 2.900 Euro im Monat. Diese fünf Personen arbeiten übrigens bereits seit acht Jahren in der Buchhaltung der Hältwas AG. Der Vertrag zwischen der Hältwas AG und der Zeitarbeitsfirma sieht die Möglichkeit einer wöchentlich kündbaren Beauftragung des Personals vor.

In der Produktion arbeiten 650 Mitarbeiter. In der Praxis ist dies aus kostenrechnerischer Sicht nicht immer eine homogene Gruppe, wäre ja zu schön. Da gibt es Auszubildende, Festangestellte, Befristete, Zeitarbeiter und womöglich auch Werkverträge. Hier die nötigen Informationen für Sie:

- ✓ 20 Auszubildende im ersten Lehrjahr und 20 Auszubildende im zweiten Lehrjahr. 20 Auszubildende sind im dritten Lehrjahr; deren Ausbildung endet in sechs Wochen. Eine feste Übernahme wird nicht garantiert, ist aber sehr wahrscheinlich, da die Firma dies nach Abstimmung mit dem Betriebsrat in den Vorjahren immer so gehandhabt hat. Ein Auszubildender erhält 900 Euro pro Monat. Übrigens: Die Hältwas AG bildet jedes Jahr exakt 20 Azubis aus.
- ✓ In der Produktion werden auch 100 Leiharbeiter beschäftigt. Einige davon arbeiten bereits seit über zehn Jahren bei der Hältwas AG. Die Zeitarbeitsfirma erhält pro Person 2.400 Euro im Monat. Der Vertrag zwischen der Hältwas AG und der Zeitarbeitsfirma sieht eine wöchentlich kündbare Beauftragung des georderten Personals vor.
- ✓ Neben den Leiharbeitern werden auch noch 200 Personen über Werkverträge beschäftigt. Umgerechnet auf eine Personeneinheit entstehen der Hältwas AG hierfür monatliche Kosten in Höhe von 1.600 Euro. Die Werkverträge sind ziemlich flexibel gestaltet; die Beauftragung kann praktisch täglich an die Auftragslage angepasst werden.
- ✓ Neben den Auszubildenden, Leiharbeitern und Werkverträglern arbeiten auch noch 85 befristet angestellte Mitarbeiter in der Produktion. Deren Verträge laufen immer zwei Jahre und werden maximal zweimal verlängert, damit kein Anspruch auf eine unbefristete Anstellung entsteht. Danach müssen die Mitarbeiter zwölf Monate pausieren, um in diesen Modus zurückkehren zu können. Aktuell haben 17 befristete Mitarbeiter einen Antrag auf Arbeitslosengeld gestellt, da sie sich am Ende der dritten Verlängerung befinden. Der Produktionsleiter hat nach Abstimmung mit der Geschäftsleitung und der Personalabteilung mitgeteilt, dass er alle 17 Stellen umgehend wieder benötigt. Die 17 freien Stellen werden wegen der bestehenden Auftragslage sofort wieder mit neuen Befristeten aufgefüllt. Die Befristeten kosten monatlich 3.500 Euro.
- ✓ Die 200 fest angestellten Mitarbeiter verursachen monatliche Kosten in Höhe von 1,2 Millionen Euro.

Neben den Personalkosten und den Sachkosten für die Zeitarbeiter und Werkverträge gibt es natürlich auch noch jede Menge weiterer Sachkosten. Hier die ultimative Aufstellung für Ihre neue Aufgabe:

- ✓ Das Unternehmen muss jeden Monat insgesamt 7.500 Euro an diverse Versicherungen für laufende Verträge überweisen.
- ✓ Für bereits angeschafftes Anlagevermögen fallen jeden Monat Abschreibungen in Höhe von 350.000 Euro an.
- ✓ Je nach Auftragslage muss Material beschafft werden. Aktuell wird jeden Monat Stahl im Wert von 200.000 Euro eingekauft.
- ✓ Der komplette Fuhrpark ist geleast. Für die Fahrzeuge müssen monatlich 25.000 Euro bezahlt werden. Die Leasingverträge laufen immer 24 Monate.
- ✓ Das Marketing plant zusammen mit der Personalabteilung eine große Weiterbildungskampagne. In den nächsten zwei Monaten sollen die Verwaltungsmitarbeiter auf Semina-

ren ganz viel lernen. Die Seminare wurden noch nicht gebucht. Für jeden der 85 Verwaltungsmitarbeiter soll ein Seminar zu 1.400 Euro gebucht werden, sofern die Geschäftsleitung zustimmt.

Aufgabe 3.4

Der Fruchtgummiproduzent Sugarfoods Inc. produziert Gummipferdchen. Pro Packung Gummipferdchen entstehen variable Kosten in Höhe von 50 Cent. Fixkosten gibt es bei der Sugarfoods auch: 2,75 Millionen Euro pro Jahr. Letztes Jahr hat die Sugarfoods fünf Millionen Packungen produziert und verkauft. Wie hoch waren die Stückkosten pro Packung? Zweite Frage: Wie entwickeln sich die Stückkosten, wenn die Produktions- und Verkaufsmenge auf 4,5 Millionen Einheiten sinkt?

Aufgabe 3.5

Der Grillsaucenproduzent Havelland GmbH produziert drei verschiedene Grillsaucen: die hippe Curry-Orange Sauce, die beliebte Zigeuner Sauce und den Klassiker schlechthin, die Steak Sauce. Die Saucen sind in Gourmetkreisen ein Geheimtipp, sodass sich die Havelland GmbH bisher über mangelnden Absatz nicht beklagen konnte. Die Havelland GmbH hat bisher jährliche Fixkosten in Höhe von 2,4 Millionen Euro. Variable Kosten gibt es selbstverständlich auch. Je Flasche Curry-Orange Sauce 0,35 Euro, je Flasche Zigeuner Sauce 0,30 Euro und je Flasche Steak Sauce 0,28 Euro. Im laufenden Jahr wird ein Absatz von vier Millionen Flaschen erwartet. Der Absatz wird sich sehr wahrscheinlich wie folgt auf die drei Saucen aufteilen:

- ✓ 400.000 Flaschen Curry-Orange Sauce
- ✓ 2,0 Millionen Flaschen Zigeuner Sauce
- ✓ 1,6 Millionen Flaschen Steak Sauce

Eines schönen Tages fragt eine US-amerikanische Grillkette an, ob die Havelland GmbH nicht Exklusiv-Saucenpartner für die europäischen Expansionspläne der Grillkette werden möchte. Für eine Flasche Sauce bietet die Grillkette 0,60 Euro an, egal um welche Sorte es sich handelt. Die Grillkette möchte gerne jährlich folgende Mengen abnehmen:

- ✓ 100.000 Flaschen Curry-Orange Sauce
- ✓ 500.000 Flaschen Zigeuner Sauce
- ✓ 900.000 Flaschen Steak Sauce

Durch die neue Geschäftsbeziehung würde sich auch die Kostenstruktur der Havelland GmbH verändern. Die Fixkosten würden sich wohl um 600.000 Euro erhöhen, wenn man die von der Grillkette geforderten Strukturen aufbaut. Auch die variablen Kosten würden sich bei einer dauerhaft erhöhten Absatzmenge ein wenig ändern: Je Flasche Curry-Orange Sauce 0,32 Euro, je Flasche Zigeuner Sauce 0,27 Cent und je Flasche Steak Sauce 0,25 Cent.

Jetzt dürfen Sie aktiv werden:

- ✓ Berechnen Sie die Stückkosten unter der Annahme, dass die Fixkosten entsprechend den Absatzmengen auf die drei Produkte prozentual aufgeteilt werden. Das Ganze einmal vor und einmal nach dem Auftreten der Grillkette.
- ✓ Kann die Havelland GmbH ihr Unternehmensergebnis mit dem neuen Auftrag verbessern oder ist der Verkauf der Flasche zu je 0,60 Euro für den Saucenhersteller eher nachteilig? Die restlichen 4 Millionen Flaschen werden zu einem Preis von 1 Euro je Flasche verkauft.
- ✓ Stimmen Sie dem Vertriebsleiter der Havelland GmbH bei folgender Aussage zu: »Die Discounterkette Hauptsache Billig möchte jährlich 1 Million Flaschen Steak Saucen zu 0,30 Euro kaufen. Da der Verkaufspreis knapp über den variablen Stückkosten liegt, sollten wir diesen Vertrag unbedingt abschließen; wir würden unseren Gewinn damit steigern.«

Wissenswertes über variable Kosten

Die variablen Kosten besitzen einen ziemlich großen Vorteil: Sie sind beschäftigungsabhängig. Leider verläuft die Beziehung der variablen Kosten zur Beschäftigung nicht immer völlig geradlinig, sprich proportional. Sie kann manchmal auch progressiv oder degressiv verlaufen.

- ✓ **Proportionaler Kostenverlauf:** Beim proportionalen Kostenverlauf verändern sich die variablen Kosten im gleichen Maße wie die Beschäftigung.
- ✓ **Degressiver Kostenverlauf:** Beim degressiven Kostenverlauf sinken die variablen Stückkosten bei steigender Produktionsmenge. Meist sind Mengenrabatte beim Einkauf die Ursache.
- ✓ **Progressiver Kostenverlauf:** Bei einem progressiven Kostenverlauf steigen die Kosten bei zunehmender Beschäftigung stärker als die produzierte Menge. Überstundenzuschläge können die Ursache sein.

Aufgabe 3.6

Es werden fünf Fälle dargestellt. Beurteilen Sie jeweils, ob es sich um einen proportionalen, degressiven, progressiven oder sprungfixen Kostenverlauf handelt.

- ✓ Erster Fall: Der Bonbonhersteller Cherry AG stellt Kirschbonbons her. Momentan produziert die Cherry AG monatlich 2.700 Kilogramm Kirschbonbons. Auf das Kilo Bonbons umgerechnet entstehen Kosten in Höhe von 85 Cent. Die Kosten setzen sich aus einem Fixkostenblock und variablen Kosten zusammen. Da Kirschbonbons derzeit total gehypt werden, möchte die Cherry AG ihre Produktionskapazitäten erweitern. Die notwendige Erweiterung würde Fixkosten in Höhe von 230.000 Euro verursachen, sodass sich die Stückkosten erhöhen würden.

- Zweiter Fall: Der Automobilhersteller Horgward benötigt für jedes seiner produzierten Fahrzeuge vier Reifen. Die mit dem derzeitigen Reifenlieferanten vereinbarten Konditionen sehen Stückpreise von 50 Euro vor. Des Weiteren wurde eine Bonistaffel vereinbart. Ab einer Abnahmemenge von 100.000 Reifen gibt es rückwirkend für alle im laufenden Geschäftsjahr bezogenen Reifen einen Bonus von 2,5 Prozent. Werden sogar mehr als 120.000 Reifen abgenommen, steigt der Bonus auf 3,5 Prozent.
- Dritter Fall: Die Schaumberg AG stellt Blumentöpfe her. Völlig überraschend bricht der Frühling aus und alle Gartenmärkte ordern plötzlich wie wild Blumentöpfe. Da das Lager relativ leer ist und die Zweischichtproduktion die aktuelle Nachfrage nicht befriedigen kann, bleibt der Schaumberg AG nichts anderes übrig, als Nachtschichten zu fahren, um die Produktionsmenge zu steigern. Die eingesetzten Mitarbeiter erhalten hierfür Nachtschichtzuschläge, die sich in den erhöhten Stückkosten widerspiegeln.
- Vierter Fall: Der Wettbewerber des Automobilproduzenten Horgward AG backt kleinere Brötchen. Die Finetune AG stellt pro Jahr höchstens 100.000 Fahrzeuge her. Mit dem Reifenlieferanten konnten trotzdem sehr gute Einkaufskonditionen vereinbart werden: Ein Reifen kostet 48,50 Euro.
- Fünfter Fall: Der Sahnetortenfabrikant Willi Süß KG expandiert und expandiert. Über die Jahre hinweg konnte er dank immer höherer Mengen den Produktionsprozess weiter automatisieren. Die variablen Stückkosten konnten so kontinuierlich gesenkt werden.

Leider oft Realität: Mischkosten

Da das Leben bekanntlich kein Ponyhof ist, begegnen Ihnen nicht nur reine Fixkosten oder reine variable Kosten. Dann und wann begegnen Ihnen auch sogenannte Mischkosten.

Mischkosten enthalten sowohl beschäftigungsunabhängige als auch beschäftigungsabhängige Bestandteile. Sie bestehen also anteilig aus fixen und variablen Kosten und können nicht so einfach aufgetrennt werden.

Beispiele für Mischkosten sind Strom- oder Wartungskosten. Beide können aus einem monatlichen Grundpreis und mengenabhängigen Kosten bestehen.

Mischkosten sind natürlich kein unabänderliches Schicksal. Dagegen kann man etwas tun! Zur Auftrennung der Mischkosten in variable und fixe Bestandteile wurden einige Methoden entwickelt. Das sind

- die buchtechnische Kostenauflösung,
- die mathematische Kostenauflösung und
- die planmäßige Kostenauflösung

Die buchtechnische Kostenauflösung

Beim buchtechnischen Verfahren werden die Mischkosten im Hinblick auf ihr Verhalten bei Beschäftigungsschwankungen beobachtet. Dazu benötigen Sie die Istkosten und die jeweils zugehörige Istbeschäftigung. Letztere können Sie entweder über die Kapazitätsauslastung oder über die Produktionsmenge ermitteln. Bei Dienstleistungsunternehmen können Sie die Istbeschäftigung dagegen meist nur mithilfe von Indikatoren ermitteln. Eine solche Hilfsgröße kann die Zahl der belegten Betten in einem Hotel oder die Zahl der Kunden bei einem Reiseunternehmen sein.

Und noch ein Kostenbegriff: Der *Reagibilitätsgrad* zeigt an, wie stark die Kosten auf Beschäftigungsänderungen reagieren. Sie erhalten den Reagibilitätsgrad, indem Sie die prozentuale Kostenänderung durch die prozentuale Beschäftigungsänderung teilen.

Bei einem Produktionsbetrieb wenden Sie die buchtechnische Methode so an: Sie vergleichen den Kostenverlauf der letzten Monate mit der Produktionsmenge. Beim Regalhersteller Lilly sähe das so aus: Im Januar wurden bei einer Produktion von 50 Regalen 6.500 Euro Entgelt bezahlt, im Februar bei 100 Regalen 7.000 Euro und im März mit 110 Regalen 7.100 Euro. Im April 120 Regale bei 7.200 Euro Entgeltzahlungen. Im Urlaubsmonat Juli waren Betriebsferien, die Mitarbeiter haben natürlich trotzdem Entgelt erhalten: 6.000 Euro.

Dank des Urlaubsmonats Juli können Sie schnell feststellen, dass sich die Mischkosten aus monatlichen Fixkosten von 6.000 Euro und variablen Kosten von 10 Euro je Regal zusammensetzen.

Die mathematische Kostenauflösung

Bei der mathematischen Methode nehmen Sie zwei Beschäftigungspunkte und analysieren diese. Bei dieser Methode wird übrigens immer ein proportionaler Kostenverlauf unterstellt. Dazu ein kleines Beispiel: Der Backofenhersteller Heuwies hat im Mai 50 Backöfen hergestellt und dabei Kosten von 70.000 Euro gehabt. Im August hat er 55 Backöfen hergestellt und dabei Kosten von 75.000 Euro gehabt. Nun werden die vier Zahlen filetiert: Fünf zusätzliche Backöfen haben die Kosten um 5.000 Euro erhöht. Die proportionalen Kosten je Backofen betragen also 1.000 Euro. Bei 55 Backöfen sind das also insgesamt 55.000 Euro proportionale Kosten. Beim Rest handelt es sich bei der mathematischen Methode um Fixkosten: 20.000 Euro pro Monat.

Die planmäßige Kostenauflösung

Last but not least die Wünsch-Dir-was-Methode. Diese wird einzig und allein vom planerischen Ansatz beherrscht. Hier teilen Sie die Kosten auf der grünen Wiese auf. Was soll fix, was soll variabel sein. Sie dürfen sich was wünschen, äh, planen.

Aufgabe 3.7

Welche unangenehme Eigenschaft besitzen Mischkosten? Und welche Lösungsmethoden gibt es?

Aufgabe 3.8

Nun dürfen Sie Mischkosten mittels mathematischer Kostenauflösung auftrennen. Das Spiegelberger Wetzsteinbergwerk baut Wetzsteine ab, die in den Haushalten und in der Agrarwirtschaft dem Schärfen von Messern, Sensen und anderen Schneidewerkzeugen dienen sollen.

In Tabelle 3.1 finden Sie die Abbaumengen und Kosten zweier ausgewählter Monate. Trennen Sie mit dieser Information die Mischkosten in ihre fixen und variablen Bestandteile auf.

Monat	Abbaumenge	Personalkosten
April	12 Tonnen	22.000 €
September	14 Tonnen	22.000 €

Tabelle 3.1: Daten des Wetzsteinbergwerks

Aufgabe 3.9

Bitte trennen Sie die Mischkosten mittels buchtechnischer Kostenauflösung auf. Die Spiegelberger Silbermine baut Silber ab. Die zwei Mitarbeiter erhalten ein Grundentgelt und pro Kilo Silber noch eine Prämie.

In Tabelle 3.2 finden Sie die Abbaumengen und Kosten. Trennen Sie mit dieser Information die Mischkosten in ihre fixen und variablen Bestandteile auf.

Monat	Fördermenge	Personalkosten
April	120 Kilo	16.000 €
Mai	130 Kilo	16.500 €
Juni	100 Kilo	15.000 €
Juli	3 Kilo	10.150 €
August	2 Kilo	10.100 €
September	80 Kilo	14.000 €

Tabelle 3.2: Daten der Silbermine

Verrechnungsabhängige Kosten

Das Schicksal aller Kosten ist deren Verrechnung auf die Kostenträger, also die Zuordnung zu Produkten oder Dienstleistungen. So sind Wirtschaftlichkeitsrechnungen überhaupt erst möglich. Die *Einzelkosten* können naturgemäß recht einfach den Produkten, also den Kostenträgern, zugeordnet werden. Bei den *Gemeinkosten* ist das etwas schwieriger.

Da man die *Einzelkosten* direkt den Produkten oder Dienstleistungen, den sogenannten *Kostenträgern*, zuordnen kann, werden sie auch *Kostenträgereinzelkosten* genannt. Alle anderen Kosten, die nicht direkt auf die Produkte verrechnet werden können, bezeichnet man als *Gemeinkosten* beziehungsweise als *Kostenträgergemeinkosten*. Diese Kosten können nur über Schlüsselungen auf die Kostenträger verrechnet werden.

Aufgabe 3.10

Ordnen Sie die folgenden Kosten bitte jeweils den Einzel- oder Gemeinkosten zu.

- ✓ In der Schreinerei Holzwurm erledigt Frau Holzwurm die Verwaltungsaufgaben. Sie erhält dafür ein monatliches Entgelt von 4.000 Euro.
- ✓ Die Schreinerei Holzwurm baut auf Kundenwunsch auch Einbauschränke. Letzten Monat hat Familie Maier einen schönen Einbauschrank bekommen. Das dafür erforderliche Holz hat der Schreinerei 700 Euro gekostet.
- ✓ Herr Holzwurm ist auch ins Onlinebusiness eingestiegen. Er verkauft Kerzenständer aus Holz. Für jeden verkauften Kerzenständer fallen Verpackungs- und Versandkosten in Höhe von 7,50 Euro an.
- ✓ Frau Holzwurm würde den alten PC am liebsten aus dem Fenster werfen. Bevor es jedoch unnötigen Glasbruch gibt, kauft sie sich einen neuen PC. Dieser verursacht monatliche Abschreibungen in Höhe von 30 Euro.
- ✓ Der örtliche Bund der Selbstständigen möchte demnächst eine Leistungsschau der Selbstständigen veranstalten und bittet um eine Zahlung von 100 Euro für die Vorbereitungen. Die Schreinerei überweist den Betrag an den Verband.

Aufgabe 3.11

Handelt es sich bei folgenden Kosten um echte oder um unechte Gemeinkosten?

- ✓ Die Kosten für den Holzleim in der Schreinerei Eichenrauch KG
- ✓ Der Automobilhersteller Lambda AG produziert vier verschiedene Fahrzeuge: den S-Car, den M-Car, den L-Car und den XL-Car. In jedes der vier Fahrzeuge werden unterschiedliche Lichtmaschinen verbaut. Für den S-Car kauft die Lambda AG vom Automobilzulieferer Denksoyin Lichtmaschine zum Stückpreis von 180 Euro ein. Diese Information wird so in der Buchhaltung verarbeitet.

- ✓ Der Automobilhersteller myBobby-Car AG produziert sieben verschiedene Fahrzeuge: den iXS-Car, den iS-Car, den iM-Car, den iL-Car, den iXL-Car und den iXXL-Car. In die Klein- und Kompaktwagen iXS-, iS- und iM-Car wird ein und dieselbe Lichtmaschine verbaut: die Lichtmaschine des Automobilzulieferers Denksoyin zum Stückpreis von 176 Euro. Diese Information wird so in der Buchhaltung verarbeitet.
- ✓ Beim Automobilhersteller Lambda AG, der übrigens vier verschiedene Fahrzeuge produziert, fallen monatliche Reinigungskosten in Höhe von 45.000 Euro für die Reinigung der Werkshallen und der Verwaltungsgebäude an. Im Vertrag zwischen der Reinigungsfirma und der Lambda AG wird der Betrag nach Räumen und dort jeweils erforderlichen Einzeltätigkeiten genau aufgeschlüsselt. In der Buchhaltung werden die Reinigungskosten nach genutzten Quadratmetern auf die Kostenstellen aufgeteilt.
- ✓ Beim Feinkostsalathersteller Rodacki GmbH erhält der Geschäftsführer ein monatliches Entgelt in Höhe von 35.000 Euro.
- ✓ Bei Feinkostsalathersteller Rodacki GmbH wird das Kantinenessen bezuschusst. So kommt jeder Mitarbeiter in den Genuss eines hochwertigen Mittagessens ohne gleich tief in Tasche greifen zu müssen. Ein Mittagessen kostet durchschnittlich 3,30 Euro. Davon werden dem Mitarbeiter an der Kantinenkasse per Identifikation über seinen Mitarbeiterausweis 2,50 Euro vom Gehalt abgezogen. Die Rodacki GmbH bezuschusst damit jedes Essen mit durchschnittlich 0,80 Euro. In der Buchhaltung wird der Essenszuschuss nach Köpfen auf die einzelnen Kostenstellen verteilt.

Kosten mit unterschiedlicher Herkunft

Die Kosten werden auch nach deren Herkunft unterschieden. Primärkosten sind dabei die Kosten, die durch extern bezogene Güter und Dienstleistungen entstehen. Sekundärkosten sind intern weiterverrechnete Kosten. Die Summe aller Primärkosten ergibt bereits die Gesamtkosten.

Aufgabe 3.12

Bei Fernsehgerätehersteller TV Mende AG wurde im letzten Jahr Material im Wert von 800.000 Euro eingekauft. Daneben fielen noch Personalkosten in Höhe von 300.000 Euro an. Der örtliche Energieversorger hat der TV Mende für den Strom 35.000 Euro in Rechnung gestellt. Die neue Produktionslinie für den internetfähigen LED-Fernseher hat hiervon 5.000 Euro von der zentralen Stromkostenstelle zubelastet bekommen. Die beauftragte Reinigungsfirma stellt der TV Mende AG pro Jahr 9.000 Euro in Rechnung. Für alle Firmengebäude fallen insgesamt jährliche Mietkosten in Höhe von 35.000 Euro an. Für die Produktion fallen jährlich 25.000 Euro Miete an.

Wie hoch sind die Primärkosten der TV Mende AG?

Aufgabe 3.13

Beim Nahrungsmittelkonzern Wellfood AG wurden im letzten Jahr Forschungsaufträge im Wert von 2,7 Millionen Euro an externe Forschungslabore vergeben. Der Unternehmensbereich Joghurt hat seinen zentralen Sitz in Basel. Joghurt wird aber nicht nur in Basel, sondern auch in Mannheim und in Linz produziert. Für die neue Produktlinie Frozen Joghurts wurden durch das externe Labor Foodproceeding aus Lausanne einige Produkte inklusive Produktionsprozess entworfen. Der Auftrag »Frozen Joghurts« hat 99.000 Euro gekostet. Die beiden Konzerntöchter Mannheim und Linz bekommen aus Basel dafür jeweils 33.000 Euro in Rechnung gestellt. Zusätzlich fallen in allen drei Standorten für die Produktion der Frozen Joghurts noch weitere Kosten an. Handelt es sich bei den 33.000 Euro für jeden Standort um Primär- oder um Sekundärkosten?

Kosten und Zeiten

Kosten werden je nach dem Zeitbezug unterschieden nach:

- ✓ Istkosten
- ✓ Normalkosten
- ✓ Plankosten

Die Unterscheidung ist eigentlich recht einfach. Bei den Istkosten handelt es sich um bereits entstandene Kosten. Diese setzen sich aus der Istmenge und dem Istpreis zusammen. Bei den Plankosten dagegen werden Kosten für zukünftige Sachverhalte geplant. Dazu werden Planmengen und Planpreise verwendet.

Und jetzt wird es doch ein wenig komplizierter. Die Normalkosten leiten Sie aus den durchschnittlichen Istkosten der vergangenen Monate oder gar Jahre ab. Dabei können Sie bei der Ermittlung der Durchschnittskosten bereits künftige, erwartete Veränderungen wie zum Beispiel Preis- oder Tarifsteigerungen berücksichtigen. Als Ergebnis erhalten Sie die *aktualisierten Mittelwerte* und haben dabei ganz nebenbei den ersten Schritt in Richtung Plankosten unternommen. Die Verwendung von Normalkosten empfiehlt sich bei stark schwankenden Kosten.

Aufgabe 3.14

Sortieren Sie die folgenden Kosten je Quartal nach Ist- und Plankosten und ermitteln Sie dabei auch noch die Normalkosten für den Energieverbrauch.

Die Stadtküche Rogacki hat im letzten Quartal Lebensmittel im Wert von 146.000 Euro eingekauft. Im letzten Quartal entstanden Personalkosten in Höhe von 190.000 Euro. Die Energiekosten sind stark von der Auslastung der Fischräucherei abhängig. Im April ratterte der Stromzähler kräftig: 2.400 Euro Stromkosten wurden fällig. Im Mai waren es dagegen nur 1.600 Euro und im Juni dann 1.900 Euro. Für das nächste Quartal geht Herr Rogacki davon aus, dass er Lebensmittel im Wert von 170.000 Euro einkaufen wird. Die Personalkosten werden sich nicht großartig verändern und beim Stromverbrauch glaubt er an keine neuerlichen Preiserhöhungen, da die Diskussion um die Gründung eines Stadtwerks den Stromanbieter aktuell etwas zurückhaltender agieren lässt.

Lösungen zu den Übungsaufgaben

Aufgabe 3.1

Den Beschäftigungsgrad erhalten Sie, indem Sie die produzierte Istmenge durch die maximale Kapazität teilen. Bei der Druckerei betrug der gestrige Beschäftigungsgrad 60 Prozent: 30 geteilt durch 50.

Aufgabe 3.2

Mit dem Beschäftigungsgrad allein kann man die Frage, ob das Unternehmen Gewinne erzielt, nicht beantworten. Der Beschäftigungsgrad gibt lediglich darüber Auskunft, wie hoch die Kapazität ausgelastet ist. Eine hohe Kapazitätsauslastung ist meist ein gutes Zeichen; dies aber auch nur, wenn die Verkaufspreise die Gesamtkosten decken.

Aufgabe 3.3

Zur Lösung der Aufgabe gehen Sie am besten mit stoischer Geduld Punkt für Punkt durch und prüfen jeden davon darauf hin, ob die Kostenhöhe binnen drei Monaten beeinflussbar ist.

Vorab für Sie das Ergebnis: Die Fixkosten siegen klar mit 31 zu 10.

- ✓ 90 Personen in der Verwaltung und Geschäftsleitung sind fest angestellt und nur betriebsbedingt kündbar. Eine Beeinflussung der jährlich dafür anfallenden 8,1 Millionen Euro Personalkosten ist binnen drei Monaten praktisch ausgeschlossen. Also Fixkosten.
- ✓ Die fünf Praktikanten in der Verwaltung sind monatlich kündbar. Diese Personalkosten gehören deshalb nicht zu den Fixkosten, da monatlich über die Fortbeschäftigung der Praktikanten und damit über die Kostenhöhe entschieden werden kann: 36.000 Euro variable Kosten.
- ✓ Die Kosten für die fünf Personen aus der Verwaltung, die nicht direkt bei der Hältwas AG, sondern bei einer Zeitarbeitsfirma angestellt sind, zählen auch nicht zu den Fixkosten, da der Vertrag mit der Zeitarbeitsfirma eine wöchentliche Kündigung ermöglicht: 174.000 Euro variable Kosten.

Nun zu den Kosten der Produktion:

- ✓ Die gesamten Kosten für die Auszubildenden sollten Sie den Fixkosten zuordnen, da diese bei Lichte betrachtet sicher nicht binnen drei Monaten in ihrer Höhe beeinflussbar sind. 60 Auszubildende erhalten pro Jahr 648.000 Euro. Da Sie über die weiteren Kosten rund um die Ausbildung keinerlei Informationen erhalten haben, belassen Sie es bei diesem Betrag.

- ✓ Bei den Kosten für die 100 Leiharbeiter handelt es sich nicht um Fixkosten, da der Vertrag mit der beauftragten Zeitarbeitsfirma stark auf die Bedürfnisse der Hältwas AG eingeht und eine wöchentliche Kündigung oder Beauftragung des Personals vorsieht. Diese 2,88 Millionen Euro gehören zu den variablen Kosten.
- ✓ Ebenfalls keine Fixkosten sind die Kosten für die 200 über Werkverträge beschäftigten Personen, da die Beauftragung täglich an die Auftragslage angepasst werden kann. Diese 3,84 Millionen Euro gehören auch zu den variablen Kosten.
- ✓ Die 85 befristeten Stellen sollten Sie den Fixkosten zuordnen, da sich an der Höhe der hierdurch verursachten Kosten binnen drei Monaten nichts ändern wird. Das sind 85 mal 3.500 Euro mal 12 Monate: 3.570.000 Euro.
- ✓ Die 200 fest angestellten Mitarbeiter verursachen monatliche Fixkosten in Höhe von 1,2 Millionen Euro. Macht aufs Jahr gerechnet 14,4 Millionen Euro.

Und jetzt die restlichen Kosten:

- ✓ Versicherungsverträge sind nur innerhalb bestimmter Fristen kündbar und dies meist auch noch nur zum Jahresende. Da Sie die Analyse im März durchführen, in diesem Monat wurden Sie ja eingestellt, handelt es sich bei den Versicherungsbeiträgen um Fixkosten, da sie nicht binnen drei Monaten beeinflussbar sind. 7.500 Euro pro Monat ergibt 90.000 Euro.
- ✓ Die Abschreibungen sind normalerweise unabänderlich und deshalb Fixkosten: 350.000 Euro mal 12 = 4,2 Millionen Euro.
- ✓ Da das Material nach Bedarf eingekauft wird, sind diese Kosten variabel: 2,4 Millionen Euro.
- ✓ Die Leasingkosten müssen Sie den Fixkosten zuordnen, da hier kurzfristig nichts beeinflussbar ist: 300.000 Euro pro Jahr.
- ✓ Die geplante Weiterbildungskampagne kann jederzeit gestoppt oder unterbrochen werden. Deshalb handelt es sich hier um variable Kosten: 119.000 Euro.

Damit hat die Hältwas AG jährliche Fixkosten in Höhe von 31.308.000 Euro und variable Kosten in Höhe von 9.449.000 Euro.

Aufgabe 3.4

Nichts leichter als das: Sie multiplizieren und addieren und schon haben Sie die Stückkosten ermittelt. Und das geht so:

- ✓ 50 Cent mal 5 Millionen Packungen = 2.500.000 Euro
- ✓ Fixkosten: 2.750.000 Euro
- ✓ Gesamtkosten: 5.250.000 Euro

Die Gesamtkosten teilen Sie nun durch die Menge, um die Stückkosten zu erhalten:

- ✓ Gesamtkosten: 5.250.000 Euro geteilt durch 5.000.000 Packungen = 1,05 Euro pro Packung.

Wenn die Menge von 5 auf 4,5 Millionen sinkt, erhöhen sich die Stückkosten, da die Fixkosten nun auf weniger Packungen verteilt werden müssen:

- ✓ 50 Cent mal 4,5 Millionen Packungen = 2.250.000 Euro
- ✓ Fixkosten: 2.750.000 Euro
- ✓ Gesamtkosten: 5.000.000 Euro

Die Gesamtkosten teilen Sie nun durch die Menge, um die Stückkosten zu erhalten:

- ✓ Gesamtkosten: 5.000.000 Euro geteilt durch 4.500.000 Packungen = 1,11 Euro pro Packung

Aufgabe 3.5

Zuerst die Berechnung der Stückkosten vor dem Auftreten der Grillkette:

Die 2,4 Millionen Euro Fixkosten teilen sich auf die drei Produkte so auf:

- ✓ 400.000 Flaschen Curry-Orange Sauce entspricht 10 Prozent => 240.000 Euro Fixkostenanteil
- ✓ 2,0 Millionen Flaschen Zigeuner Sauce entspricht 50 Prozent => 1,2 Millionen Euro Fixkostenanteil
- ✓ 1,6 Millionen Flaschen Steak Sauce entspricht 40 Prozent => 960.000 Euro Fixkostenanteil

Tabelle 3.3 zeigt die Stückkostenberechnung.

Produkt	Menge	Fixkosten	Fixkosten je Flasche	Variable Kosten	Stückkosten
Curry-Orange	400.000	240.000 €	0,60 €	0,35 €	0,95 €
Zigeuner	2.000.000	1.200.000 €	0,60 €	0,30 €	0,90 €
Steak	1.600.000	960.000 €	0,60 €	0,28 €	0,88 €
Summe	4.000.000	2.400.000 €			

Tabelle 3.3: Stückkostenberechnung

Und jetzt die gewünschte Stückkostenberechnung nach dem Auftreten der Grillkette:

Die Fixkosten erhöhen sich um 0,6 Millionen auf 3,0 Millionen Euro. Diese 3 Millionen Euro teilen sich auf die drei Produkte nun so auf (alle Zahlen sind der Übersichtlichkeit halber gerundet):

- ✓ 500.000 Flaschen Curry-Orange Sauce entspricht 9,1 Prozent ⇒ 272.272 Euro Fixkostenanteil
- ✓ 2,5 Millionen Flaschen Zigeuner Sauce entspricht 45,5 Prozent ⇒ 1,36 Millionen Euro Fixkostenanteil
- ✓ 2,5 Millionen Flaschen Steak Sauce entspricht 45,5 Prozent ⇒ 1,36 Millionen Euro Fixkostenanteil

Das erhöhte Fixkostenvolumen verteilt sich aber auch auf eine höhere Menge: statt wie bisher auf 4 Millionen Flaschen nun auf 5,5 Millionen Flaschen. Die Fixkosten je Flasche sinken damit leicht auf nun etwa 0,55 Euro. In Tabelle 3.4 finden Sie die aktualisierten Stückkosten

Produkt	Menge	Fixkosten	Fixkosten je Flasche	Variable Kosten	Stückkosten
Curry-Orange	500.000	272.272 €	0,55 €	0,32 €	0,87 €
Zigeuner	2.500.000	1.363.636 €	0,55 €	0,27 €	0,82 €
Steak	2.500.000	1.363.636 €	0,55 €	0,25 €	0,80 €
Summe	5.500.000	3.000.000 €			

Tabelle 3.4: Neue Stückkostenberechnung

Nun zu der Frage, ob die Havelland GmbH ihr Unternehmensergebnis mit dem neuen Auftrag verbessern kann oder ob der Verkauf der Flasche zu 0,60 Euro eher nachteilig ist. Bislang machte die Havelland GmbH die in Tabelle 3.5 gezeigten Gewinne pro Jahr.

Produkt	Menge	Fixkosten je Flasche	Variable Kosten	Stückkosten	Erlös je Flasche	Gewinn je Flasche	Gesamtgewinn
Curry-Orange	400.000	0,60 €	0,35 €	0,95 €	1,00 €	0,05 €	20.000
Zigeuner	2.000.000	0,60 €	0,30 €	0,90 €	1,00 €	0,10 €	200.000
Steak	1.600.000	0,60 €	0,28 €	0,88 €	1,00 €	0,12 €	192.000
Summe	**4.000.000**						**412.000**

Tabelle 3.5: Gewinnermittlung

Mit dem Zusatzauftrag der Grillkette verändert sich das Bild so wie in Tabelle 3.4 und 3.5 dargestellt. Zuerst die Gewinnsituation bei den ersten 4 Millionen Flaschen in Tabelle 3.6.

Produkt	Menge	Fixkosten je Flasche	Variable Kosten	Stückkosten	Erlös je Flasche	Gewinn je Flasche	Gesamtgewinn
Curry-Orange	400.000	0,55 €	0,32 €	0,87 €	1,00 €	0,13 €	52.000 €
Zigeuner	2.000.000	0,55 €	0,27 €	0,82 €	1,00 €	0,18 €	360.000 €
Steak	1.600.000	0,55 €	0,25 €	0,80 €	1,00 €	0,20 €	320.000 €
Summe	**4.000.000**						**732.000 €**

Tabelle 3.6: Gewinnsituation

Danach die Gewinnsituation beim Zusatzauftrag der Grillkette wie in Tabelle 3.7 dargestellt.

Produkt	Menge	Fixkosten je Flasche	Variable Kosten	Stückkosten	Erlös je Flasche	Gewinn je Flasche	Gesamtgewinn
Curry-Orange	100.000	0,55 €	0,32 €	0,87 €	0,60 €	0,27 €	27.000 €
Zigeuner	500.000	0,55 €	0,27 €	0,82 €	0,60 €	0,22 €	110.000 €
Steak	900.000	0,55 €	0,25 €	0,80 €	0,60 €	0,20 €	180.000 €
Summe	**1.500.000**						**317.000 €**

Tabelle 3.7: Gewinnsituation Zusatzauftrag

Damit ergibt sich nun ein Gesamtgewinn von 415.000 Euro (732.000 minus 317.000). Also sage und schreibe 3.000 Euro mehr durch den riesigen Zusatzauftrag der Grillkette. Dafür, dass die Havelland GmbH ihre Strukturen ausbauen und damit ihre Fixkosten erheblich erhöhen musste, lohnt sich dieser Zusatzauftrag eigentlich nicht. Die 3.000 Euro bewegen sich eher im Rahmen von Rundungsdifferenzen. Der angebotene Preis von 0,60 Euro je Flasche liegt exakt an der Grenze der Wirtschaftlichkeit und sollte nachverhandelt werden.

Zum Schluss noch zur Aussage des Vertriebsleiters: Da die variablen Stückkosten einer Flasche Steak Sauce bei 0,25 Euro liegen, würde die Havelland GmbH bei diesem Geschäft einen zusätzlichen Gewinn von 50.000 Euro erzielen können. Dies aber auch nur, wenn das neue Zusatzgeschäft keine negativen Auswirkungen auf die Fixkosten hat. Mit anderen Worten: Würden sich wegen dieses Neukunden die Verwaltungs- und Vertriebskosten ein wenig erhöhen, würde der Verkauf knapp über den Grenzkosten, also den variablen Stückkosten, schnell zum Verlustgeschäft werden.

Aufgabe 3.6

Hier die Zuordnung der fünf Fälle zu den Kostenverläufen:

- ✓ Beim ersten Fall handelt es sich um einen sprungfixen Kostenverlauf, da ab einem bestimmten Beschäftigungsniveau eine Erweiterungsinvestition nötig wird, um eine weitere Mengensteigerung erreichen zu können; die Kosten steigen in diesem Moment sprunghaft an.
- ✓ Beim zweiten Fall haben Sie einen degressiven Kostenverlauf vorliegen. Mit steigender Menge sinken die variablen Stückkosten.
- ✓ Beim dritten Fall ist es genau anders herum. Mit steigender Produktionsmenge, sprich Beschäftigung, steigen die variablen Stückkosten; also ein progressiver Kostenverlauf.
- ✓ Im vierten Fall bleiben die variablen Stückkosten immer gleich.
- ✓ Und im fünften Fall handelt es sich um einen degressiven Kostenverlauf. Beim Sahnetortenfabrikant schlagen die Skaleneffekte zu. Mit anderen Worten: Mit der immer weiter steigenden Produktionsmenge konnten die Produktionsprozesse ständig weiter verbessert werden.

Aufgabe 3.7

Mischkosten enthalten beschäftigungsunabhängige und beschäftigungsabhängige Bestandteile. Sie bestehen also anteilig aus fixen und variablen Kosten und können nicht so einfach aufgetrennt werden. Die Mischkosten können mit folgenden Methoden aufgetrennt werden:

- ✓ buchtechnische Kostenauflösung
- ✓ mathematische Kostenauflösung
- ✓ planmäßige Kostenauflösung

Aufgabe 3.8

Die Personalkosten blieben konstant, obwohl im September zwei Tonnen mehr abgebaut wurden. Das bedeutet, dass die Personalkosten zu 100 Prozent fix sind.

Aufgabe 3.9

Die Personalkosten verändern sich in Abhängigkeit von der Abbaumenge. Ein Blick auf die beiden Monate mit sehr niedrigen Abbaumengen zeigt die Kostenstruktur am schnellsten. Im August wurden lediglich zwei Kilo Silber abgebaut; dafür erhielten die beiden Mitarbeiter ein Entgelt von 10.100 Euro. Im Juli wurde noch ein Kilo mehr abgebaut. Dafür gab es 50 Euro mehr Entgelt. Die Mitarbeiter erhalten also pro Kilo Silber eine Prämie von 50 Euro und daneben ein Grundentgelt von jeweils 5.000 Euro. Zum Schluss noch die Gegenprobe mit dem Monat April: Fixkosten in Höhe von 10.000 Euro und variable Kosten in Höhe von 6.000 Euro für 120 Kilo Silber (50 Euro pro Kilo).

Aufgabe 3.10

Wenn Sie sich immer an der direkten Zurechenbarkeit zum Produkt orientiert haben, dürfte die richtige Zuordnung kein Problem gewesen sein. Hier zu Ihrer Kontrolle die Lösung:

✓ Das monatliche Entgelt an die Ehefrau für die Erledigung der Verwaltungsaufgaben ist keinem Produkt und auch keiner Dienstleistung direkt zuordenbar. Es mag manchmal direkt zuordenbare Tätigkeiten wie zum Beispiel Telefonate mit Kunden oder die abschließende Rechnungsstellung geben; dies stellt jedoch nur einen Teil der Arbeit dar; zudem wäre der Zuordnungsaufwand unverhältnismäßig hoch. Deshalb landen diese Kosten bei den Gemeinkosten.

✓ Die Kosten für das erforderliche Holz des Einbauschranks sind diesem Auftrag direkt zuordenbar und deshalb Einzelkosten.

✓ Da für jeden verkauften Kerzenständer Verpackungs- und Versandkosten in Höhe von 7,50 Euro anfallen, sind diese Kosten direkt dem Kostenträger Kerzenständer zurechenbar und damit Einzelkosten.

✓ Da der neue PC für Verwaltungstätigkeiten eingesetzt wird, ist er keinem Produkt direkt zurechenbar. Es handelt sich bei den Abschreibungen für den PC also um Gemeinkosten.

✓ Die Zahlung an den örtlichen Bund der Selbstständigen für die Vorbereitungen der Leistungsschau ist keinem Kostenträger direkt zuordenbar. Somit handelt es sich um Gemeinkosten.

Aufgabe 3.11

Hier die Zuordnung zu den echten und unechten Gemeinkosten:

✓ Bei den Kosten für den Holzleim in der Schreinerei Eichenrauch KG handelt es sich um unechte Gemeinkosten, da es viel zu aufwendig wäre, bei jedem einzelnen Tropfen Holzleim die verbrauchte Menge einem Produkt zuzuordnen.

✓ Bei den Kosten für die Lichtmaschinen für den S-Car handelt es weder um echte noch um unechte Gemeinkosten, sondern um direkt dem Produkt zuordenbare Gemeinkosten.

✓ Bei den Kosten für die Lichtmaschinen für die Klein- und Kompaktwagen der myBobby-Car AG handelt es sich weder um echte noch um unechte Gemeinkosten, sondern um direkt dem Produkt zuordenbare Gemeinkosten.

✓ Bei den Reinigungskosten handelt es sich um unechte Gemeinkosten, da die Kosten nicht entsprechend den im Vertrag vorliegenden Informationen, sondern einfach nach genutzter Fläche geschlüsselt auf die einzelnen Kostenstellen verbucht werden.

✓ Das Entgelt des Geschäftsführers ist ein klassisches Beispiel für echte Gemeinkosten, da auch mit viel Liebe zum Detail und noch mehr Adminaufwand keine vollständige verursachungsgerechte Aufteilung des Entgelts auf die einzelnen Produkte des Unternehmens möglich wäre.

- ✓ Beim Kantinenzuschuss handelt es sich um unechte Gemeinkosten. Die Buchhaltung könnte, wenn sie wollte, die Zuschüsse nach der Inanspruchnahme der Essen auf die einzelnen Kostenstellen verteilen. Dazu liegen ja alle erforderlichen Informationen vor: Es ist dank Identifikation per Mitarbeiterausweis an der Kasse bekannt, wer wann welches Essen gegessen hat. Da dies dann doch zu viel des Guten wäre, wurde einfach nach Köpfen geschlüsselt.

Aufgabe 3.12

Bei der TV Mende AG fielen Primärkosten in Höhe von 1.179.000 Euro an. Alle in der Aufgabenstellung genannten Kosten zählen zu den Primärkosten bis auf den weiterbelasteten Stromkostenanteil in Höhe von 5.000 Euro und den Mietanteil in Höhe von 25.000 Euro.

Aufgabe 3.13

In Basel sind 99.000 Euro Primärkosten für den Auftrag »Frozen Joghurts« angefallen. Diese wurden innerhalb des Konzerns gerecht auf die drei Standorte verteilt, sodass die beiden Konzerntöchter in Mannheim und Linz je 33.000 Euro verrechnet bekamen. Diese 33.000 Euro sind damit Sekundärkosten.

Aufgabe 3.14

Zuerst die Istkosten:

- ✓ Lebensmittel: 146.000 Euro
- ✓ Personalkosten: 190.000 Euro
- ✓ Energiekosten: 5.900 Euro

Und jetzt die Plankosten:

- ✓ Lebensmittel: 170.000 Euro entsprechend der getroffenen Annahme
- ✓ Personalkosten: 190.000 Euro
- ✓ Energiekosten: 5.900 Euro

Und schließlich die Normalkosten für den Strom: Da keine Preiserhöhungen erwartet werden, bilden die bisherigen durchschnittlichen Istkosten die ausschließliche Basis der Normalkosten: 5.900 Euro je Quartal beziehungsweise durchschnittlich knapp 1.967 Euro pro Monat.

Konten-, Kostenstellen- und Kostenträgerpläne erstellen

4

In diesem Kapitel …

- Die Struktur von Kontenplänen kennenlernen
- Wichtiges zur Bildung von Kostenstellenplänen
- Kostenträger definieren

Die Kostenrechnung benötigt einen Rahmen, bestehend aus Kontenplan, Kostenstellen und definierten Kostenträgern.

Die Basis: Der Kontenplan

Der Kontenplan ist die Heimat der einzelnen Kostenarten. Jedes Unternehmen benötigt einen Kontenplan. Dabei können Sie sich selbst einen passenden Kontenplan basteln oder einfach einen fertigen Kontenrahmen verwenden.

Kontenrahmen werden meistens von Verbänden oder von Softwareanbietern angeboten. Der *Kontenplan* ist der auf das Unternehmen individuell angepasste Kontenrahmen. Er kann je nach Bedarf mehr oder auch weniger Konten als der Kontenrahmen enthalten.

Der Aufbau eines Kontenplans

Ein Kontenplan besteht immer aus drei Bestandteilen:

- ✓ Kontenklassen,
- ✓ Kontengruppen und
- ✓ Konten.

Kontenklassen

In einer Kontenklasse werden sachlich zusammenhängende Konten zusammengefasst. Zum Beispiel alle Konten, die etwas mit Sachanlagen zu tun haben. Diese Kontenklassen werden in einem Kontenrahmen dann mit einer Ziffer versehen, zum Beispiel mit der *0*.

Kontengruppen

Eine Kontenklasse besteht aus mehreren sogenannten Kontengruppen. Hier findet nochmals eine feinere Aufgliederung statt, um das Ganze übersichtlich zu gestalten. Zum Beispiel kann man die Kontenklasse Sachanlagen noch weiter unterteilen in:

- ✓ Grundstücke und Gebäude
- ✓ technische Anlagen und Maschinen
- ✓ Betriebs- und Geschäftsausstattung

Kontengruppen werden dann mit einer zweistelligen Zahl versehen, wobei die erste Ziffer die jeweilige Kontenklasse umfasst.

Konten

Konten sind letztendlich der Teil des Kontenrahmens, auf den auch wirklich gebucht wird. Sie sind somit die kleinste Einheit eines Kontenrahmens.

Das Konto Fuhrpark gehört zur Kontenklasse 0 (Sachanlagen) und zur Kontengruppe 08 (Betriebs- und Geschäftsausstattung). Innerhalb dieser Kontengruppe bekommt das Konto dann auch eine Nummer, die mit den beiden Ziffern der Kontengruppe beginnt – sagen wir mal: 084.

Die wichtigsten Kontenrahmen

In Deutschland haben sich im Laufe der Jahre zwei allgemeingültige sowie zahlreiche Spezialkontenrahmen der DATEV durchgesetzt.

Die DATEV ist ein Softwarehaus und IT-Dienstleister für Steuerberater, Wirtschaftsprüfer und deren Mandanten. Die DATEV ist genossenschaftlich organisiert.

Die allgemeingültigen Kontenrahmen heißen:

- ✓ Gemeinschaftskontenrahmen der Industrie, kurz: GKR
- ✓ Industriekontenrahmen, kurz: IKR

Der Gemeinschaftskontenrahmen

Der Gemeinschaftskontenrahmen der Industrie wurde vom Bundesverband der Deutschen Industrie (BDI) herausgegeben. Er ist in zehn Kontenklassen gegliedert:

- ✓ Kontenklasse 0: Anlagevermögen und langfristiges Kapital
- ✓ Kontenklasse 1: Finanz-Umlaufvermögen und kurzfristige Verbindlichkeiten

- ✓ Kontenklasse 2: Neutrale Aufwendungen und Erträge
- ✓ Kontenklasse 3: Stoffe Bestände
- ✓ Kontenklasse 4: Kostenarten
- ✓ Kontenklasse 5/6: Kostenstellen
- ✓ Kontenklasse 7: Kostenträger, Bestände an halbfertigen und fertigen Erzeugnissen
- ✓ Kontenklasse 8: Kostenträger, Erträge
- ✓ Kontenklasse 9: Abschluss

In den Klassen 4 bis 8 geht es um die Kosten- und Leistungsrechnung. Der Gemeinschaftskontenrahmen ist übrigens ein sogenanntes Einkreissystem, da hier sowohl das externe als auch das interne Rechnungswesen hintereinander erfasst werden.

Der Industriekontenrahmen

Ebenfalls vom Bundesverband der Deutschen Industrie ist der Industriekontenrahmen. Die Klassen 0 bis 8 bilden den Rechnungskreis I, also die Finanzbuchhaltung, die Klasse 9 den Rechnungskreis II, das interne Rechnungswesen, also die Kosten- und Leistungsrechnung.

Der Industriekontenrahmen ist ebenfalls in zehn Kontenklassen gegliedert:

- ✓ Kontenklasse 0: Immaterielle Vermögensgegenstände und Sachanlagen
- ✓ Kontenklasse 1: Finanzanlagen
- ✓ Kontenklasse 2: Umlaufvermögen und aktive Rechnungsabgrenzung
- ✓ Kontenklasse 3: Eigenkapital und Rückstellungen
- ✓ Kontenklasse 4: Verbindlichkeiten und passive Rechnungsabgrenzung
- ✓ Kontenklasse 5: Erträge
- ✓ Kontenklasse 6: Betriebliche Aufwendungen
- ✓ Kontenklasse 7: Weitere Aufwendungen
- ✓ Kontenklasse 8: Ergebnisrechnungen
- ✓ Kontenklasse 9: Kosten- und Leistungsrechnung

Abgegrenzt: Vom Rechnungskreis I zum Rechnungskreis II

Da die Ergebnisse der Finanzbuchhaltung für innerbetriebliche Entscheidungen oftmals nicht aussagefähig genug sind, werden im Rechnungskreis II die Ergebnisse aus der Finanzbuchhaltung, also dem Rechnungskreis I, entsprechend angepasst.

Herausgerechnet werden neutrale Aufwendungen und neutrale Erträge. Dazugerechnet werden: Zusatzkosten und Zusatzerlöse

Anderskosten und Andersleistungen werden außerdem in der Kostenrechnung mit von der Finanzbuchhaltung abweichenden Beträgen angesetzt. Durch diese Korrekturen wird aus den Ergebnissen der Finanzbuchhaltung, also dem Rechnungskreis I, die Kostenrechnung hergeleitet. Das Ganze hat auch einen Namen: Abgrenzung.

DATEV-Kontenrahmen

Die wichtigsten DATEV-Standardkontenrahmen (kurz: SKR) sind:

- ✓ SKR 03: für publizitätspflichtige Unternehmen, die das Prozessgliederungsprinzip anwenden
- ✓ SKR 04: für publizitätspflichtige Unternehmen, die das Abschlussprinzip verwenden
- ✓ SKR 14: für Land- und Forstwirte
- ✓ SKR 30: ein klassischer Einzelhandelskontenrahmen
- ✓ SKR 45: für Heime und soziale Einrichtungen
- ✓ SKR 49: für Vereine
- ✓ SKR 51: für die Kfz-Branche
- ✓ SKR 70: für Hotels und Gaststätten
- ✓ SKR 80: für Zahnärzte
- ✓ SKR 81: für Arztpraxen
- ✓ SKR 99: für Krankenhäuser

Der Kontenrahmen SKR 03 ist so aufgebaut:

- ✓ Kontenklasse 0: Anlage- und Kapitalkonten
- ✓ Kontenklasse 1: Finanz- und Privatkonten
- ✓ Kontenklasse 2: Abgrenzungskonten
- ✓ Kontenklasse 3: Wareneingangs- und Bestandskonten
- ✓ Kontenklasse 4: Betriebliche Aufwendungen
- ✓ Kontenklasse 5 und 6: frei für Kostenrechnung
- ✓ Kontenklasse 7: Bestände an Erzeugnissen
- ✓ Kontenklasse 8: Erlöskonten
- ✓ Kontenklasse 9: Vortragskonten – statistische Konten

Aufgabe 4.1

Nennen Sie mindestens zwei bekannte Kontenrahmen.

Aufgabe 4.2

Was ist der Unterschied zwischen einer Kontenklasse und einer Kontengruppe?

Der Kostenstellenplan

Die Kostenstelle bildet aus Kostenrechnungssicht die kleinste organisatorische Einheit eines Unternehmens. Sie ist in aller Regel der Ort der Kosten- und Leistungsentstehung.

Gliederungsmöglichkeiten für die Kostenstellen

Bei der Kostenstellenbildung können Sie Ihrer Fantasie eigentlich freien Lauf lassen. Es gibt keine gesetzlichen Vorschriften, die Sie dabei einschränken würden. So könnten Sie Kostenstellen beispielsweise nach den Schuhgrößen der Mitarbeiter oder nach deren kulinarischen Leidenschaften bilden. Da dies jedoch im Alltag ziemlich unpraktisch ist, haben sich folgende Gliederungskriterien über die Zeit bewährt:

- ✓ Raum
- ✓ Verantwortungsbereich
- ✓ Funktion
- ✓ Verrechnung und Kostenträger

Gliederung nach räumlichen Kriterien

Die Gliederung nach räumlichen Gesichtspunkten ist unter Umständen dann sinnvoll, wenn Ihr Unternehmen über das Land verstreut ist. Die drei Mitarbeiter in der Vertriebsniederlassung Meldorf können Sie dann in eine Kostenstelle packen und die fünf Mitarbeiter der Vertriebsniederlassung Rosenheim in eine andere Kostenstelle. Das funktioniert jedoch nur, wenn diese Mitarbeiter derselben Tätigkeit nachgehen, wie etwa der Verpackung und dem Versand der Ware. Werden jedoch völlig unterschiedliche Tätigkeiten wie etwa der Einkauf und die Entwicklung erbracht, sollten Sie dieses Kriterium nicht durchgängig anwenden, sondern auch nach anderen Kriterien gliedern.

Gliederung nach dem Verantwortungsbereich

Das ist der Klassiker unter den Gliederungskriterien. Entsprechend der Unternehmenshierarchie und den Hierarchen werden die Kostenstellen gebildet. Die Kostenstelle ist dabei die kleinste Einheit.

Gliederung nach Funktionen

Dieses Kriterium wird in der Praxis am häufigsten verwendet, besitzt aber auch ein paar Nachteile. Hier können Sie Kostenstellen entlang des Unternehmens- oder auch Produktionsprozesses bilden. Die Gefahr hierbei: Wenn für jede kleine zeitlich begrenzte Spezialfunktion oder für jedes kurze Projekt eine Kostenstelle gebildet wird.

Gliederung nach Kostenträgern

Die Gliederung nach Kostenträgern ist ein ziemlich kompliziertes Kriterium, denn hierzu müssen Sie zuerst einmal Ihre Kostenträger sauber definiert haben. Außerdem sollten die Kostenstellen den Kostenträgern eindeutig zuordenbar sein. Und jetzt kommt der riesengroße Nachteil dieses Gliederungskriteriums: Wenn sich die Zuständigkeiten für ein Produkt verschieben oder immer wieder verändern, müssen Sie hier den Kostenstellenplan überarbeiten. Da die Gliederung der Kostenstellen nach Kostenträgern bei einer ordentlichen Kostenträgerrechnung überhaupt nicht benötigt wird, sollten Sie dies nach Möglichkeit unterlassen.

Tipps für die Kostenstellenbildung

Folgende Tipps für die Kostenstellenbildung helfen Ihnen im Alltag:

- ✓ Für jede Kostenstelle muss es einen Verantwortlichen geben.
- ✓ Vermeiden Sie Mischkostenstellen, die unterschiedliche Funktionen bündeln.
- ✓ Halten Sie die Anzahl der Kostenstellen in überschaubare Grenzen.

Aufgabe 4.3

Was ist eine Kostenstelle?

Aufgabe 4.4

Stellen Sie sich vor, Sie seien im Rechnungswesen der Süßwarenvertriebsgesellschaft Sweeties AG unter anderem für die Einrichtung und Pflege der Kostenstellen zuständig. Die Sweeties AG hat sich auf den Vertrieb über Kioske und Tankstellen spezialisiert und hat einen Hauptsitz in Berlin-Neukölln und drei Logistikzentren inklusive Vertriebsniederlassungen in Hamburg, Hannover und Kiel. Daneben gibt es noch Vertriebsniederlassungen in Flensburg, Lübeck, Bremen, Oldenburg und Bielefeld. Der neue Vertriebsleiter Herr Raunesche hätte gerne neben diesen Lokationen auch Kostenstellen für die Home-Offices einiger Vertriebler. Er hat eine Liste erstellt und bittet Sie um Anlage der Kostenstellen für:

- ✓ Das Home-Office von Frau Schneider in Heide. Sie arbeitet zwar drei Tage die Woche in der Vertriebsniederlassung in Flensburg, zwei weitere Tage arbeitet sie jedoch von daheim aus.
- ✓ Das Home-Office für Herrn Paseberg in Geesthacht. Herr Paseberg wird die nächsten zwei Jahre komplett von daheim arbeiten und den Vertriebsbezirk Hamburg-Harburg betreuen.
- ✓ Die Firmen-WG in Wismar. In der WG wohnen und arbeiten Frau Leitenstern, Frau Gauber, Herr Loos-Reinsberg, Herr Türlin und Frau Wolf. Das Team betreut den Vertriebsbezirk Ostsee-West und muss nur alle zwei Wochen einmal zu einem Meeting in die Vertriebsniederlassung nach Lübeck kommen.

Für welche der Fälle würden Sie Kostenstellen anlegen und für welche nicht? Begründen Sie bitte Ihre Antworten.

Aufgabe 4.5

Sie sind im Rechnungswesen der Süßwarenvertriebsgesellschaft Sweeties AG für die Einrichtung und Pflege der Kostenstellen zuständig. Neben dem Hauptsitz in Berlin-Neukölln und einigen Vertriebsniederlassungen gibt es seit dem letzten Zukauf der Tankproviant GmbH auch noch Standorte in Stralsund, Rostock, Targelow und Nowogard. Die ersten beiden Vertriebsniederlassungen werden dem Vertriebsbezirk Ostsee-West mit Sitz in Lübeck zugeordnet und die anderen beiden bilden den neuen Vertriebsbezirk Ostsee-Ost. An jedem Standort werden sechs Mitarbeiter beschäftigt.

Benötigen Sie für jeden dieser vier Standorte der Tochterfirma Tankproviant GmbH eine eigene Kostenstelle oder können die ersten beiden Standorte der Lübecker Kostenstelle zugeordnet werden und die letzten beiden in einer Kostenstelle Ostsee-Ost geführt werden?

Verursacher: Kostenträger

Kostenträger sind für den Absatz bestimmte Produkte und Dienstleistungen. Manchmal werden diese Kostenträger auch als Marktleistungen, Endprodukte oder Außenaufträge bezeichnet. Die Kostenträger müssen die von Ihnen verursachten Kosten tragen.

Kostenträger definieren

Die Definition der Kostenträger ist kein leichtes Unterfangen, sofern es sich nicht um ein kleines Unternehmen mit wenigen Produkten oder Dienstleistungen handelt. Meist stehen Sie bei der Definition der Kostenträger vor der Frage, ob Sie für jede Produktvariante einen neuen Kostenträger definieren oder nur die Grundtypen als Kostenträger erfassen sollen.

Produkte können übrigens nicht nur Kostenträger, sondern zugleich auch *Erlösträger* sein. Wenn Sie ein Leistungsbündel verkaufen, haben Sie *Gemeinerlöse* erzielt. Von Gemeinerlösen spricht man immer dann, wenn mehrere Objekte zusammen einen Erlös erbringen, ohne dass man diese Erlöse den einzelnen Objekten so einfach direkt zuordnen kann.

Die Definition der Kostenträger fällt bei Dienstleistungen in aller Regel immer schwieriger aus als bei materiellen Gütern.

Einen Kostenträgerplan erstellen

Sie sollten Ihre Kostenträger beziehungsweise Produkte auch einsortieren, damit Sie nicht den Überblick verlieren. Idealerweise erstellen Sie dafür einen Kostenträgerplan. Eng miteinander verwandte Produkte können Sie in diesem Plan in Produktgruppen zusammenfassen. Die Produktgruppen können Sie wiederum zu Produktbereichen zusammenpacken. Wenn Sie alle Produkte einsortiert haben, ist der Kostenträgerplan beziehungsweise Produktplan fertig.

Aufgabe 4.6

Die Verwaltung der Stadt Lüdenscheid soll eine Kostenrechnung einführen. Mit den Kostenarten und Kostenstellen sind die Verwaltungsmitarbeiter bereits fertig; fehlen nur noch die Kostenträger. Helfen Sie der Verwaltung beim Bauhof aus und definieren Sie dessen Kostenträger. Erstellen Sie auch einen Kostenträgerplan für den Bauhof.

Der Bauhof ist übrigens zuständig für die Straßen- und Fußgängerzonenreinigung, den Winterdienst auf den Straßen und auf den Schulhöfen, kleine Ausbesserungsarbeiten an Straßen und Geh- und Radwegen, der Pflege und Neuanlage von Grünflächen von der kleinsten Verkehrsinsel bis hin zum Stadtpark und dem Anbringen sowie Entfernen der Weihnachtsdekoration. Daneben ist der Bauhof auch zuständig für die Instandhaltung der Kanalisation und die grundlegende Sanierung von Straßen, ausgenommen Kreis-, Landes- und Bundesstraßen, wobei er diese Tätigkeiten meist fremdvergibt.

Lösungen zu den Übungsaufgaben

Aufgabe 4.1

Bekannte Kontenrahmen sind die Standardkontenrahmen der DATEV, der Industriekontenrahmen IKR und der Gemeinschaftskontenrahmen, kurz GKR.

Aufgabe 4.2

Die Kontenklassen stellen die höchste Gliederungsebene eines Kontenrahmens dar. Die Kontenklassen selbst werden noch in Kontengruppen untergliedert.

Aufgabe 4.3

Die Kostenstelle ist der Ort der Kosten- und Leistungsentstehung. Aber keine Regel ohne Ausnahme: Manchmal werden auch Kostenstellen gebildet, um hierauf Kosten intern verrechnen zu können. Sie dienen dann als eine Art Kostensammler.

Aufgabe 4.4

Um es kurz zu machen: Sie müssen für keinen der Fälle neue Kostenstellen anlegen. Zunächst die erste Begründung, die für alle Fälle gilt: Wenn Mitarbeiter, die alle eine ähnliche Aufgabe beziehungsweise Funktion erfüllen, an getrennten Orten arbeiten, begründet dies noch lange keinen Bedarf für gesonderte Kostenstellen. Dies wäre erst dann zwingend der Fall, wenn die Mitarbeiter in unterschiedlichen Rechtseinheiten, zum Beispiel Tochterfirmen, angestellt wären.

✓ Für das Home-Office von Frau Schneider in Heide sollten Sie keine extra Kostenstelle anlegen. Die zeitweise räumliche Trennung von ihrer Vertriebsniederlassung ist kein Grund für eine persönliche Kostenstelle. Es sei denn, Sie wollen unbedingt wissen, was Frau Schneider denn so verdient.

✓ Auch für das Home-Office für Herrn Paseberg in Geesthacht sollten Sie keine gesonderte Kostenstelle anlegen. Die räumliche Trennung von ihrer Vertriebsniederlassung ist kein Grund für eine persönliche Kostenstelle.

✓ Bei der Firmen-WG in Wismar könnten Sie sich gegebenenfalls breitschlagen lassen und eine neue Kostenstelle anlegen. Da hier mehr als eine Person auf der Kostenstelle wäre, sind Rückschlüsse auf einzelne Gehälter nicht mehr so einfach möglich. Da der Vertriebsbezirk Ostsee-West aber zur Vertriebsniederlassung Lübeck gehört und es hierfür ja bereits eine Kostenstelle gibt, ist die zusätzliche Kostenstelle unnötig und sollte abgelehnt werden. Verkaufszahlen nach Vertriebsbezirk lassen sich sicher auch ohne Kostenstellenzuordnung ermitteln.

Aufgabe 4.5

Die ersten beiden Standorte Stralsund und Rostock können nicht in der Lübecker Kostenstelle geführt werden, da sie nicht derselben Rechtseinheit angehören. Die Mitarbeiter in Stralsund und Rostock besitzen einen Arbeitsvertrag mit der Tankproviant GmbH und nicht mit der Sweeties AG und können allein deshalb nicht in der Lübecker Kostenstelle geführt werden. Somit sollte für diese beiden Standorte eine Kostenstelle Ostsee-West innerhalb der Rechtseinheit Tankproviant GmbH geführt werden. Die beiden Standorte Targelow und Nowogard benötigen je eine eigene Kostenstelle, da Targelow in Deutschland und Nowogard in

Polen liegt und beide Standorte damit in unterschiedlichen Rechtseinheiten geführt werden: Für den polnischen Standort gibt es sicher eine polnische Tochterfirma mit Sitz in Nowogard und Targelow wird sicher direkt bei der Tankproviant GmbH angegliedert sein.

Aufgabe 4.6

Sie können es sich bei der Definition der Kostenträger einfach machen und jede in der Aufgabe genannte Tätigkeit als Kostenträger beziehungsweise Produkt definieren, diese zu Produktgruppen zusammenfassen und einen Kostenträgerplan wie in Tabelle 4.1 erstellen.

Produktbereich	Produktgruppe	Produkt
Dienstleistung	Reinigung	Straßenreinigung
		Fußgängerzonenreinigung
	Dekorationen	Weihnachtsdekoration
	Landschaftspflege	Grünflächenpflege
		Parkpflege
Bau	Ausbesserungsarbeiten	Straßenausbesserung
		Gehwegeausbesserung
		Radwegeausbesserung
		Kanalisationsinstandhaltung
	Sanierung	Straßensanierung

Tabelle 4.1: Kostenträgerplan

Die Kosten für einige Produkte werden so aber manchmal nur schwer zuordenbar sein. So werden beispielsweise die Kosten für die Reinigung der Straßen und der Fußgängerzone in der Praxis nur mit unnötigem Aufwand voneinander trennbar sein, sodass sich hier nur ein Kostenträger Reinigung empfiehlt. Dasselbe gilt für die Ausbesserungstätigkeiten an Geh- und Radwegen und an den Straßen.

Teil II

Gegenwart: Die Istkosten- und Leistungsrechnung

In diesem Teil ...

Nun geht es um die Erfassung der Kostenarten und um den BAB, den Betriebsabrechnungsbogen. Danach stelle ich die innerbetriebliche Leistungsverrechnung vor. Abschließend geht es in diesem Teil um die Kostenträgerstückrechnung mit allen Kalkulationsvarianten und die Kostenträgerzeitrechnung alias kurzfristige Erfolgsrechnung.

In diesem Teil bleibt es übrigens ganz schlicht bei den Istkosten und Istleistungen. So erarbeiten Sie sich ein gutes Basiswissen für die späteren planungsorientierten Systeme.

Die Kostenartenrechnung

5

In diesem Kapitel ...

- Die Aufgaben der Kostenartenrechnung
- Kostenarten erfassen
- Kalkulatorische Kosten ermitteln

In diesem Kapitel lernen Sie die Aufgaben der Kostenartenrechnung kennen, erfassen die einzelnen Kostenarten inklusive Abschreibungen und ermitteln sogar kalkulatorische Kosten. Last but not least werden auch die Leistungen erfasst.

Grundlagen zur Artenrechnung

In der Kostenartenrechnung werden alle Kosten erfasst, bewertet und gegliedert. Dasselbe gilt für die Leistungsartenrechnung. Ohne die beiden gäbe es keine Kosten- und Leistungsstellenrechnung und natürlich auch keine Kosten- und Leistungsträgerrechnung.

In der Kosten- und Leistungsartenrechnung werden die primären Kosten und Leistungen erfasst. Die sekundären Kosten und Leistungen sind ein Fall für die sich anschließende Kosten- und Leistungsstellenrechnung.

Kosten und Leistungen erfassen

Die Kosten werden üblicherweise kostenartenweise erfasst. Dabei gibt es grundsätzlich zwei Möglichkeiten:

- ✓ Die Mengen und Preise werden getrennt erfasst; Menge mal Preis ergibt die Kosten.
- ✓ Es wird nur der Kostenbetrag erfasst.

Die erste Möglichkeit ist natürlich die detailreichere Variante. Sie bietet sich allerdings immer nur dann an, wenn die Mengen überhaupt gemessen werden können.

Bei der Erfassung der Leistungen haben Sie ebenfalls die Qual der Wahl zwischen der detaillierten Erfassung von Mengen und Preisen und der Werterfassung. Für alle innerbetrieblichen Leistungen und noch nicht abgesetzte Leistungen bietet sich die detaillierte Erfassung an. Bei bereits verkauften Leistungen können beide Varianten angewendet werden, solange die Verkaufserlöse den verkauften Mengen eindeutig zuordenbar sind. Ansonsten bleibt nur die wertmäßige Erfassung übrig.

Aufgabe 5.1

Kommt die Kostenartenrechnung vor oder nach der Kostenträgerrechnung?

Aufgabe 5.2

Welche zwei Möglichkeiten gibt es grundsätzlich bei der kostenartenweisen Erfassung der Kosten?

Tagesgeschäft: Kosten richtig erfassen

Dummerweise müssen viele Kostenarten erst in Hilfsrechnungen ermittelt werden; sie können nicht fertig aus der Buchhaltung übernommen werden. Wie das bei den Materialkosten und einigen kalkulatorischen Kosten funktioniert, üben Sie hier. Unter Materialkosten versteht man übrigens in aller Regel die Roh-, Hilfs- und Betriebsstoffe.

Aufgabe 5.3

Seien Sie bitte so nett und erläutern Sie kurz, was man denn unter Roh-, Hilfs- und Betriebsstoffen versteht.

Die Möglichkeiten zur Mengenerfassung

Ohne Materialrechnung verlieren Sie den Überblick über das Material, da die eingekauften Materialien nicht immer sofort in die hergestellten Produkte eingehen, sondern sich Lagerbestände auf- und abbauen. In der Materialrechnung werden die Zu- und Abgänge und die Bestände erfasst. Die verbrauchten Materialmengen können Sie auf unterschiedliche Weise ermitteln. Hier die vier bekanntesten Methoden:

- ✓ einfache Erfassung des Materialverbrauchs
- ✓ Inventurmethode
- ✓ Skontrationsmethode
- ✓ retrograde Methode

Die einfache Erfassung des Materialverbrauchs empfiehlt sich wirklich nur dann, wenn das eingekaufte Material im gleichen Monat auch exakt verbraucht wird, es also keinerlei Lagerbestand gibt. Dieser Fall ist eher die Ausnahme.

Bei der Inventurmethode ermitteln Sie den Verbrauch der Materialen, indem Sie vom Anfangsbestand und den Zugängen den Endbestand abziehen. In einer Formel sieht das so aus:

Anfangsbestand

\+ Zugänge

– Endbestand

____

= Verbrauch

Bei der Skontrationsmethode oder Fortschreibungsmethode wird der Materialverbrauch bei der Lagerentnahme beispielsweise mithilfe von Materialentnahmescheinen erfasst. Alle Zugänge können ebenfalls so erfasst werden. Den rechnerischen Endbestand erhalten Sie, indem Sie ausgehend vom Anfangsbestand alle Zu- und Abgänge berücksichtigen. In Formelform sieht das so aus:

Anfangsbestand

\+ Zugänge

– Abgänge

____

= rechnerischer Endbestand

Bei der retrograden Methode beziehungsweise Rückrechnung wird der Materialverbrauch aus der hergestellten Produktionsmenge abgeleitet. Pro hergestelltem Auto werden vier Reifen benötigt. Pro hergestelltem Stuhl wird so und so viel Holz benötigt. Die Methode basiert also auf Sollverbrauchsmengen. Der tatsächliche Verbrauch kann hiervon dann und wann abweichen, wenn es bei der Produktion Ausschuss gibt. Deshalb benötigt man bei dieser Methode auch eine Inventur.

Aufgabe 5.4

Sie können nun den Materialverbrauch einer Fliesenhandlung ermitteln. Der Anfangsbestand an Fliesen beträgt 3.000 Stück. Die Fliesenhandlung führt übrigens nur eine einzige Fliesenart, sodass die Ermittlung nicht allzu schwer werden sollte. Im Laufe des vergangenen Monats wurden 2.400 Fliesen verkauft. Ermitteln Sie mithilfe der Skontrationsmethode den rechnerischen Endbestand.

Aufgabe 5.5

Ermitteln Sie den Fliesenverbrauch eines Fliesenlegers mithilfe der retrograden Methode. Der Fliesenleger verwendet ausschließlich zwei verschiedene Fliesenarten. Beide sehen exakt gleich aus, unterscheiden sich jedoch in den Abmessungen. Die eine Fliesenart ist 30 cm auf 30 cm groß, die andere 60 cm auf 60 cm groß. Der Fliesenleger verwendet die größere Fliese für Böden und die kleinere für Wände. Letzten Monat hatte er einen Großauftrag: Er sollte in einem Bürokomplex alle sanitären Einrichtungen fliesen. Pro Stockwerk waren dies drei

Räume in einem Block. Der Bürokomplex hat sechs Stockwerke und besteht insgesamt aus zwei Blöcken.

Für einen Raum benötigt der Fliesenleger 20 Bodenfliesen und 80 Wandfliesen. Wie hoch war der Fliesenverbrauch aus diesem Auftrag?

Den Materialverbrauch bewerten

Im ersten Schritt haben Sie die Verbrauchsmengen ermittelt. Nun müssen Sie diese auch noch bewerten, um die Materialkosten zu erhalten. Dabei haben Sie die Qual der Wahl: Sie können das Material in der Kostenrechnung entweder mit den Anschaffungspreisen, Wiederbeschaffungspreisen oder Festpreisen bewerten.

Bei der Materialbewertung stellt sich zuerst die Frage, ob eine Einzel- oder eine Sammelbewertung infrage kommt. Wird das Material einzeln gelagert und verbraucht, sollten Sie auch einzeln bewerten. Wird das Material jedoch nicht getrennt gelagert und ändern sich hierfür die Anschaffungspreise im Zeitablauf auch noch, empfiehlt sich die Anwendung von Sammelbewertungsverfahren.

Für eine solche Sammelbewertung gibt es mehrere Verfahren:

- die Durchschnittsmethode
- die FIFO-Methode
- die LIFO-Methode
- die HIFO-Methode

Die Durchschnittsmethode

Bei dieser Methode kann der Verbrauch auf zwei verschiedene Arten bewertet werden. Entweder mit der gleitenden oder mit der nachträglich Durchschnittspreisbildung.

Bei der gleitenden Durchschnittspreisbildung wird nach jedem Zugang für den gesamten Lagerbestand ein neuer Durchschnittspreis gebildet. Dazu ein kleines Beispiel: Sie haben einen Anfangsbestand von zehn Stück zu einem Stückpreis von 20 Euro. Am 20. Januar kaufen Sie weitere zehn Stück ein; diesmal zu einem Preis von 30 Euro. Nun können Sie den neuen Durchschnittspreis berechnen: 20 Stück mit einem Gesamtwert von 500 Euro ergibt einen durchschnittliche Stückpreis von 25 Euro. Beim nächsten Zugang können Sie diese Rechenmethodik wiederholen. Der Materialverbrauch wird mit dem dann jeweils aktuellen Durchschnittspreis bewertet. Sie sehen: Bei häufigen Lagerbewegungen kann dies ganz schön aufwendig werden.

Deutlich einfacher ist dagegen die Bewertung mit den nachträglichen Durchschnittspreisen. Hier müssen Sie lediglich am Ende der Periode einen Durchschnittspreis ermitteln und können dann damit den gesamten Materialverbrauch bewerten.

Die FIFO-Methode

FIFO ist eine Abkürzung und steht für »first in – first out«. Zu Deutsch »Zuerst drinnen – zuerst draußen«. Bei dieser Bewertungsmethode geht man davon aus, dass das, was zuerst im Lager war, auch zuerst verbraucht wurde. Wenn Sie beispielsweise einen Anfangsbestand von zehn Stück haben, die mit 10 Euro je Stück bewertet sind, und einen Zugang von weiteren zehn Stück zu je 20 Euro haben und insgesamt zwölf Stück verbraucht haben, bewerten Sie den Materialverbrauch so: zehn Stück zu 10 Euro und zwei Stück zu 20 Euro.

Die LIFO-Methode

LIFO steht für »last in – first out«: Das, was zuletzt ins Lager kam, wird zuerst verbraucht. So die Annahme bei dieser Methode. Bei der LIFO-Methode gehen Sie also im Vergleich zur FIFO-Methode umgekehrt vor.

Die HIFO-Methode

HIFO bedeutet »highest in – first out«. Das heißt, die am teuersten eingekaufte Ware wird als Erstes verbraucht. Deshalb müssen Sie bei dieser Bewertungsmethode die verschiedenen Lieferungen erst einmal nach den Stückpreisen ordnen – und zwar von teuer nach billig.

Im internen Rechnungswesen, also der Kosten- und Leistungsrechnung können Sie frei entscheiden, welche der Sammelbewertungsverfahren Sie verwenden wollen. Im externen Rechnungswesen ist dies jedoch anders. So erlaubt das deutsche Handelsgesetz in § 256 nur die FIFO- und die LIFO-Methode und die Bewertung zum gewogenen Durchschnitt. Im deutschen Steuerrecht ist wiederum nur die LIFO-Methode zulässig. Und im internationalen Rechnungslegungsstandard IFRS, der für alle kapitalmarktorientierten Unternehmen Pflicht ist, sind nur die Durchschnittsmethode und FIFO zulässig. Dies müssen Sie immer im Hinterkopf behalten, wenn im internen und externen Rechnungswesen gemäß irgendeiner unternehmensinternen Richtlinie dieselben Bewertungsverfahren angewendet werden sollen.

Aufgabe 5.6

Der LED-Lampenhersteller »iLED it Light AG« verbaut für seine Lampen unterschiedliche LEDs. In dieser Aufgabe geht es um die warmweißen 5-mm-LEDs. Zu Jahresbeginn hatte der Hersteller von den warmweißen LEDs 7.000 Stück auf Lager. Der Stückpreis beträgt 0,10 Euro. Im Januar wurden 3.000 LEDs verarbeitet. Deshalb wurden am 1. Februar weitere 5.000 LEDs eingekauft. Der Stückpreis betrug 0,08 Euro. Am 10. Februar wurden weitere 6.000 LEDs verarbeitet, sodass am 20. Februar gleich wieder 5.000 LEDs nachbestellt wurden. Diesmal kosteten die LEDs 0,15 Euro das Stück. Anfang März wurden 6.000 LEDs verarbeitet. Kurz vor Quartalsende wurden deshalb nochmals 5.000 LEDs eingekauft. Der Preis ist dabei weiter gestiegen: auf nun 0,20 Euro das Stück.

Bewerten Sie den Materialverbrauch bitte nach folgenden Methoden:

- ✓ FIFO-Methode
- ✓ HIFO-Methode
- ✓ LIFO-Methode
- ✓ Bewertung mit nachträglichen Durchschnittspreisen
- ✓ Bewertung mit gleitenden Durchschnittspreisen

Für die ersten drei Methoden erstellen Sie am besten eine Tabelle wie in Tabelle 5.1 gezeigt.

Datum	Menge	Stückpreis

Tabelle 5.1: Mustertabelle I

Für die Bewertung mit nachträglichen Durchschnittspreisen erstellen Sie sich am besten eine Tabelle wie 5.2.

Datum	Inhalt	Anzahl	Stückpreis	Wert

Tabelle 5.2: Mustertabelle II

Und für die Bewertung mit gleitenden Durchschnittspreisen erstellen Sie sich am besten eine Tabelle wie 5.3.

Datum	Inhalt	Anzahl	Stückpreis	Wert	Durchschnitt

Tabelle 5.3: Mustertabelle III

Aufgabe 5.7

Der Ansichtskartenproduzent »Vers & Foto & Kitschig AG« ist seit Jahrzehnten erfolgreich am Markt vertreten. Technische Entwicklungen wie das Handy oder gar Smartphones in Verbindung mit der Möglichkeit, eine MMS vom Urlaubsort zu versenden, drücken jedoch seit ein paar Jahren den Umsatz spürbar. Im aktuellen Geschäftsjahr droht erstmals seit Bestehen der Firma ein Verlust. Dies soll mit allen Mitteln verhindert werden. Auch bei der Wahl der Bewertungsmethode zum Papierverbrauch soll jede Optimierungsmöglichkeit genutzt werden, um in der Bilanz einen Verlust zu vermeiden. Welche Bewertungsmethode würden Sie der »Vers & Foto & Kitschig AG« empfehlen: die LIFO, die FIFO oder die HIFO-Methode?

Dazu noch die benötigten Informationen zum Papierverbrauch:

Zu Jahresbeginn hatte der Ansichtskartenproduzent »Vers & Foto & Kitschig AG« 500 Kilogramm Papier auf Lager. Der Kilopreis beträgt 2 Euro. Bis Ende März wurden 400 Kilogramm Papier verarbeitet. Anfang April wurde wieder eingekauft: 300 Kilogramm Papier zu 1,80 Euro. In diesem Monat wurden 200 Kilogramm Papier verarbeitet. Anfang Mai wurden wieder 300 Kilogramm Papier eingekauft; diesmal zu 1,60 Euro das Kilo. Im Mai wurden weitere 200 Kilogramm Papier verarbeitet. Anfang Juni schlägt der Einkauf wieder zu und bestellt weitere 300 Kilogramm Papier; jetzt für nur noch 1,50 Euro. Abschließend noch eine kleine Zusatzfrage: Welchen Rat würden Sie der »Vers & Foto & Kitschig AG« geben?

Aufgabe 5.8

Die börsennotierte Holzpelletsgroßhandlung Maier & Töchter AG möchte in ihrer Kostenrechnung den Materialverbrauch möglichst realistisch bewerten, damit man die kaufmännische Lage möglichst gut einschätzen kann. In Tabelle 5.4 finden Sie die Materialeinkäufe und die Verkäufe übersichtlich aufgelistet.

Datum	Inhalt	Menge in Tonnen	Stückpreis	Wert
1.1.	Anfangsbestand	700	270	189.000 €
15.1.	Verbrauch	500		
20.1.	Zugang	500	290	145.000 €
31.1.	Verbrauch	600		
5.2.	Zugang	1.000	340	340.000 €
10.2.	Verbrauch	900		

Tabelle 5.4: Ein- und Verkäufe

Nach welcher Sammelbewertungsmethode soll die Holzpelletsgroßhandlung Maier & Töchter AG den Pelletsverbrauch bewerten?

Zur Auswahl stehen folgende Methoden:

- ✓ FIFO-Methode
- ✓ HIFO-Methode
- ✓ LIFO-Methode
- ✓ Bewertung mit nachträglichen Durchschnittspreisen
- ✓ Bewertung mit gleitenden Durchschnittspreisen.

Bewerten Sie auch den Materialverbrauch nach diesen Methoden.

Die Abschreibungen

Wird betriebsnotwendiges Anlagevermögen wie zum Beispiel Fahrzeuge Maschinen oder Lizenzen gekauft, macht sich dies in der Kostenrechnung zunächst nicht bemerkbar. Erst der Werteverzehr des Anlagevermögens wird in der Kostenrechnung erfasst. Der Werteverzehr wird in der Kostenrechnung mithilfe der Abschreibungen abgebildet. Der Anschaffungspreis fließt also nicht in die Kostenrechnung ein, sondern lediglich der über die gesamte Nutzungsdauer verteilte Werteverzehr.

Alle Vermögensgegenstände, die dem Unternehmen dauerhaft dienen sollen, also nicht sofort verbraucht werden, zählen zum *Anlagevermögen*.

Damit Sie aber nicht jeden Kugelschreiber für 99 Cent erfassen, also aktivieren und über Jahre abschreiben müssen, gibt es Wertgrenzen. Verwenden Sie zur Vereinfachung diese handelsrechtlichen Wertgrenzen auch in Ihrer Kostenrechnung. Danach werden alle entsprechenden Vermögensgegenstände bis 150 Euro sofort voll als Aufwand und damit auch in der Kostenrechnung sofort voll als Kosten erfasst.

Geringwertige Wirtschaftsgüter

Geringwertige Wirtschaftsgüter (GWG) sind im deutschen Steuerrecht Gegenstände des Anlagevermögens mit einem Wert zwischen 150 Euro und 410 Euro beziehungsweise 1.000 Euro.

Sie haben bei den geringwertigen Wirtschaftsgütern die Qual der Wahl zwischen zwei Möglichkeiten: Bei Anschaffungskosten von 150,01 Euro bis 410 Euro können Sie sofort abschreiben. Alternativ dazu können Sie die Wirtschaftsgüter zwischen 150,01 Euro und 1.000 Euro auch jahrgangsbezogen in einem Sammelposten erfassen und über fünf Jahre linear, also mit 20 Prozent pro Jahr abschreiben. Die tatsächliche Nutzungsdauer spielt hierbei keine Rolle.

Sie können diese Regelung eins zu eins in Ihre Kostenrechnung übernehmen, müssen es aber nicht. Genauso gut können Sie alle Wertgegenstände ab 150 Euro bereits einzeln abschreiben. Falls Ihnen das alles viel zu umständlich ist, können Sie Ihre persönliche Kostenrechnungswertgrenze auch viel höher ansetzen, zum Beispiel bei 1.000 Euro.

Immer dann, wenn Sie aufgrund von abweichenden Abschreibungszeiträumen, -methoden oder -summen in Ihrer Kostenrechnung von der bilanziellen Abschreibung abweichen, erzeugen Sie *kalkulatorische Abschreibungen*.

Was zum Anlagevermögen zählt

Nun ein kleiner Abstecher in die Welt des Anlagevermögens. Im Groben umfasst das Anlagevermögen:

- ✓ Sachanlagen
- ✓ langfristige Finanzanlagen
- ✓ immaterielle Vermögensgegenstände

Grundsätzlich wird das Anlagevermögen in zwei Arten aufgeteilt: in

- ✓ nicht abnutzbares Anlagevermögen und
- ✓ abnutzbares Anlagevermögen.

Abnutzbare Anlagegüter verlieren durch ihre Nutzung oder einfach nur durch Alterung an Wert. Diesen Wertverlust erfasst man, indem man das Anlagegut abschreibt.

Abschreibungssumme und Nutzungsdauer ermitteln

Jetzt muss noch die Ausgangsbasis der Abschreibungen und auch noch die Nutzungsdauer festlegt werden.

Die Ausgangsbasis

Wenn Sie sich nicht viel Arbeit machen wollen, können Sie als Ausgangsbasis einfach die Anschaffungs- oder Herstellkosten aus dem externen Rechnungswesen zur Festlegung der Abschreibungssumme verwenden. Da Sie in der Kostenrechnung aber keinen gesetzlichen Einschränkungen unterliegen, können Sie jederzeit auch eine andere Ausgangsbasis wählen. Wie wäre es zum Beispiel mit dem Wiederbeschaffungswert?

Die Nutzungsdauer

Wenn Sie es sich bei der Festlegung der Nutzungsdauer ebenfalls einfach machen wollen, können Sie sich wieder nach gesetzlichen Regelungen richten. In der deutschen Steuergesetzgebung werden Sie hierzu fündig: Hier wird eine Absetzung gemäß der betriebsgewöhnlichen Nutzungsdauer verlangt. Der deutsche Fiskus war dabei so aufmerksam und hat eine umfangreiche amtliche AfA-Tabelle publiziert, in der die betriebsgewöhnliche Nutzungsdauer diverser Wirtschaftsgüter aufgelistet wird.

Diese AfA-Tabelle steht übrigens auf der Internetseite des Bundesfinanzministeriums (kurz BMF) als Download zur Verfügung. AfA ist übrigens die Abkürzung für *Absetzung für Abnutzung*. Da es in Österreich keine vergleichbare amtliche AfA-Tabelle gibt, darf die deutsche AfA-Tabelle hier ebenfalls zur Ermittlung der Nutzungsdauer herangezogen werden. In der Schweiz hat unter anderem die eidgenössische Steuerverwaltung ein Merkblatt mit Abschreibungssätzen für diverse Anlagegüter herausgegeben.

Sie können diese Vorgaben des Fiskus in Ihrer Kostenrechnung verwenden, müssen es aber nicht.

Die *Abschreibungssumme* erhalten Sie aus der Ausgangsbasis und der Nutzungsdauer abzüglich eines vielleicht vorhandenen Restwerts am Ende der Nutzungsdauer.

Aufgabe 5.9

Frau Odenwald betreibt ein erfolgreiches Unternehmen, die Limonaden GmbH. Auf ihrer heutigen Shoppingtour hat Frau Odenwald Folgendes eingekauft:

- ✓ Einen neuen Schreibtisch für ihren Sekretär Herrn Niethäuser-Wallenberg. Der Preis: 385 Euro netto. Der Bürofachhandel ist so nett und liefert den Schreibtisch für eine kleine Pauschale in Höhe von 20 Euro direkt zur Limonaden GmbH.
- ✓ Für ihr eigenes Büro aus der örtlichen Galerie ein schönes Bild von einem Künstler namens Pechstein; der Preis: 5.600 Euro
- ✓ Zehn neue Kugelschreiber im Wert von 0,99 Euro netto
- ✓ Eine Maus für ihren Laptop; Kostenpunkt: 25 Euro netto
- ✓ Einen neuen Zweitgeschäftswagen der Marke Mini; Preis inklusive Überführung: 19.000 Euro netto

Sie leiten das Rechnungswesen und sollen die heutigen Einkäufe sortieren. Die erste Frage lautet dabei, welche der Einkäufe kann man grundsätzlich über mehrere Jahre abschreiben? Die zweite Frage lautet: Welche Einkäufe würden Sie über mehrere Jahre abschreiben? Begründen Sie dies bitte jeweils.

Aufgabe 5.10

Frau Odenwald, die Eigentümerin und Chefin der Limonaden GmbH, war heute einkaufen. Auf ihrer Shoppingtour hat Frau Odenwald Folgendes eingekauft:

- ✓ Das Nachbargrundstück neben der übervollen Pfandguthalle. Die Nachbarin, Frau Weltenson, hat nach jahrelangen Überredungsversuchen endlich verkauft. Der Preis: stolze 600.000 Euro. Hier soll im nächsten Jahr der Erweiterungsbau der Pfandguthalle entstehen.
- ✓ Ein neues iPad für ihre Tochter im Wert von 500 Euro netto
- ✓ Druckerpatronen für den Drucker im Büro; Kostenpunkt: 90 Euro netto
- ✓ Eine neue Abfüllmaschine für Plastikflaschen. Der Verkäufer war so nett und hat die Maschine gleich einpacken und ins Werk liefern lassen. Kostenpunkt: 180.000 Euro netto.

Sie leiten das Rechnungswesen und sollen die heutigen Einkäufe sortieren. Die erste Frage lautet dabei, welche der Einkäufe kann man grundsätzlich über mehrere Jahre abschreiben?

Die zweite Frage lautet: Welche Einkäufe würden Sie über mehrere Jahre abschreiben? Begründen Sie dies bitte jeweils.

Die Abschreibungsmethode

Nun müssen Sie sich überlegen, mit welcher Methode Sie abschreiben wollen. Dazu stehen ganz grundsätzlich zwei Methoden zur Auswahl:

- ✓ Die zeitabhängige Abschreibung
- ✓ Die nutzungsabhängige Abschreibung: Hier ermitteln Sie die Abschreibung, indem Sie die tatsächliche Leistung durch die Gesamtleistung teilen.

Bei der zeitabhängigen Abschreibung haben Sie die Qual der Wahl:

- ✓ Lineare Abschreibung mit gleichbleibenden Abschreibungsbeträgen
- ✓ Geometrisch-degressive Abschreibung: Sie schreiben mit einem festen Prozentsatz, zum Beispiel 20 Prozent, jedes Jahr vom Restwert ab. Dann haben Sie fallende Abschreibungsbeträge: am Anfang hoch, am Ende immer niedriger.
- ✓ Arithmetisch-degressive Abschreibung: Sie ermitteln den Degressionsbetrag und schreiben im mit diesem ab. Ein Zahlenbeispiel: Eine Maschine kostet 6.000 Euro und soll über drei Jahre abschrieben werden. Der Degressionsbetrag beträgt (6.000/(1 + 2 + 3)) = 1.000 Euro. Im ersten Jahr wird mit 3 × 1.000 = 3.000 Euro abgeschrieben, im zweiten Jahr mit 2.000 Euro und im dritten mit 1.000 Euro.
- ✓ Progressive Abschreibung mit steigenden Abschreibungsbeträgen

Aufgabe 5.11

Welche Abschreibungsmethode würden Sie als einfacher einschätzen: die lineare oder die degressive Abschreibungsmethode? Und welche der beiden Abschreibungsmethoden entspricht eher dem tatsächlichen Wertverlust?

Aufgabe 5.12

Herr Malchin betreibt eine erfolgreiche Fischräuchereikette an der Nord- und Ostsee und an fast allen touristisch erschlossenen Binnenseen in Norddeutschland. Insgesamt betreibt er hier bereits 100 Filialen. Nächsten Monat expandiert Herr Malchin auch in den Süden: Hier werden 30 neue Filialen eröffnet, unter anderem am Chiemsee, am Breitenauer See und am Tegernsee. Jede neue Filiale wird mit je einem Fischräucherofen und einem mobilen Kühlhauselement ausgestattet. Ein Räucherofen kostet 2.000 Euro, ein mobiles Kühlhauselement 4.000 Euro. Die Nutzungsdauer beider Elemente wird auf jeweils zehn Jahre veranschlagt. Die bevorstehende Expansion bereitet Herrn Malchin ab und an doch schlaflose Nächte. In einer solchen Größenordnung hatte er bislang noch keine Erweiterung gewagt. Diese Woche hat Herr Malchin allen Mut zusammengenommen und ruft seinen obersten Kostenrechner, Herrn Basedow, an. Er konfrontiert ihn mit der Frage, auf welche zukünftigen Kosten er sich mit dem Kauf der 30 Öfen und Kühlkammern einlässt. Im Verlauf des Telefonats wird die Frage noch etwas konkretisiert: Herr Malchin möchte wissen, wie hoch die jährlichen Abschreibungen für diese Öfen und Kühlelemente sind. Dabei bittet er Herrn Basedow von einer möglichst gleichmäßigen Nutzung der technischen Ausstattung auszugehen. Und nur für den sehr unwahrscheinlichen Fall, dass der Süden nicht auf sein Konzept anspringen sollte, möchte er auch eine Abschreibungsvariante aufgezeigt bekommen, bei der die Ausstattung möglichst schnell abgeschrieben wird. Erstellen Sie bitte die beiden gewünschten Abschreibungspläne. Als kleine Hilfestellung anbei zwei leere Tabellen zum Befüllen.

Sie müssen der Einfachheit halber hier bei der Lösung für beide Abschreibungsmethoden nur jeweils einen zusammengefassten Abschreibungsplan für die gesamte Expansion erstellen; Nutzungsdauer und Abschreibungszeitraum aller Wirtschaftsgüter sind ja identisch.

Zuerst Tabelle 5.5 für den Abschreibungsplan bei einer möglichst gleichmäßigen Nutzung.

Jahr	Buchwert 1.1.	Abschreibung	Buchwert 31.12.
1			
2			
3			
4			
5			
6			
7			
8			
9			
10			

Tabelle 5.5: Vorlage für den Abschreibungsplan bei einer möglichst gleichmäßigen Nutzung

Als Nächstes Tabelle 5.6 für eine möglichst schnelle Abschreibung. Herr Basedow möchte hier möglichst aggressiv vorgehen und mit stolzen 33 Prozent pro Jahr abschreiben.

Jahr	Buchwert 1.1.	Abschreibung mit 33 %	Buchwert 31.12.
1			
2			
3			
4			
5			
6			
7			
8			
9			
10			

Tabelle 5.6: Vorlage für eine möglichst schnelle Abschreibung

Aufgabe 5.13

Frau Winterbach hatte eine Idee: mit einer ferngesteuerten Poolbardrohne vor diversen Stränden und Wellnessbädern anlanden und Getränke verkaufen. Ihre Versuche mit den ersten Prototypen verliefen äußerst erfolgreich, sodass sie in die Offensive geht. Sie greift das Poolbarmonopol der Strandbesitzer und Freizeitbäder diesen Sommer gleichzeitig mit acht Drohnen an. Am Mittelmeer werden fünf Drohnen des Typs »Euro-Pool Hawk« eingesetzt. Die weiteren drei »Euro-Pool Hawks« werden vor Freizeitbädern im Binnenland stationiert, die direkt an öffentliche Gewässer angrenzen und somit ansteuerbar sind. Ein »Euro-Pool Hawk« besteht aus einer Schwimmplattform, auf deren Mitte ein vollverglastes Kühlelement aufgebracht ist. Dieses enthält einen beachtlichen Vorrat an schnelldrehenden servierfertigen Poolgetränken. Die potenzielle Kundschaft kann vom Strand die wenigen Meter zur Poolbar hinausschwimmen, auf die Plattform steigen und beim sprachgesteuerten Interface »Piri Piri« seine Wünsche äußern. Nach Barzahlung oder Eingabe der Kreditkartennummer öffnet sich die Klappe mit dem gewünschten Getränk. Da die Getränke sehr günstig und sehr lecker sind, werden die acht »Euro-Pool Hawks« stark frequentiert.

Frau Winterbach hatte pro Drohne Herstellungskosten in Höhe von 39.000 Euro und möchte diese nutzungsabhängig abschreiben, da der Verschleiß der »Euro-Pool Hawks« stark vom Wetter und damit vom Einsatz abhängig ist. Sie schätzt die Lebensdauer der Drohnen auf jeweils 5.400 Betriebsstunden. Das entspricht grob geschätzt drei Sommern. Der Sommer ist vorbei, das Laub und die Temperaturen fallen und Frau Winterbach schreibt rückblickend ab: Die beiden »Euro-Pool Hawks« I und II vor der französischen Mittelmeerküste waren 1.500 beziehungsweise 1.900 Stunden im Einsatz. Die »Euro-Pool Hawk« Nummer III an der Algarve hat bereits sage und schreibe 2.100 Betriebsstunden auf dem Buckel. Vor Spanien lagen die beiden »Euro-Pool Hawks« Nummer IV und V. Nummer IV kommt auf 1.900 Betriebsstunden, Nummer V auf 1.800 Betriebsstunden. Die Drohne Nummer VI war im Weinheimer Waidsee im Einsatz und kam auf 900 Betriebsstunden. Die beiden im Bodensee stationierten »Euro-Pool Hawks« Nummer VII und VIII kamen aufgrund des schlechten Wetters jeweils nur auf 100 Betriebsstunden.

Ermitteln Sie bitte die Abschreibungsbeträge der »Euro-Pool Hawks« Nummer I bis VIII für die erste Sommersaison mit der leistungsabhängigen Methode. Zeigen Sie Frau Winterbach auch, wie die Abschreibung verlaufen würde, wenn sie mit der arithmetisch-degressiven Methode abgeschrieben hätte.

Aufgabe 5.14

Die Drogeriemarktkette Allnagud AG möchte die Gabelstapler des zentralen Hochregallagers sowohl linear als auch leistungsabhängig abschreiben, da so ein Gabelstapler einerseits durch schlichte Alterung als auch durch den Gebrauch an Wert verliert. Jede Komponente soll mit 50 Prozent berücksichtigt werden. Sie können nun für den Gabelstapler Orange XS die Abschreibungsbeträge der letzten fünf Jahre berechnen. Dazu hier noch die benötigten Daten: Der Gabelstapler Orange XS hat eine Nutzungsdauer von insgesamt zehn Jahren und eine geschätzte Laufleistung von 38.000 Betriebsstunden. Der Orange XS hat 76.000 Euro gekostet und war im ersten Jahr 5.000 Stunden in Betrieb, im zweiten Jahr 4.000 Stunden, im dritten Jahr 4.500 Stunden, im vierten Jahr 3.000 Stunden und im fünften Jahr nur 1.000 Stunden.

Die kalkulatorischen Zinsen ermitteln und erfassen

Im externen Rechnungswesen werden nur die tatsächlich gezahlten Zinsen erfasst. In der Kostenrechnung werden dagegen die Zinsen für das gesamte betriebsnotwendige Kapital berücksichtigt. Also auch das von den Eigentümern eingebrachte Eigenkapital. Damit Sie die kalkulatorischen Zinsen ermitteln können, benötigen Sie das betriebsnotwendige Kapital und einen Zinssatz.

Ermittlung des betriebsnotwendigen Kapitals

Zur Ermittlung des betriebsnotwendigen Kapitals müssen Sie einen Blick in die Bilanz werfen. Aus der Aktivseite der Bilanz entnehmen Sie das Anlagevermögen und entfernen eventuell dort aufgeführte Positionen, die nicht betriebsnotwendig sind. Danach müssen Sie schauen, ob es nicht in der Bilanz aufgeführte betriebsnotwendige Vermögensgegenstände gibt. Falls ja, müssen Sie diese noch aufnehmen. Das können Wirtschaftsgüter sein, die im externen Rechnungswesen schon voll abgeschrieben wurden, in der Kostenrechnung jedoch noch einen Wert haben.

Abschließend müssen Sie die festgestellten Vermögenswerte nach kostenrechnerischen Grundsätzen bewerten, sofern Sie in der Kostenrechnung anders als im externen Rechnungswesen abschreiben.

Ermittlung des Zinssatzes

Oft wurde einfach der marktgängige Zinssatz auch als kalkulatorischer Zinssatz verwendet. Besser ist es, wenn Sie hier Ihre Renditeerwartung abbilden.

Aufgabe 5.15

Ermitteln Sie die kalkulatorischen Zinsen der Düngemittelwerke Bad Bergen AG. Dazu exklusiv für Sie die Aktivseite der Bilanz in Tabelle 5.7.

Aktiva	
Grundstücke und Betriebsgebäude	22.500.000
Maschinen	3.300.000
Roh-, Hilfs- und Betriebsstoffe	800.000
Finanzanlagen	2.000.000
Forderungen	1.200.000
Kasse	500.000

Tabelle 5.7: Aktivseite der Bilanz der Düngemittelwerke Bad Bergen AG

Auf der Passivseite der Bilanz gibt es noch Verbindlichkeiten in Höhe von 1.000.000 Euro.

Alle in der Bilanz aufgeführten Positionen gelten als betriebsnotwendig und werden im internen und externen Rechnungswesen gleich bewertet – bis auf die Maschinen und Anlagen. Diese werden im internen Rechnungswesen etwas länger abgeschrieben, genau gesagt doppelt so lange. Alle Anlagen werden linear abgeschrieben. Dazu die Details dieser Bilanzposition:

✓ Düngemittelmixmaschine Ultra: Anschaffungskosten: 3.000.000 Euro, Nutzungsdauer im externen Rechnungswesen 20 Jahre, in der Kostenrechnung 40 Jahre, aktuell 10 Jahre alt

✓ Düngemittelproduktionsmaschine Supra: Anschaffungskosten: 2.000.000 Euro, Nutzungsdauer im externen Rechnungswesen 10 Jahre, in der Kostenrechnung 20 Jahre, aktuell 1 Jahr alt

Als interner Zinssatz werden bei den Düngemittelwerken 7 Prozent veranschlagt.

Die kalkulatorischen Wagnisse

Im externen Rechnungswesen wird auf unvorhergesehene wirtschaftliche Schäden mit außerplanmäßigen Abschreibungen reagiert. In der Kostenrechnung werden solche zufälligen Schwankungen dagegen mithilfe von kalkulatorischen Wagnissen berücksichtigt.

Alle nicht durch Versicherungen abgedeckten, unvorhergesehenen Fälle werden in der Kostenrechnung durch die *kalkulatorischen Wagnisse* abgedeckt. Das können technische Schäden, Brand-, Unfall- oder Diebstahlschäden sein.

Sinn und Zweck der kalkulatorischen Wagnisse ist die Glättung zufälliger Ereignisse, damit mit der Kostenrechnung zum Beispiel vernünftig Preise kalkuliert werden können.

Aufgabe 5.16

Was sind kalkulatorische Wagnisse? Nennen Sie bitte auch ein paar Beispiele.

Lösungen zu den Übungsaufgaben

Aufgabe 5.1

Die Kostenartenrechnung ist der erste Schritt in der Kostenrechnung. Danach folgen die Kostenstellenrechnung und die Kostenträgerrechnung.

Aufgabe 5.2

Bei der Erfassung der Kosten gibt es grundsätzlich zwei Möglichkeiten:

- ✓ Die Mengen und Preise werden getrennt erfasst; Menge mal Preis ergibt die Kosten.
- ✓ Es wird nur der Kostenbetrag erfasst.

Aufgabe 5.3

Rohstoffe bilden den Hauptbestandteil eines Produkts. Bei einem Tisch ist das der Rohstoff Holz, bei einem Fahrrad Alu oder Carbon. Hilfsstoffe gehen wie die Rohstoffe direkt in die Produkte ein. Beim Tisch sind das der Holzleim, die Dübel oder Schrauben, beim Fahrrad ebenfalls die Schrauben. Die Betriebsstoffe gehen dagegen nicht direkt in die Produkte ein. Ohne sie könnte man das Produkt aber auch nicht herstellen. Beim Tisch kann es das Schleifpapier zur Behandlung der Holzoberfläche sein oder das Heizöl, um damit im Winter die Fertigungshalle zu beheizen.

Aufgabe 5.4

Nichts leichter als das: 3.000 Fliesen Anfangsbestand, keine Zugänge und ein Verbrauch von 2.400 Fliesen ergibt nach Adam Riese einen Endbestand von 600 Fliesen.

Aufgabe 5.5

Der Fliesenleger musste insgesamt 36 Räume fliesen: Sechs Stockwerke in jedem der beiden Blöcke und dort jeweils drei Räume.

Somit ergibt sich mit der retrograden Methode ein Verbrauch von 2.880 Wandfliesen (36 × 80) und von 720 Bodenfliesen (20 × 36). Der tatsächliche Verbrauch wird jedoch über diesen so ermittelten Wert liegen, da bei so vielen Fliesen zwischendurch bestimmt Ausschuss in der Fliesenpackung vorzufinden ist und dann und wann auch mal eine Fliese bei der Verarbeitung kaputtgehen kann.

Aufgabe 5.6

Zunächst die Bewertung des Materialverbrauchs mit der FIFO-Methode.

Datum	Menge	Stückpreis
1.1.	7.000	0,10
1.2.	5.000	0,08
20.2.	5.000	0,15
31.3.	5.000	0,20

Tabelle 5.8: Anfangsbestand und folgende Zugänge

In Tabelle 5.8 wurden der Anfangsbestand und die nachfolgenden Zugänge eingetragen. Dem steht ein Materialverbrauch von 15.000 Stück gegenüber.

Nach FIFO arbeiten Sie sich nun in der Tabelle von oben nach unten durch, bis Sie 15.000 LEDs beisammenhaben:

- ✓ 7.000 LEDs vom 1.1. zu je 0,10 Euro = 700 Euro
- ✓ 5.000 LEDs vom 1.2. zu je 0,08 Euro = 400 Euro
- ✓ 3.000 LEDs vom 20.2. zu je 0,15 Euro = 450 Euro

Der Verbrauch von 15.000 LEDs wird bei der FIFO-Methode mit 1.550 Euro bewertet.

Nun die Bewertung des Materialverbrauchs mit der HIFO-Methode. Dazu sortieren Sie den Anfangsbestand und die Zugänge nach absteigenden Stückpreisen wie in Tabelle 5.9.

Datum	Menge	Stückpreis
31.3.	5.000	0,20
20.2.	5.000	0,15
1.1.	7.000	0,10
1.2.	5.000	0,08

Tabelle 5.9: Anfangsbestand und die Zugänge nach absteigenden Stückpreisen

Nach HIFO arbeiten Sie sich nun in der neu geordneten Tabelle von oben nach unten durch, bis Sie 15.000 LEDs beisammenhaben:

- ✓ 5.000 LEDs vom 31.3. zu je 0,20 Euro = 1.000 Euro
- ✓ 5.000 LEDs vom 20.2. zu je 0,15 Euro = 750 Euro
- ✓ 5.000 LEDs vom 1.1. zu je 0,10 Euro = 500 Euro

Der gesamte Verbrauch von 15.000 LEDs wird bei der HIFO-Methode mit stolzen 2.250 Euro bewertet.

Nach FIFO und HIFO folgt nun LIFO wie in Tabelle 5.10.

Datum	Menge	Stückpreis
1.1.	7.000	0,10
1.2.	5.000	0,08
20.2.	5.000	0,15
31.3.	5.000	0,20

Tabelle 5.10: LIFO-Methode

Nach LIFO arbeiten Sie sich nun in der Tabelle von unten nach oben durch, bis Sie 15.000 LEDs beisammenhaben:

- ✓ 5.000 LEDs vom 31.3. zu je 0,20 Euro = 1.000 Euro
- ✓ 5.000 LEDs vom 20.2. zu je 0,15 Euro = 750 Euro
- ✓ 5.000 LEDs vom 1.2. zu je 0,08 Euro = 400 Euro

Der Verbrauch von 15.000 LEDs wird bei der LIFO-Methode mit 2.150 Euro bewertet.

Nun kommt die Durchschnittsmethode an die Reihe. Zuerst die Bewertung mit nachträglichen Durchschnittspreisen. In Tabelle 5.11 wurden der Anfangsbestand und die Zu- und Abgänge eingetragen.

Datum	Inhalt	Anzahl	Stückpreis	Wert
1.1.	Anfangsbestand	7.000	0,10	700 €
Januar	Verbrauch	3.000		
1.2.	Zugang	5.000	0,08	400 €
10.2.	Verbrauch	6.000		
20.2.	Zugang	5.000	0,15	750 €
1.3.	Verbrauch	6.000		
31.3.	Zugang	5.000	0,20	1.000 €

Tabelle 5.11: Anfangsbestand und die Zu- und Abgänge

Nun ermitteln Sie den Durchschnittspreis, indem Sie den Wert der Ware durch die Menge teilen:

$$\text{Nachträglicher Durchschnittspreis} = \frac{700 + 400 + 750 + 1.000}{7.000 + 5.000 + 5.000 + 5.000} = \frac{2.850}{22.000} = 0,13\,€$$

Die verbrauchten 15.000 LEDs werden bei der Methode mit nachträglichen Durchschnittspreisen mit 1.950 Euro bewertet.

Zu guter Letzt die Bewertung des Materialverbrauchs mit der Methode des gleitenden Durchschnitts in Tabelle 5.12.

Datum	Inhalt	Anzahl	Stückpreis	Wert	Durchschnitt
1.1.	Anfangsbestand	7.000	0,10	700 €	0,10
Januar	Verbrauch	3.000	0,10	300 €	0,10
31.1.	Zwischenbestand	4.000	0,10	400 €	0,10
1.2.	Zugang	5.000	0,08	400 €	0,09
10.2.	Verbrauch	6.000	0,09	540 €	0,09
10.2.	Zwischenbestand	3.000	0,09	270 €	0,09
20.2.	Zugang	5.000	0,15	750 €	0,13
1.3.	Verbrauch	6.000	0,13	780 €	0,13
1.3.	Zwischenbestand	2.000	0,13	260 €	0,13
31.3.	Zugang	5.000	0,20	1.000 €	0,18

Tabelle 5.12: Bewertung des Materialverbrauchs mit der Methode des gleitenden Durchschnitts

Die verbrauchten 15.000 LEDs werden bei der Methode des gleitenden Durchschnitts mit 1.620 Euro bewertet.

Zum Schluss alle Bewertungen noch mal im Überblick. Der Materialverbrauch wird bei der

- ✓ FIFO-Methode mit 1.550 Euro bewertet.
- ✓ HIFO-Methode mit 2.250 Euro bewertet.
- ✓ LIFO-Methode mit 2.150 Euro bewertet.
- ✓ Methode mit nachträglichen Durchschnittspreisen mit 1.950 Euro bewertet.
- ✓ Methode des gleitenden Durchschnitts mit 1.620 Euro bewertet.

Aufgabe 5.7

Zunächst zur Hauptfrage, welche Bewertungsmethode empfohlen werden soll. Dazu ermitteln Sie zuerst die verbrauchte Menge. Bis Ende März 400 Kilogramm, im April 200 Kilogramm und im Mai nochmals 200 Kilogramm. Das ergibt in Summe 800 Kilogramm Papierverbrauch für unfassbar viele Postkarten.

Im nächsten Schritt tragen Sie den Anfangsbestand und die Zukäufe übersichtlich in eine Tabelle wie 5.13 ein.

Datum	Menge	Stückpreis
Anfangsbestand	500	2,00
1.4.	300	1,80
1.5.	300	1,60
1.6.	300	1,50

Tabelle 5.13: Anfangsbestand und die Zukäufe

Nach FIFO arbeiten Sie sich nun in der Tabelle von oben nach unten durch, bis Sie 800 Kilogramm Papier beisammenhaben:

- ✓ 500 Kilogramm Papier aus dem Anfangsbestand zu je 2 Euro = 1.000 Euro
- ✓ 300 Kilogramm Papier vom 1.4. zu je 1,80 Euro = 540 Euro

Der gesamte Papierverbrauch wird bei der FIFO-Methode mit 1.540 Euro bewertet.

Nach LIFO arbeiten Sie sich nun in der Tabelle von unten nach oben durch, bis Sie die 800 Kilogramm Papier beisammenhaben:

✓ 300 Kilogramm Papier vom 1.6. zu je 1,50 Euro = 540 Euro

✓ 300 Kilogramm Papier vom 1.5. zu je 1,60 Euro = 480 Euro

✓ 200 Kilogramm Papier vom 1.4. zu je 1,80 Euro = 360 Euro

Der gesamte Papierverbrauch wird bei der LIFO-Methode mit 1.380 Euro bewertet.

Nun steht noch die Bewertung nach der HIFO-Methode aus. Da diese aber weder nach HGB, IFRS und Steuerrecht zulässig ist, können Sie sich die Bewertung mit dieser Methode sparen. Die Frage bezog sich ja auf Optimierungsmöglichkeiten in der Bilanz, also der Bewertung im externen Rechnungswesen, und nicht in der Kostenrechnung.

Mit der LIFO-Methode werden zwar niedrigere Aufwendungen ausgewiesen, dummerweise ist diese Bewertungsmethode aber nur in der Steuerbilanz und der Bilanz nach HGB zulässig. Da die »Vers & Foto & Kitschig AG« eine Aktiengesellschaft ist, muss sie auf jeden Fall auch eine Bilanz nach IFRS erstellen. Und da darf die LIFO-Methode nicht angewendet werden. Somit bleibt nur bei der Bilanz nach HGB die Wahlmöglichkeit zwischen FIFO und LIFO. Die Wahl fällt hier auf LIFO, um jede Möglichkeit auszuschöpfen, einen Verlust in der Bilanz zu vermeiden.

Und jetzt noch die Antwort auf die Frage, welchen Rat Sie der »Vers & Foto & Kitschig AG« geben würden: Trotz sinkenden Materialverbrauchs hat der Einkauf fleißig weiter jeweils 300 Kilogramm Papier eingekauft, sodass sich der Lagerbestand unnötig erhöht. Würde der Einkauf hier sich besser mit den anderen Abteilungen abstimmen, könnten unnötige Kosten für auf Lager liegendes Material vermieden werden.

Aufgabe 5.8

Bewertung mit der FIFO-Methode: Verkauft wurden insgesamt 2.000 Tonnen Holzpellets. Nach FIFO wurde der gesamte Anfangsbestand ebenso wie der gesamte Zugang vom 20.1. verbraucht. Zusätzlich wurden noch 800 Tonnen vom letzten Zugang verkauft:

✓ Anfangsbestand: 189.000 Euro

✓ Zugang 20.1. mit 145.000 Euro

✓ Zugang 5.2. mit 272.000 Euro

Verbraucht wurden Pellets im Wert von 606.000 Euro, daraus errechnen sich 303 Euro Kosten pro Tonne.

Nun die HIFO-Methode: Die verkauften 2.000 Tonnen setzen sich hier aus dem letzten Zugang, dem ersten Zugang und aus 500 Tonnen des Anfangsbestands zusammen:

✓ Zugang 5.2. mit 340.000 Euro

✓ Zugang 20.1. mit 145.000 Euro

✓ Anfangsbestand mit 135.000 Euro

Hier wird der Pelletsverbrauch mit 620.000 Euro bewertet, daraus errechnen sich 310 Euro Kosten pro Tonne.

Jetzt die LIFO-Methode: Bei der LIFO-Methode wird unterstellt, dass das zuletzt eingekaufte Material zuerst verbraucht wird. Die verkauften 2.000 Tonnen setzen sich hier also aus dem letzten Zugang, dem ersten Zugang und aus 500 Tonnen des Anfangsbestands zusammen:

- ✓ Zugang 5.2. mit 340.000 Euro
- ✓ Zugang 20.1. mit 145.000 Euro
- ✓ Anfangsbestand mit 135.000 Euro

Bei der LIFO-Methode wird der Pelletsverbrauch wie bei der HIFO-Methode mit 620.000 Euro bewertet, also auch wieder mit 310 Euro pro Tonne. Die exakt gleiche Bewertung ist natürlich kein Zufall. Da die Einkaufspreise kontinuierlich ansteigen, müssen beide Methoden dasselbe Ergebnis bringen.

Bewertung mit nachträglichen Durchschnittspreisen: In Tabelle 5.14 finden Sie den Anfangsbestand und die Zu- und Abgänge.

Datum	Inhalt	Tonnen	Preis	Wert
1.1.	Anfangsbestand	700	270	189.000 €
15.1.	Verbrauch	500		
20.1.	Zugang	500	290	145.000 €
31.1.	Verbrauch	600		
5.2.	Zugang	1.000	340	340.000 €
10.2.	Verbrauch	900		

Tabelle 5.14: Anfangsbestand und die Zu- und Abgänge

Nun ermitteln Sie den Durchschnittspreis, indem Sie den Wert der Ware durch die Menge teilen:

$$\text{Nachträglicher Durchschnittspreis} = \frac{189.000 + 145.000 + 340.000}{700 + 500 + 1.000} = \frac{674.000}{2.200} = 306,35\,€$$

Die verkauften 2.000 Tonnen Holzpellets werden bei der Methode mit nachträglichen Durchschnittspreisen mit 612.700 Euro bewertet.

Zu guter Letzt die Bewertung des Materialverbrauchs mit der Methode des gleitenden Durchschnitts mit Tabelle 5.15.

Datum	Inhalt	Tonnen	Preis	Wert	Durchschnitt
1.1.	Anfangsbestand	700	270	189.000 €	270,00
15.1.	Verbrauch	500	270	135.000 €	270,00
31.1.	Zwischenbestand	200	270	54.000 €	270,00
20.1.	Zugang	500	290	145.000 €	284,29
31.1.	Verbrauch	600	284,29	170.574 €	284,29
31.1.	Zwischenbestand	100	284,29	28.429 €	284,29
5.2.	Zugang	1.000	340	340.000 €	334,94
10.2.	Verbrauch	900	334,94	301.446 €	334,94

Tabelle 5.15: Bewertung des Materialverbrauchs mit der Methode des gleitenden Durchschnitts

Die verkauften 2.000 Tonnen Holzpellets werden bei der Methode des gleitenden Durchschnitts mit 607.020 Euro bewertet.

Zum Schluss alle Bewertungen noch mal im Überblick. Der Materialverbrauch wird bei der

- ✓ FIFO-Methode mit 606.000 Euro bewertet.
- ✓ HIFO-Methode mit 620.000 Euro bewertet.
- ✓ LIFO-Methode mit 620.000 Euro bewertet.
- ✓ Methode mit nachträglichen Durchschnittspreisen mit 612.700 Euro bewertet.
- ✓ Methode des gleitenden Durchschnitts mit 607.020 Euro bewertet.

Die börsennotierte Holzpelletsgroßhandlung Maier & Töchter AG sollte in ihrer Kostenrechnung den Materialverbrauch möglichst mit der Methode des gleitenden Durchschnitts bewerten. Diese Methode ist zwar am aufwendigsten, liefert jedoch den genauesten Wert.

Aufgabe 5.9

Bei der Beantwortung der ersten Frage, welche Einkäufe grundsätzlich abgeschrieben werden können, müssen zwei Dinge geprüft werden:

- ✓ Handelt es sich um Anlagevermögen?
- ✓ Handelt es sich um abnutzbares Anlagevermögen?

Bekanntlich zählen alle Vermögensgegenstände, die dem Unternehmen dauerhaft dienen sollen, also nicht sofort verbraucht werden, zum Anlagevermögen. Der Schreibtisch wird dauerhaft genutzt und zählt damit schon mal zum Anlagevermögen. Das Bild wird ebenfalls dauerhaft genutzt und gehört deshalb auch dazu. Bei den zehn Kugelschreibern handelt es sich eher um Verbrauchsmaterial. Die Maus für den Laptop wird dauerhaft genutzt, gehört also zum Anlagevermögen, und der neue Geschäftswagen ebenso. Alle Einkäufe bis auf das Bild sind abnutzbar. Das Bild unterliegt keiner Abnutzung, der Wert könnte möglicherweise über die Jahre sogar steigen.

Damit kann nun die erste Frage beantwortet werden: Es können grundsätzlich alle Einkäufe bis auf die Kugelschreiber und das Bild abgeschrieben werden.

Nun zur zweiten Frage, welche Einkäufe Sie abschreiben würden. Das ist natürlich bei der Kostenrechnung teilweise auch eine Geschmacksfrage, da Sie hier keine gesetzlichen Vorschriften befolgen müssen. Sie können den Schreibtisch, die Maus und den Geschäftswagen abschreiben. Ebenso könnten Sie den Schreibtisch aber auch gleich als geringwertiges Wirtschaftsgut erfassen und sofort im ersten Jahr voll abschreiben. Bei der Maus haben Sie ebenfalls mehrere Möglichkeiten: Sie können die Maus als nachträgliche Anschaffungskosten des Laptops aufnehmen und den Betrag damit dort über mehrere Jahre mit abschreiben oder gleich einfach nur sofort voll als Kosten erfassen.

Aufgabe 5.10

Bei der ersten Frage, welche Einkäufe grundsätzlich abgeschrieben werden können, müssen zwei Dinge geprüft werden:

- ✓ Handelt es sich um Anlagevermögen?
- ✓ Handelt es sich um abnutzbares Anlagevermögen?

Alle Vermögensgegenstände, die dem Unternehmen dauerhaft dienen sollen, also nicht sofort verbraucht werden, zählen zum Anlagevermögen. Das neue Grundstück und die Abfüllmaschine zählen auf jeden Fall zum Anlagevermögen. Bei den Druckerpatronen handelt es sich um klassisches Verbrauchsmaterial; sie gehören nicht zum Anlagevermögen. Last but not least das iPad für die Tochter. Wenn es sich um einen Privatkauf handelt, hat es nichts im Anlagevermögen der Limonaden GmbH verloren. Ist die Tochter dagegen ebenfalls bei der Limonaden GmbH tätig und nutzt das iPad für geschäftliche Zwecke, Frau Odenwald das iPad also für das Unternehmen gekauft hat, gehört es zum Anlagevermögen. Abnutzbar sind alle dem Anlagevermögen zugeordneten Wirtschaftsgüter bis auf das Grundstück. Dieses kann also nicht abgeschrieben werden, die anderen Anlagengüter dagegen schon.

Über mehrere Jahre abschreiben sollten Sie bis auf das Grundstück alle dem Anlagevermögen zugeordneten Wirtschaftsgüter. Das sind die Abfüllmaschine und das iPad.

Aufgabe 5.11

Die lineare Abschreibungsmethode ist die einfachste Methode. Hier muss man nur die Abschreibungssumme, also zum Beispiel die Anschaffungskosten, durch die Nutzungsdauer teilen und schon hat man den für alle Jahre geltenden Abschreibungsbetrag. Die degressive Abschreibungsmethode ist dagegen ein klein wenig aufwendiger: Prozentrechnung ist gefragt. Das sollte aber in aller Regel kein Problem sein.

Nun zu der Frage, welche der beiden Abschreibungsmethoden eher dem tatsächlichen Wertverlust entspricht. Beide Methoden reichen diesbezüglich natürlich in keiner Weise an die nutzungsabhängige Abschreibung heran. Diese bildet den tatsächlichen Wertverlust am besten ab. Danach folgt mit sehr weitem Abstand die degressive Abschreibung. Ihr kann man zugutehalten, dass sie den Umstand berücksichtigt, dass viele Wirtschaftsgüter in den ersten Jahren einen weitaus höheren Wertverlust erleiden als gegen Ende der Nutzungsdauer.

Aufgabe 5.12

Hier die beiden von Herrn Malchin gewünschten Abschreibungspläne.

Zuerst Tabelle 5.16 für den Abschreibungsplan bei einer möglichst gleichmäßigen Nutzung. Bei 30 neuen Räucherofen zu je 2.000 Euro und 30 mobilen Kühlhauselementen zu je 4.000 Euro beträgt der Buchwert zu Beginn 180.000 Euro. Diese müssen nun gleichmäßig über zehn Jahre linear abgeschrieben werden.

Jahr	Buchwert 1.1.	Abschreibung	Buchwert 31.12.
1	180.000	18.000	162.000
2	162.000	18.000	144.000
3	144.000	18.000	126.000
4	126.000	18.000	108.000
5	108.000	18.000	90.000
6	90.000	18.000	72.000
7	72.000	18.000	54.000
8	54.000	18.000	36.000
9	36.000	18.000	18.000
10	18.000	18.000	0

Tabelle 5.16: Abschreibungsplan bei einer möglichst gleichmäßigen Nutzung

Als Nächstes Tabelle 5.17 für die möglichst schnelle Abschreibung, also die geometrisch-degressive Abschreibung mit 33 Prozent pro Jahr.

Mit der geometrisch-degressiven Methode können Sie im Vergleich zur linearen Methode in den ersten Jahren deutlich schneller abschreiben. Irgendwann sollten Sie bei der geometrisch-degressiven Methode jedoch zur linearen Methode wechseln, damit Sie nicht bis zum Sankt-Nimmerleins-Tag abschreiben. Alternativ können Sie im letzten Jahr das Wirtschaftsgut einfach komplett abschreiben; hier also mit den verbleibenden 4.897,18 Euro.

Jahr	Buchwert 1.1.	Abschreibung mit 33 %	Buchwert 31.12.
1	180.000,00	59.400,00	120.600,00
2	120.600,00	39.798,00	80.802,00
3	80.802,00	26.664,66	54.137,34
4	54.137,34	17.865,32	36.272,02
5	36.272,02	11.969,77	24.302,25
6	24.302,25	8.019,74	16.282,51
7	16.282,51	5.373,23	10.909,28
8	10.909,28	3.600,06	7.309,22
9	7.309,22	2.412,04	4.897,18
10	4.897,18	1.616,07	3.281,11

Tabelle 5.17: Möglichst schnelle Abschreibung

Aufgabe 5.13

Bei der leistungsabhängigen Abschreibung müssen Sie zunächst den Abschreibungssatz je Betriebsstunde ermitteln. Dieser ist bei allen acht Poolbars identisch, da alle gleich viel gekostet haben und dieselbe Lebensdauer haben.

Abschreibungssatz: 39.000/5.400 = 7,22 Euro/Betriebsstunde

- ✓ Euro-Pool Hawk I: 7,22 × 1.500 = 10.830 Euro
- ✓ Euro-Pool Hawk II: 7,22 × 1.900 = 13.718 Euro
- ✓ Euro-Pool Hawk III: 7,22 × 2.100 = 15.162 Euro
- ✓ Euro-Pool Hawk IV: 7,22 × 1.900 = 13.718 Euro
- ✓ Euro-Pool Hawk V: 7,22 × 1.800 = 12.996 Euro
- ✓ Euro-Pool Hawk VI: 7,22 × 900 = 6.498 Euro
- ✓ Euro-Pool Hawk VII: 7,22 × 100 = 722 Euro
- ✓ Euro-Pool Hawk VII: 7,22 × 100 = 722 Euro

Hätte Frau Winterbach die arithmetisch-degressiven Methode verwendet, wären die Poolbars im ersten Jahr so abgeschrieben worden:

$$\text{Degressionsbetrag} = \frac{39.000}{1+2+3} = 6.500\,€$$

Im ersten Jahr wäre jede Poolbar somit mit 6.500 × 3 = 19.500 Euro abgeschrieben worden.

Aufgabe 5.14

Zuerst die lineare Abschreibung: Ausgangsbasis ist die Hälfte der Anschaffungskosten, also 38.000 Euro. Bei einer Nutzungsdauer von zehn Jahren kommt man auf einen jährlichen Abschreibungsbetrag von 3.800 Euro.

Nun die leistungsabhängige Abschreibung: Auch hier ist die Ausgangsbasis die Hälfte der Anschaffungskosten, also ebenfalls 38.000 Euro. Dann wird der Abschreibungssatz ermittelt:

Abschreibungssatz: 38.000/38.000 = 1 Euro/Betriebsstunde

- ✓ 1. Jahr: 1 × 5.000 = 5.000 Euro
- ✓ 2. Jahr: 1 × 4.000 = 4.000 Euro
- ✓ 3. Jahr: 1 × 4.500 = 4.500 Euro
- ✓ 4. Jahr: 1 × 3.000 = 3.000 Euro
- ✓ 5. Jahr: 1 × 1.000 = 1.000 Euro

Abschließend müssen Sie nur noch die beiden Beträge addieren:

- ✓ 1. Jahr: 3.800 + 5.000 = 8.800 Euro
- ✓ 2. Jahr: 3.800 + 4.000 = 7.800 Euro
- ✓ 3. Jahr: 3.800 + 4.500 = 8.300 Euro
- ✓ 4. Jahr: 3.800 + 3.000 = 6.800 Euro
- ✓ 5. Jahr: 3.800 + 1.000 = 4.800 Euro

Aufgabe 5.15

Zunächst wird das betriebsnotwendige Kapital ermittelt. Laut Bilanz wären dies 29,3 Millionen Euro. Da die Maschinen in der Kostenrechnung jedoch anders bewertet werden, muss noch ein wenig gerechnet werden. Die Ultra steht in der Bilanz mit 1,5 Millionen Euro, wird in der Kostenrechnung aber mit 2,25 Millionen Euro bewertet. Die Supra steht in der Bilanz mit 1,8 Millionen Euro und ist in der Kostenrechnung 1,9 Millionen Euro wert. Damit erhöht sich das betriebsnotwendige Kapital um 850.000 Euro auf 30.150.000 Euro. Bei einem Zinssatz von 7 Prozent ergibt das dann 2.110.500 Euro kalkulatorische Zinsen.

Aufgabe 5.16

Alle nicht durch Versicherungen abgedeckten, unvorhergesehen Fälle werden in der Kostenrechnung durch die *kalkulatorischen Wagnisse* abgedeckt. Das können Beständewagnisse sein, wenn Lagerbestände verschwinden, oder Anlagewagnisse, wenn eine Maschine vorzeitig einen Totalschaden erleidet. Ein weiteres Beispiel sind Produktionswagnisse, wenn es irgendwie nicht rund läuft und viel Ausschuss produziert wird. Last but not least gibt es auch das Forderungswagnis, wenn die Kunden nicht bezahlen.

Die Kostenstellenrechnung

6

In diesem Kapitel ...

- Die Aufgaben der Kostenstellenrechnung
- Primärkosten mit dem Betriebsabrechnungsbogen verteilen
- Zuschlagssätze ermitteln

Bei der Kostenstellenrechnung geht es eigentlich nur um eine Aufgabe: die Verteilung der Gemeinkosten auf die Kostenstellen, mit anderen Worten: um die innerbetriebliche Leistungsverrechnung. Dies geschieht mithilfe von ein- und mehrstufigen Betriebsabrechnungsbögen, kurz BAB.

Aufgaben der Kostenstellenrechnung

In der Kostenstellenrechnung geht es um die Frage, wo die Kosten verursacht wurden. Deshalb werden hier nicht nur Primärkosten, sondern auch die sekundären Kosten erfasst. Das sind die abgeleiteten Kosten, die durch die innerbetriebliche Weiterverrechnung der Primärkosten entstehen.

Die Aufgaben der Kostenstellenrechnung im Überblick:

- ✓ Informations- und Kontrollfunktion
- ✓ Grundlage für die Betriebsergebnisrechnung
- ✓ Grundlage für die Kostenplanung
- ✓ Informationslieferant für die Preiskalkulation

Aufgabe 6.1

Erläutern Sie bitte, warum die Kostenstellenrechnung Informationslieferant für die Preiskalkulation ist.

Kostenstellenpläne

Üblicherweise besitzt ein Unternehmen einen Kostenstellenplan. Große Konzerne können schnell über mehrere tausend Kostenstellen verfügen. Mit einem Kostenstellenplan behält man dann den Überblick.

Kostenstellen klassifizieren leicht gemacht

Kostenstellen werden häufig unterteilt in

- ✓ Hauptkostenstellen und
- ✓ Hilfskostenstellen.

Eine Hauptkostenstelle erkennen Sie daran, dass dort für ein Endprodukt beziehungsweise eine Dienstleistung gearbeitet wird. Hilfskostenstellen kümmern sich um das Drumherum wie etwa die Abfallentsorgung oder die Energieversorgung.

Kostenstellen können aber auch nach dem Kriterium der Verrechnung unterteilt werden:

- ✓ Vorkostenstellen
- ✓ Endkostenstellen

Hilfskostenstellen sind meist auch Vorkostenstellen, Hauptkostenstellen entsprechend Endkostenstellen. In der Kostenstellenrechnung verrechnen die Hilfs- beziehungsweise Vorkostenstellen ihre innerbetrieblichen Leistungen an die Haupt- beziehungsweise Endkostenstellen.

Aufgabe 6.2

Welche der folgend aufgelisteten Kostenstellen würden Sie in die Schublade Hilfskostenstelle einsortieren?

- ✓ Kostenstelle Facility-Management
- ✓ Kostenstelle Produktion
- ✓ Kostenstelle Kantine

BAB – der Aufbau des Betriebsabrechnungsbogens

Der Betriebsabrechnungsbogen, kurz BAB, bildet den Mittelpunkt der Kostenstellenrechnung. Mit ihm werden die Gemeinkosten auf die verursachenden Kostenstellen verteilt und die Zuschlagssätze ermittelt, mit denen die Gemeinkosten später auf die Kostenträger verteilt werden.

Es gibt einstufige und mehrstufige BAB. Im *einstufigen BAB* gibt es nur Endkostenstellen, es findet keine innerbetriebliche Verrechnung statt. In der Praxis spielt fast nur der *mehrstufige BAB* eine Rolle. Er enthält Vor- und Endkostenstellen. Hier wird auch die innerbetriebliche Leistungsverrechnung durchgeführt.

Ein mehrstufiger BAB besteht aus zwei Blöcken:

- ✓ In den ersten Block werden die Kostenarten der Kostenstellen, die sogenannten Primärkosten, eingetragen.
- ✓ Im zweiten Block erfolgt die Umlage der Kosten, die innerbetriebliche Leistungsverrechnung, entsprechend der innerbetrieblichen Leistungsverflechtung.

In Tabelle 6.1 sehen Sie den grundsätzlichen Aufbau eines mehrstufigen Betriebsabrechnungsbogens.

Kostenstellen	Vorkostenstellen		Endkostenstellen			
Kostenarten	V1	V2	E1 Material	E2 Fertigung	E3 Verwaltung	E4 Vertrieb
KOA 1						
KOA 2						
KOA 3						
KOA 4						
KOA 5						
Summe primäre Kosten						
Verteilung der sekundären Kostenstellenkosten:						
Umlage V1						
Umlage V2						
Summe primäre und sekundäre Kosten						

Tabelle 6.1: Der Betriebsabrechnung, kurz BAB

Ein BAB beginnt immer mit den Vorkostenstellen, danach folgen die Endkostenstellen.

Aufgabe 6.3

Bleibt nach der Umverteilung der Kosten im BAB die Gesamtsumme der Kosten gleich hoch oder verändert sich da etwas?

Aufgabe 6.4

Wird die innerbetriebliche Leistungsverrechnung im einstufigen oder im mehrstufigen BAB durchgeführt?

Aufgabe 6.5

Ein BAB wird grob gesagt in drei Schritten erstellt. Hier finden Sie die drei Schritte. Stimmt die Reihenfolge oder ist etwas durcheinandergeraten?

1. Übernahme der Einzelkosten und der Gemeinkosten aus der Kostenartenrechnung und Verteilung auf die Kostenstellen (Primärkosten) entsprechend ihrem Entstehungsort.
2. Ermittlung der Zuschlagssätze für die Gemeinkosten.
3. Verteilung der Kosten auf die empfangenden Kostenstellen entsprechend den innerbetrieblichen Leistungsverflechtungen (Sekundärkosten).

Verfahren zur Verrechnung innerbetrieblicher Leistungen

Jetzt geht es um die Frage, wie die Gemeinkosten auf die Haupt- beziehungsweise Endkostenstellen verteilt werden können. Dazu wurden im Laufe der Zeit einige Verfahren entwickelt.

In diesem Abschnitt finden Sie zu jedem Verfahren eine identische Aufgabenstellung, damit Sie anhand der gleichbleibenden Ausgangssituation die Unterschiede der Verfahren üben können.

Aufgabe 6.6

Nennen Sie bitte mindestens fünf Verfahren zur Verrechnung innerbetrieblicher Leistungen.

Aufgabe 6.7

Was versteht man unter innerbetrieblichen Leistungen?

Kosten mit dem Anbauverfahren verteilen

Das einfachste Verfahren zur innerbetrieblichen Leistungsverrechnung ist das Anbauverfahren. Es gehört zur Gruppe der Kostenstellenumlageverfahren.

Aufgabe 6.8

Was ist der Unterschied zwischen dem Anbauverfahren und dem Blockverfahren?

Aufgabe 6.9

Erläutern Sie bitte die Vor- und Nachteile des Anbauverfahrens.

Aufgabe 6.10

Jetzt können Sie für die Feinkost GmbH die Kosten nach dem Anbauverfahren verteilen. Die Feinkost GmbH besteht aus sechs Kostenstellen: zwei Vorkostenstellen und vier Hauptkostenstellen. Bei den Kostenarten geht es noch übersichtlicher zu: Es gibt insgesamt fünf Kostenarten.

Folgende Primärkosten wurden in der Kostenartenrechnung erfasst:

- ✓ auf der Vorkostenstelle V1 60.000 Euro in der Kostenart 1, 15.000 Euro in der Kostenart 2, 2.000 Euro in der Kostenart 3, 40.000 Euro in der Kostenart 4 und 20.000 Euro in der Kostenart 5
- ✓ auf der Vorkostenstelle V2 5.000 Euro in der Kostenart 1, 5.000 Euro in der Kostenart 2, 3.000 Euro in der Kostenart 3, 7.000 Euro in der Kostenart 4 und 8.000 Euro in der Kostenart 5
- ✓ auf der Endkostenstelle E1 52.000 Euro in der Kostenart 1, 25.000 Euro in der Kostenart 2, 50.000 Euro in der Kostenart 3, 30.000 Euro in der Kostenart 4 und 25.000 Euro in der Kostenart 5
- ✓ auf der Endkostenstelle E2 20.000 Euro in der Kostenart 1, 2.000 Euro in der Kostenart 2, 3.000 Euro in der Kostenart 3, 7.000 Euro in der Kostenart 4 und 14.000 Euro in der Kostenart 5
- ✓ auf der Endkostenstelle E3 10.000 Euro in der Kostenart 1, 4.000 Euro in der Kostenart 2, 6.000 Euro in der Kostenart 3, 2.000 Euro in der Kostenart 4 und 9.000 Euro in der Kostenart 5
- ✓ auf der Endkostenstelle E4 1.000 Euro in der Kostenart 1, 2.000 Euro in der Kostenart 2, 1.000 Euro in der Kostenart 3, 2.000 Euro in der Kostenart 4 und 1.000 Euro in der Kostenart 5

In Tabelle 6.2 finden Sie die Leistungsverflechtung – alle Angaben in Mengeneinheiten, kurz ME.

von/an	An V1	An V2	An E1	An E2	An E3	An E4
Von V1	–	100 ME	0 ME	0 ME	3.000 ME	500 ME
Von V2	80 ME	–	100 ME	100 ME	0 ME	0 ME

Tabelle 6.2: Darstellung der Leistungsverflechtung

Das Stufenleiterverfahren

Das Stufenleiterverfahren gehört ebenfalls zur Gruppe der Kostenstellenumlageverfahren.

Aufgabe 6.11

Was ist der Unterschied zwischen dem Stufenleiterverfahren und der Treppenumlage?

Aufgabe 6.12

Erläutern Sie bitte die Vor- und Nachteile des Stufenleiterverfahrens.

Aufgabe 6.13

Wie wird der Verrechnungssatz beim Stufenleiterverfahren ermittelt?

Aufgabe 6.14

Sie dürfen schon wieder Kosten verteilen. Diesmal mit dem Stufenleiterverfahren. Die Feinkost GmbH besteht aus sechs Kostenstellen: zwei Vorkostenstellen und vier Hauptkostenstellen. Bei den Kostenarten geht es noch übersichtlicher zu: Es gibt insgesamt fünf Kostenarten.

Folgende Primärkosten wurden in der Kostenartenrechnung erfasst:

- ✓ auf der Vorkostenstelle V1 60.000 Euro in der Kostenart 1, 15.000 Euro in der Kostenart 2, 2.000 Euro in der Kostenart 3, 40.000 Euro in der Kostenart 4 und 20.000 Euro in der Kostenart 5
- ✓ auf der Vorkostenstelle V2 5.000 Euro in der Kostenart 1, 5.000 Euro in der Kostenart 2, 3.000 Euro in der Kostenart 3, 7.000 Euro in der Kostenart 4 und 8.000 Euro in der Kostenart 5
- ✓ auf der Endkostenstelle E1 52.000 Euro in der Kostenart 1, 25.000 Euro in der Kostenart 2, 50.000 Euro in der Kostenart 3, 30.000 Euro in der Kostenart 4 und 25.000 Euro in der Kostenart 5
- ✓ auf der Endkostenstelle E2 20.000 Euro in der Kostenart 1, 2.000 Euro in der Kostenart 2, 3.000 Euro in der Kostenart 3, 7.000 Euro in der Kostenart 4 und 14.000 Euro in der Kostenart 5
- ✓ auf der Endkostenstelle E3 10.000 Euro in der Kostenart 1, 4.000 Euro in der Kostenart 2, 6.000 Euro in der Kostenart 3, 2.000 Euro in der Kostenart 4 und 9.000 Euro in der Kostenart 5
- ✓ auf der Endkostenstelle E4 1.000 Euro in der Kostenart 1, 2.000 Euro in der Kostenart 2, 1.000 Euro in der Kostenart 3, 2.000 Euro in der Kostenart 4 und 1.000 Euro in der Kostenart 5

In Tabelle 6.3 finden Sie die Leistungsverflechtung – alle Angaben in Mengeneinheiten, kurz ME.

von/an	An V1	An V2	An E1	An E2	An E3	An E4
Von V1	–	100 ME	0 ME	0 ME	3.000 ME	500 ME
Von V2	80 ME	–	100 ME	100 ME	0 ME	0 ME

Tabelle 6.3: Abbildung der Leistungsverflechtung

Das Gleichungsverfahren

Im Gegensatz zum Anbau- und Stufenleiterverfahren berücksichtigt das Gleichungsverfahren die gegenseitigen Leistungsverflechtungen besser. Dafür ist es aber etwas schwieriger in der Handhabung.

Aufgabe 6.15

Erläutern Sie bitte die Vor- und Nachteile des Gleichungsverfahrens.

Aufgabe 6.16

Wie wird das Gleichungsverfahren noch bezeichnet?

Aufgabe 6.17

In dieser Aufgabe können Sie die Kosten mit dem Gleichungsverfahren verteilen. Die Feinkost GmbH besteht aus sechs Kostenstellen: zwei Vorkostenstellen und vier Hauptkostenstellen. Bei den Kostenarten geht es noch übersichtlicher zu: Es gibt insgesamt fünf Kostenarten.

Folgende Primärkosten wurden in der Kostenartenrechnung erfasst:

- ✓ auf der Vorkostenstelle V1 60.000 Euro in der Kostenart 1, 15.000 Euro in der Kostenart 2, 2.000 Euro in der Kostenart 3, 40.000 Euro in der Kostenart 4 und 20.000 Euro in der Kostenart 5
- ✓ auf der Vorkostenstelle V2 5.000 Euro in der Kostenart 1, 5.000 Euro in der Kostenart 2, 3.000 Euro in der Kostenart 3, 7.000 Euro in der Kostenart 4 und 8.000 Euro in der Kostenart 5
- ✓ auf der Endkostenstelle E1 52.000 Euro in der Kostenart 1, 25.000 Euro in der Kostenart 2, 50.000 Euro in der Kostenart 3, 30.000 Euro in der Kostenart 4 und 25.000 Euro in der Kostenart 5

- auf der Endkostenstelle E2 20.000 Euro in der Kostenart 1, 2.000 Euro in der Kostenart 2, 3.000 Euro in der Kostenart 3, 7.000 Euro in der Kostenart 4 und 14.000 Euro in der Kostenart 5
- auf der Endkostenstelle E3 10.000 Euro in der Kostenart 1, 4.000 Euro in der Kostenart 2, 6.000 Euro in der Kostenart 3, 2.000 Euro in der Kostenart 4 und 9.000 Euro in der Kostenart 5
- auf der Endkostenstelle E4 1.000 Euro in der Kostenart 1, 2.000 Euro in der Kostenart 2, 1.000 Euro in der Kostenart 3, 2.000 Euro in der Kostenart 4 und 1.000 Euro in der Kostenart 5

In Tabelle 6.4 finden Sie die Leistungsverflechtung – alle Angaben in Mengeneinheiten, kurz ME.

von/an	An V1	An V2	An E1	An E2	An E3	An E4
Von V1	–	100 ME	0 ME	0 ME	3.000 ME	500 ME
Von V2	80 ME	–	100 ME	100 ME	0 ME	0 ME

Tabelle 6.4: Abbildung der Leistungsverflechtung

Das iterative Verfahren

Gibt es zwischen den Kostenstellen wechselseitige Leistungsbeziehungen, kann statt des Gleichungsverfahrens auch das iterative Verfahren eingesetzt werden. Mit der Iteration, der ständigen Wiederholung, wird das Rechenproblem schrittweise gelöst.

Aufgabe 6.18

Erläutern Sie bitte die Vor- und Nachteile des iterativen Verfahrens.

Aufgabe 6.19

Jetzt können Sie die Kosten mit dem iterativen Verfahren verteilen. Die Feinkost GmbH besteht aus sechs Kostenstellen: zwei Vorkostenstellen und vier Hauptkostenstellen. Bei den Kostenarten geht es noch übersichtlicher zu: Es gibt insgesamt fünf Kostenarten.

Folgende Primärkosten wurden in der Kostenartenrechnung erfasst:

- auf der Vorkostenstelle V1 60.000 Euro in der Kostenart 1, 15.000 Euro in der Kostenart 2, 2.000 Euro in der Kostenart 3, 40.000 Euro in der Kostenart 4 und 20.000 Euro in der Kostenart 5

- ✓ auf der Vorkostenstelle V2 5.000 Euro in der Kostenart 1, 5.000 Euro in der Kostenart 2, 3.000 Euro in der Kostenart 3, 7.000 Euro in der Kostenart 4 und 8.000 Euro in der Kostenart 5
- ✓ auf der Endkostenstelle E1 52.000 Euro in der Kostenart 1, 25.000 Euro in der Kostenart 2, 50.000 Euro in der Kostenart 3, 30.000 Euro in der Kostenart 4 und 25.000 Euro in der Kostenart 5
- ✓ auf der Endkostenstelle E2 20.000 Euro in der Kostenart 1, 2.000 Euro in der Kostenart 2, 3.000 Euro in der Kostenart 3, 7.000 Euro in der Kostenart 4 und 14.000 Euro in der Kostenart 5
- ✓ auf der Endkostenstelle E3 10.000 Euro in der Kostenart 1, 4.000 Euro in der Kostenart 2, 6.000 Euro in der Kostenart 3, 2.000 Euro in der Kostenart 4 und 9.000 Euro in der Kostenart 5
- ✓ auf der Endkostenstelle E4 1.000 Euro in der Kostenart 1, 2.000 Euro in der Kostenart 2, 1.000 Euro in der Kostenart 3, 2.000 Euro in der Kostenart 4 und 1.000 Euro in der Kostenart 5

In Tabelle 6.5 finden Sie die Leistungsverflechtung – alle Angaben in Mengeneinheiten, kurz ME.

von/an	An V1	An V2	An E1	An E2	An E3	An E4
Von V1	–	100 ME	0 ME	0 ME	3.000 ME	500 ME
Von V2	80 ME	–	100 ME	100 ME	0 ME	0 ME

Tabelle 6.5: Abbildung der Leistungsverflechtung

Sie müssen in dieser Aufgabe das iterative Verfahren nur so lange durchführen, bis sich auf den Vorkostenstellen weniger als 1.000 Euro befinden.

Das Gutschrift-Lastschrift-Verfahren

Gibt es zwischen den verschiedenen Kostenstellen wechselseitige Leistungsbeziehungen, kann statt des Gleichungsverfahrens oder des iterativen Verfahrens auch das Gutschrift-Lastschrift-Verfahren eingesetzt werden. Beim Gutschrift-Lastschrift-Verfahren werden die jeweiligen Leistungen einer Kostenstelle bepreist. Verrechnet wird dann entsprechend der in Anspruch genommenen Menge.

Aufgabe 6.20

Gibt es für das Gutschrift-Lastschrift-Verfahren noch weitere Bezeichnungen?

Aufgabe 6.21

Erläutern Sie bitte die Vor- und Nachteile des Gutschrift-Lastschrift-Verfahrens.

Aufgabe 6.22

Nun können Sie die Kosten mit dem Gutschrift-Lastschrift-Verfahren verteilen. Die Feinkost GmbH besteht aus sechs Kostenstellen: zwei Vorkostenstellen und vier Hauptkostenstellen. Bei den Kostenarten geht es noch übersichtlicher zu: Es gibt insgesamt fünf Kostenarten.

Folgende Primärkosten wurden in der Kostenartenrechnung erfasst:

- ✓ auf der Vorkostenstelle V1 60.000 Euro in der Kostenart 1, 15.000 Euro in der Kostenart 2, 2.000 Euro in der Kostenart 3, 40.000 Euro in der Kostenart 4 und 20.000 Euro in der Kostenart 5
- ✓ auf der Vorkostenstelle V2 5.000 Euro in der Kostenart 1, 5.000 Euro in der Kostenart 2, 3.000 Euro in der Kostenart 3, 7.000 Euro in der Kostenart 4 und 8.000 Euro in der Kostenart 5
- ✓ auf der Endkostenstelle E1 52.000 Euro in der Kostenart 1, 25.000 Euro in der Kostenart 2, 50.000 Euro in der Kostenart 3, 30.000 Euro in der Kostenart 4 und 25.000 Euro in der Kostenart 5
- ✓ auf der Endkostenstelle E2 20.000 Euro in der Kostenart 1, 2.000 Euro in der Kostenart 2, 3.000 Euro in der Kostenart 3, 7.000 Euro in der Kostenart 4 und 14.000 Euro in der Kostenart 5
- ✓ auf der Endkostenstelle E3 10.000 Euro in der Kostenart 1, 4.000 Euro in der Kostenart 2, 6.000 Euro in der Kostenart 3, 2.000 Euro in der Kostenart 4 und 9.000 Euro in der Kostenart 5
- ✓ auf der Endkostenstelle E4 1.000 Euro in der Kostenart 1, 2.000 Euro in der Kostenart 2, 1.000 Euro in der Kostenart 3, 2.000 Euro in der Kostenart 4 und 1.000 Euro in der Kostenart 5

In Tabelle 6.6 finden Sie die Leistungsverflechtung – alle Angaben in Mengeneinheiten, kurz ME. Jede Vorkostenstelle erstellt übrigens nur eine Leistung.

von/an	An V1	An V2	An E1	An E2	An E3	An E4
Von V1	–	100 ME	0 ME	0 ME	3.000 ME	500 ME
Von V2	80 ME	–	100 ME	100 ME	0 ME	0 ME

Tabelle 6.6: Abbildung der geplanten Leistungsverflechtung

Die in Tabelle 6.6 dargestellte Leistungsverflechtung stellt jedoch nur die geplanten Mengen dar. Tatsächlich wurden im Ist deutlich mehr Mengen abgerufen. In Tabelle 6.7 finden Sie die Istmengen. Die Primärkosten der beiden Vorkostenstellen blieben trotz der erhöhten Menge unverändert.

von/an	An V1	An V2	An E1	An E2	An E3	An E4
Von V1	–	120 ME	0 ME	0 ME	3.200 ME	600 ME
Von V2	100 ME	–	120 ME	120 ME	0 ME	0 ME

Tabelle 6.7: Abbildung der tatsächlichen Leistungsverflechtung im Ist

Ermitteln Sie bitte die Planverrechnungspreise der beiden Vorkostenstellen mittels Gleichungsverfahren und verteilen Sie damit zunächst die Kosten anhand der Istmengen. Sofern erforderlich, gleichen Sie anschließend Über- oder Unterdeckungen aufgrund abweichender Istmengen mittels Deckungsumlage aus.

Aufgabe 6.23

Verteilen Sie die Kosten der beiden Vorkostenstellen mit dem Gutschrift-Lastschrift-Verfahren auf die vier Endkostenstellen. Die Software GmbH & Co. KG besteht aus sechs Kostenstellen: zwei Vorkostenstellen und vier Hauptkostenstellen. Bei den Kostenarten geht es ebenfalls übersichtlich zu: Es gibt insgesamt fünf Kostenarten.

Die Primärkosten finden Sie bereits im Betriebsabrechnungsbogen – siehe Tabelle 6.8.

Kostenstellen	Vorkostenstellen		Endkostenstellen			
Kostenarten	V1	V2	E1	E2	E3	E4
KOA 1	10	20	20	30	10	40
KOA 2	5	10	10	20	30	10
KOA 3	5	10	30	20	20	10
KOA 4	20	5	20	10	20	20
KOA 5	10	5	30	20	30	30
Summe primäre Kosten	**50**	**50**	**110**	**100**	**110**	**110**

Tabelle 6.8: Betriebsabrechnungsbogen mit den Primärkosten

In Tabelle 6.9 finden Sie die Leistungsverflechtung – alle Angaben in Mengeneinheiten, kurz ME. Jede Vorkostenstelle erstellt nur eine Leistung.

von/an	An V1	An V2	An E1	An E2	An E3	An E4
Von V1	–	10 ME	20 ME	20 ME	20 ME	50 ME
Von V2	20 ME	–	30 ME	10 ME	40 ME	10 ME

Tabelle 6.9: Abbildung der geplanten Leistungsverflechtung

Die in Tabelle 6.9 dargestellte Leistungsverflechtung stellt jedoch nur die geplanten Mengen dar. Tatsächlich wurden im Ist mehr Mengen abgerufen. In Tabelle 6.10 finden Sie die Istmengen. Die Primärkosten der beiden Vorkostenstellen blieben trotz der erhöhten Menge unverändert.

von/an	An V1	An V2	An E1	An E2	An E3	An E4
Von V1	–	20 ME	20 ME	30 ME	40 ME	80 ME
Von V2	20 ME	–	50 ME	20 ME	50 ME	20 ME

Tabelle 6.10: Abbildung der tatsächlichen Leistungsverflechtung im Ist

Ermitteln Sie die Planverrechnungspreise der beiden Vorkostenstellen mittels Gleichungsverfahren und verteilen Sie damit zunächst die Kosten anhand der Istmengen. Sofern erforderlich, gleichen Sie anschließend bitte Über- oder Unterdeckungen aufgrund abweichender Istmengen mittels Deckungsumlage aus.

Gemeinkostenzuschlagssätze ermitteln

Nun geht es ins große Finale Kostenstellenrechnung: Die Zuschlagssätze werden ermittelt. Nachdem Sie bereits alle Gemeinkosten auf die Kostenstellen verteilt haben, können Sie jetzt die Gemeinkostenzuschlagssätze ermitteln, sodass die Gemeinkosten auf die Kostenträger verteilt werden können.

Aufgabe 6.24

Bei der Berechnung der Zuschlagssätze werden die Einzelkosten als Basis verwendet, sodass ein Kostenträger mit hohen Einzelkosten entsprechend hohe Gemeinkosten zubelastet bekommt. Ist dies verursachungsgerecht?

Aufgabe 6.25

Der Waschmaschinenhersteller Waschtag AG möchte mithilfe der Zuschlagskalkulation die neue Waschmaschine Clean XXL kalkulieren. Ermitteln Sie dazu Gemeinkostenzuschlagssätze für die Fertigung und das Material. Danach dürfen Sie die Herstell- und Selbstkosten des neuen Produkts kalkulieren. Hier die dazu benötigten Zahlen:

- ✓ Fertigungsentgelte: 200.000 Euro
- ✓ Fertigungsmaterial: 500.000 Euro
- ✓ Materialgemeinkosten: 100.000 Euro
- ✓ Fertigungsgemeinkosten: 100.000 Euro

Verwaltungs- und Vertriebsgemeinkosten gibt es natürlich auch noch:

- ✓ Verwaltungsgemeinkosten: 800.000 Euro
- ✓ Vertriebsgemeinkosten: 1.600.000 Euro

Je Waschmaschine fallen 100 Euro Fertigungsentgelte und 200 Euro Materialkosten an.

Abschließend noch eine Zusatzfrage: Was schließen Sie aus dieser Kostenstruktur?

Aufgabe 6.26

Der Gartenschlauchhersteller Wassermarsch GmbH möchte mithilfe der Zuschlagskalkulation den neuen, sich selbst regulierenden Gartenschlauch Sensitiveo kalkulieren. Ermitteln Sie dazu bitte Gemeinkostenzuschlagssätze für die Fertigung und das Material. Danach können Sie die Herstell- und Selbstkosten des neuen Produkts kalkulieren. Hier die dazu benötigten Zahlen:

- ✓ Fertigungsentgelte: 40.000 Euro
- ✓ Fertigungsmaterial: 20.000 Euro
- ✓ Materialgemeinkosten: 10.000 Euro
- ✓ Fertigungsgemeinkosten: 20.000 Euro

Verwaltungs- und Vertriebsgemeinkosten gibt es natürlich auch noch:

- ✓ Verwaltungsgemeinkosten: 20.000 Euro
- ✓ Vertriebsgemeinkosten: 30.000 Euro

Je Gartenschlauch fallen 3 Euro Fertigungsentgelte und 8 Euro Materialkosten an.

Lösungen zu den Übungsaufgaben

Aufgabe 6.1

In der Kostenstellenrechnung werden die Gemeinkosten auf die Kostenstellen verteilt. So können Sie später Produktpreise kalkulieren. Zudem werden hier Zuschlagssätze für die Material-, Fertigungs-, Verwaltungs- und Vertriebsgemeinkosten ermittelt.

Aufgabe 6.2

Die Kostenstellen Facility-Management und Kantine sind nur mittelbar an der Produktion beteiligt und deshalb Hilfskostenstellen.

Aufgabe 6.3

Nach der Umverteilung muss die Gesamtsumme der Kosten natürlich gleich bleiben, sie wurden ja lediglich umverteilt. Wenn dies nicht der Fall sein sollte, müssen Sie wohl oder übel auf Fehlersuche gehen.

Aufgabe 6.4

Im einstufigen BAB gibt es nur Endkostenstellen, es findet somit keine innerbetriebliche Verrechnung statt. Der mehrstufige BAB enthält Vor- und Endkostenstellen. Hier wird auch die innerbetriebliche Leistungsverrechnung durchgeführt.

Aufgabe 6.5

Die richtige Reihenfolge ist:

1. Übernahme der Einzelkosten und der Gemeinkosten aus der Kostenartenrechnung und Verteilung auf die Kostenstellen (Primärkosten) entsprechend ihrem Entstehungsort.
2. Verteilung der Kosten auf die empfangenden Kostenstellen entsprechend den innerbetrieblichen Leistungsverflechtungen (Sekundärkosten)
3. Ermittlung der Zuschlagssätze für die Gemeinkosten

Aufgabe 6.6

Die Verfahren im Überblick:

- ✓ **Anbauverfahren:** Das einfachste Verfahren; es sind keine Leistungsbeziehungen zwischen Vorkostenstellen abbildbar.
- ✓ **Stufenleiterverfahren:** Eine Verrechnung zwischen den Vorkostenstellen ist möglich, aber nur in eine Richtung. Gegenseitige Leistungsverflechtungen sind nicht abbildbar.
- ✓ **Gleichungsverfahren:** Das genaueste Verfahren; alle möglichen Leistungsbeziehungen können abgebildet werden; das ist aber mit etwas Rechenarbeit verbunden.
- ✓ **Iterative Verfahren:** Wie beim Gleichungsverfahren kann auch hier alles abgebildet werden. Sogar ohne hohe Rechenkünste; dafür muss man aber etwas Geduld mitbringen.
- ✓ **Gutschrift-Lastschrift-Verfahren:** Die Alternative zum Gleichungsverfahren und zum iterativen Verfahren; bei Abweichungen muss aber mithilfe von Deckungsumlagen nachjustiert werden.
- ✓ **Kostenträgerverfahren:** Der Einsatz ist nur bei Großaufträgen sinnvoll.

Aufgabe 6.7

Unter innerbetrieblichen Leistungen versteht man jene Leistungen, die von anderen Kostenstellen innerhalb des Unternehmens in Anspruch genommen werden. Dabei unterscheidet man zwischen nicht aktivierbaren und aktivierbaren innerbetrieblichen Leistungen. Beispiele für nicht aktivierbare innerbetriebliche Leistungen sind Wartungs- und Reparaturarbeiten, Strom-, Wasser- oder IT-Kosten. Beispiele für aktivierbare innerbetriebliche Leistungen sind selbst erstellte Maschinen und Software.

Aufgabe 6.8

Manchmal wird das Anbauverfahren auch als Blockverfahren oder Blockumlage bezeichnet.

Aufgabe 6.9

Der Vorteil des Anbauverfahrens ist die einfache Handhabung. Wenn keine nennenswerten Leistungsbeziehungen zwischen den Vorkostenstellen bestehen, können Sie Ihre Kosten mit diesem Verfahren schnell und ohne großen Aufwand verteilen. Der Nachteil des Verfahrens: Beim Anbauverfahren kann nur in eine Richtung verrechnet werden: von einer Vorkostenstelle zu einer Endkostenstelle. Leistungsbeziehungen zwischen den Vorkostenstellen oder gar von einer End- zu einer Vorkostenstelle können nicht berücksichtigt werden. Solche Leistungsbeziehungen fallen bei diesem Verfahren einfach unter den Tisch. Das kann zu starken Verzerrungen in der Kalkulation führen. Zudem müssen Sie Ihre Kostenstellen immer eindeutig zwischen Vor- und Endkostenstellen unterscheiden. In der Realität ist dies nicht immer so klar. Das Verfahren sollte also nur angewendet werden, wenn es wenige innerbetriebliche Leistungsverflechtungen gibt, die zudem im Wesentlichen von den Vorkostenstellen an die Endkostenstellen erbracht werden.

Aufgabe 6.10

Im ersten Schritt werden die Primärkosten der Kostenstellen im BAB eingetragen. In Tabelle 6.11 finden Sie die eingetragenen Werte in Tausend Euro.

Im zweiten Schritt wird die bestehende Leistungsverflechtung an das Anbauverfahren angepasst. Das bedeutet, dass beim Anbauverfahren die von der Vorkostenstelle V1 an die Vorkostenstelle V2 und die von der Vorkostenstelle V2 an die Vorkostenstelle V1 erbrachten Leistungen unter den Tisch fallen.

Nun werden die Verrechnungssätze der beiden Vorkostenstellen ermittelt, indem die Primärkosten der Kostenstelle durch die an die Endkostenstellen abgegebenen Mengeneinheiten geteilt werden. Für die Vorkostenstelle V1 sieht das wie folgt aus:

$$\text{Verrechnungssatz V1} = \frac{137.000\,€}{3.500\,\text{ME}} = 39,142857\,€\text{ je ME}$$

Kostenstellen	Vorkostenstellen		Endkostenstellen			
Kostenarten	V1	V2	E1 Material	E2 Fertigung	E3 Verwaltung	E4 Vertrieb
KOA 1	60	5	52	20	10	1
KOA 2	15	5	25	2	4	2
KOA 3	2	3	50	3	6	1
KOA 4	40	7	30	7	2	2
KOA 5	20	8	25	14	9	1
Summe primäre Kosten	**137**	**28**	**182**	**46**	**31**	**7**
Verteilung der sekundären Kostenstellenkosten:						
Umlage V1						
Umlage V2						
Summe primäre und sekundäre Kosten						

Tabelle 6.11: BAB mit Primärkosten in Tausend Euro

Und für die Vorkostenstelle V2 sieht das so aus:

$$\text{Verrechnungssatz V2} = \frac{28.000\,€}{200\,\text{ME}} = 140\,€\text{ je ME}$$

Nun können Sie die Kosten umlegen. Die Endkostenstelle E3 hat von V1 insgesamt 3.000 Mengeneinheiten erhalten und wird deshalb von V1 mit 3.000 ME * 39,14 Euro = 117.428,57 Euro belastet. Der Endkostenstelle E4 werden 500 ME * 39,14 Euro = 19.571,43 Euro zubelastet. Bei der Vorkostenstelle V2 wird genauso vorgegangen. In Tabelle 6.12 finden Sie diese Werte im ausgefüllten Betriebsabrechnungsbogen.

Aufgabe 6.11

Es gibt keinen Unterschied. Manchmal wird das Stufenleiterverfahren auch Treppenumlage genannt.

Kostenstellen	Vorkostenstellen		Endkostenstellen			
Kostenarten	V1	V2	E1 Material	E2 Fertigung	E3 Verwaltung	E4 Vertrieb
KOA 1	60	5	52	20	10	1
KOA 2	15	5	25	2	4	2
KOA 3	2	3	50	3	6	1
KOA 4	40	7	30	7	2	2
KOA 5	20	8	25	14	9	1
Summe primäre Kosten	**137**	**28**	**182**	**46**	**31**	**7**
Verteilung der sekundären Kostenstellenkosten:						
Umlage V1					117,4	19,6
Umlage V2			14	14		
Summe primäre und sekundäre Kosten	**0**	**0**	**196**	**60**	**148,4**	**26,6**

Tabelle 6.12: Betriebsabrechnungsbogen mit dem Anbauverfahren

Aufgabe 6.12

Das Verfahren ist noch recht einfach zu handhaben und im Gegensatz zum Anbauverfahren können im Stufenleiterverfahren die Leistungsverflechtungen etwas besser abgebildet werden, da hier eine Verrechnung zwischen den Vorkostenstellen möglich ist. Es kann aber immer nur in eine Richtung verrechnet werden. Der Nachteil des Verfahrens ist die fehlende Berücksichtigung gegenseitiger Leistungsbeziehungen. So können innerbetriebliche Leistungen unberücksichtigt bleiben. Kalkulationen werden weiterhin verzerrt, wenn auch nicht in so hohem Maße wie beim Anbauverfahren. Verändern sich im Zeitablauf zudem die Leistungsströme, muss bei diesem Verfahren die Rangfolge der Kostenstellen verändert werden, was ziemlich aufwendig ist.

Aufgabe 6.13

Da bei diesem Verfahren teilweise auch sekundäre Kosten berücksichtigt werden können, wird die aus dem Anbauverfahren bekannte Ermittlung des Verrechnungssatzes um die Sekundärkosten erweitert:

$$\text{Verrechnungssatz} = \frac{\text{Primärkosten} + \text{Sekundärkosten von vor gelagerter Kostenstellen}}{\text{abgegebene Mengeneinheiten}}$$

Aufgabe 6.14

Im ersten Schritt werden die Primärkosten der Kostenstellen im BAB eingetragen. In Tabelle 6.13 finden Sie die eingetragenen Werte in Tausend Euro.

Kostenstellen	Vorkostenstellen		Endkostenstellen			
Kostenarten	V1	V2	E1 Material	E2 Fertigung	E3 Verwaltung	E4 Vertrieb
KOA 1	60	5	52	20	10	1
KOA 2	15	5	25	2	4	2
KOA 3	2	3	50	3	6	1
KOA 4	40	7	30	7	2	2
KOA 5	20	8	25	14	9	1
Summe primäre Kosten	**137**	**28**	**182**	**46**	**31**	**7**
Verteilung der sekundären Kostenstellenkosten:						
Umlage V1						
Umlage V2						
Summe primäre und sekundäre Kosten						

Tabelle 6.13: BAB mit Primärkosten in Tausend Euro

Im zweiten Schritt wird die bestehende Leistungsverflechtung an das Stufenleiterverfahren angepasst. Das bedeutet, dass beim Stufenleiterverfahren die von der Vorkostenstelle V1 an die Vorkostenstelle V2 erbrachten Leistungen berücksichtigt werden und die von der Vorkostenstelle V2 an die Vorkostenstelle V1 erbrachten Leistungen unter den Tisch fallen. Das Stufenleiterverfahren kann eben nur in eine Richtung verrechnen.

Nun werden die Verrechnungssätze der beiden Vorkostenstellen ermittelt, indem die Primärkosten der Kostenstelle und eventuelle Sekundärkosten durch die an die nachfolgenden Kostenstellen abgegebenen Mengeneinheiten geteilt werden. Für die Vorkostenstelle V1 sieht das wie folgt aus:

$$\text{Verrechnungssatz V1} = \frac{137.000\,€}{3.600\,\text{ME}} = 38,055556\,€\text{ je ME}$$

Und für die Vorkostenstelle V2 sieht das so aus:

$$\text{Verrechnungssatz V2} = \frac{28.000\,€ + 3.805,55556\,€}{200\,\text{ME}} = 159\,€\text{ je ME}$$

Nun können Sie die Kosten umlegen. In Tabelle 6.14 finden Sie diese Werte im ausgefüllten BAB.

Kostenstellen	Vorkostenstellen		Endkostenstellen			
Kostenarten	V1	V2	E1 Material	E2 Fertigung	E3 Verwaltung	E4 Vertrieb
KOA 1	60	5	52	20	10	1
KOA 2	15	5	25	2	4	2
KOA 3	2	3	50	3	6	1
KOA 4	40	7	30	7	2	2
KOA 5	20	8	25	14	9	1
Summe primäre Kosten	**137**	**28**	**182**	**46**	**31**	**7**
Verteilung der sekundären Kostenstellenkosten:						
Umlage V1					114,2	19
Umlage V2			15,9	15,9		
Summe primäre und sekundäre Kosten	**0**	**0**	**197,9**	**61,9**	**145,2**	**26**

Tabelle 6.14: Betriebsabrechnungsbogen mit dem Stufenleiterverfahren

Aufgabe 6.15

Bei wechselseitigen Leistungsbeziehungen zwischen den Kostenstellen kann das Gleichungsverfahren gut eingesetzt werden. Die weiteren Vorteile des Gleichungsverfahrens:

- ✓ Sie können exakte Verrechnungssätze ermitteln und damit genaue Aussagen über die Wirtschaftlichkeit von innerbetrieblichen Leistungen machen.
- ✓ Es werden die tatsächlichen Kosten in den darauf aufbauenden Kalkulationen widergespiegelt.

Der Nachteil dieses Verfahrens ist die etwas aufwendigere Ermittlung der Verrechnungssätze, sofern dies nicht automatisiert mit einer geeigneten Software geschieht.

Aufgabe 6.16

Das Gleichungsverfahren wird auch als simultanes Gleichungsverfahren oder mathematisches Verfahren bezeichnet.

Aufgabe 6.17

Im ersten Schritt wird für jede Kostenstelle, die innerbetriebliche Leistungen erstellt oder empfängt, eine Gleichung aufgestellt. Die Kosten einer solchen Kostenstelle setzen sich dann immer aus den primären und den sekundären Kosten zusammen. Das ist der Input der Kostenstelle. Dem Input steht der gesamte Output der Kostenstelle gegenüber.

In der Aufgabe hat die Vorkostenstelle V1 an die Vorkostenstelle V2 etwas geleistet und andersherum. Für beide Kostenstellen müssen deshalb die »Input = Output«-Gleichungen ermittelt werden. Bei V1 setzt sich der Input aus den Primärkosten von 137.000 Euro und den sekundären Kosten von V2 zusammen, die jetzt noch nicht in Euro bewertet werden können: V2 hat 80 Mengeneinheiten an V1 geleistet. Der Output von V1 beträgt insgesamt 3.600 Mengeneinheiten.

Die Gleichung für V1 sieht damit wie folgt aus:

$$V1 : 137.000\,€ + 80\,ME_{V2} = 3.600\,ME_{V1}$$

Nun zur Gleichung für V2. Diese Kostenstelle hat Primärkosten von 28.000 Euro und noch nicht in Euro bewertbare 100 Mengeneinheiten von V1 bezogen. Der gesamte Output von V2 beträgt 280 Mengeneinheiten. Die Formel lautet:

$$V2 : 28.000\,€ + 100\,ME_{V1} = 280\,ME_{V2}$$

Jetzt wird ein wenig gerechnet.

In aller Regel besteht zwischen mehr als zwei Kostenstellen eine Leistungsbeziehung. Dann kommt die lineare Algebra mit ihrer Matrizenrechnung zum Einsatz oder eine passende Software hilft.

Die erste Gleichung wird nach einer Mengeneinheit der Vorkostenstelle V1 umgeformt:

$$1\,ME_{V1} = 38,055556\,€ + 0,022222\,ME_{V2}$$

Jetzt wird diese Gleichung in die Gleichung V2 eingesetzt:

$$28.000\,€ + 100(38,055556\,€ + 0,022222\,ME_{V2}) = 280\,ME_{V2}$$

Da es sich um eine Gleichung mit einer Unbekannten handelt, können Sie nun nach den Mengeneinheiten von V2 auflösen. Eine Mengeneinheit von V2 kostet damit 114,499909 Euro.

Jetzt setzen Sie diesen Wert in die erste Gleichung ein, damit Sie wissen, was eine Mengeneinheit von V1 kostet:

$$1\,\mathrm{ME_{V1}} = 38,055556\,€ + 0,022222 * 114,499909\,€$$

Eine Mengeneinheit V1 kostet somit 40,599973 Euro.

Nun können Sie mit diesen beiden Ergebnisse den BAB befüllen. In Tabelle 6.15 finden Sie das Ergebnis.

Kostenstellen	Vorkostenstellen		Endkostenstellen			
Kostenarten	V1	V2	E1 Material	E2 Fertigung	E3 Verwaltung	E4 Vertrieb
KOA 1	60	5	52	20	10	1
KOA 2	15	5	25	2	4	2
KOA 3	2	3	50	3	6	1
KOA 4	40	7	30	7	2	2
KOA 5	20	8	25	14	9	1
Summe primäre Kosten	**137**	**28**	**182**	**46**	**31**	**7**
Verteilung der sekundären Kostenstellenkosten:						
Umlage V1		4,1	0	0	121,8	20,3
Umlage V2	9,2		11,4	11,4		
Summe primäre und sekundäre Kosten	**0**	**0**	**193,5**	**57,4**	**152,8**	**27,3**

Tabelle 6.15: Betriebsabrechnungsbogen mit dem Gleichungsverfahren

Aufgabe 6.18

Der Vorteil des iterativen Verfahrens: Es berücksichtigt wie das Gleichungsverfahren wechselseitige Leistungsbeziehungen zwischen den Kostenstellen. Es gibt einen weiteren Vorteil: Wer sich nicht mit Mathegleichungen herumschlagen möchte, kommt mit diesem Verfahren zu einem ähnlichen Ergebnis. Bei manueller Anwendung ist dies aber sehr zeitaufwendig.

Aufgabe 6.19

Sie beginnen mit der ersten Vorkostenstelle und ermitteln deren Verrechnungssatz:

$$\text{Verrechnungssatz V1} = \frac{137.000\,€}{3.600\,\mathrm{ME}} = 38,055556\,€\text{ je ME}$$

In Tabelle 6.16 verteilen Sie die Kosten dieser Vorkostenstelle damit nun auf alle anderen Kostenstellen.

	V1	V2	E1	E2	E3	E4	Summe
Primärkosten	137,0	28,0	182,0	46,0	31,0	7,0	431,0
Von V1	0	3,8	0	0	114,2	19,0	137,0
Gesamtkosten	0	31,8	182	46	145,2	26,0	431,0

Tabelle 6.16: Verteilung der Kosten auf alle anderen Kostenstellen

Sollten Sie das iterative Verfahren manuell anwenden, also zum Beispiel in Excel, empfiehlt sich eine Kontrollsummenspalte.

Im zweiten Schritt soll die zweite Vorkostenstelle entlastet werden. Dazu benötigen Sie zunächst deren Verrechnungssatz:

$$\text{Verrechnungssatz V2} = \frac{28.000\,€ + 3.805,55556\,€}{280\,\text{ME}} = 113,59\,€\text{ je ME}$$

In Tabelle 6.17 verteilen Sie die Kosten dieser Vorkostenstelle. Sie beginnen dabei mit dem Ergebnis aus dem ersten Schritt.

	V1	V2	E1	E2	E3	E4	Summe
Gesamtkosten	0	31,8	182,0	46,0	145,2	26,0	431,0
Von V2	9,1	0	11,4	11,4	0	0	31,8
Gesamtkosten	9,1	0	193,4	57,4	145,2	26,0	431,0

Tabelle 6.17: Zweiter Schritt

Nun können Sie im dritten Schritt in Tabelle 6.18 wieder die erste Vorkostenstelle entlasten. Dazu müssen Sie auch einen neuen Verrechnungssatz für die erste Vorkostenstelle ermitteln: 9.100 Euro geteilt durch 3.600 Mengeneinheiten ergibt einen Verrechnungssatz von 2,53 Euro.

	V1	V2	E1	E2	E3	E4	Summe
Gesamtkosten	9,1	0	193,4	57,4	145,2	26,0	431,0
Von V1	0	0,3	0	0	7,6	1,3	9,1
Gesamtkosten	0	0,3	193,4	57,4	152,8	27,3	431,2

Tabelle 6.18: Dritter Schritt

Abgesehen von einer Rundungsdifferenz von 200 Euro und verbleibenden 300 Euro auf der Vorkostenstelle V2 sind nun alle Kosten verteilt.

Aufgabe 6.20

Das Gutschrift-Lastschrift-Verfahren wird manchmal auch als Verrechnungspreisverfahren bezeichnet.

Aufgabe 6.21

Das Gutschrift-Lastschrift-Verfahren soll im Vergleich zum Gleichungsverfahren deutlich schneller durchführbar sein. Dazu müssen für jede vorleistende Kostenstelle einmal jährlich Verrechnungspreise ermittelt werden, was aber auch ganz schön aufwendig sein kann. Soweit die kalkulierten Mengen und Kosten eintreten, ist alles prima. Weichen Kosten oder Mengen ab, muss bei diesem Verfahren nachjustiert werden: mithilfe der Deckungsumlage.

Aufgabe 6.22

Im ersten Schritt müssen die Verrechnungspreise der beiden Kostenstellen ermittelt werden. Das Verfahren dazu entspricht dem des Gleichungsverfahrens.

Die Gleichung für V1 sieht wie folgt aus:

$$\text{V1} : 137.000\,€ + 80\,\text{ME}_{\text{V2}} = 3.600\,\text{ME}_{\text{V1}}$$

Nun zur Gleichung für V2. Diese Kostenstelle hat Primärkosten von 28.000 Euro und noch nicht in Euro bewertbare 100 Mengeneinheiten von V1 bezogen. Der gesamte Output von V2 beträgt 280 Mengeneinheiten. Die Formel lautet:

$$\text{V2} : 28.000\,€ + 100\,\text{ME}_{\text{V1}} = 280\,\text{ME}_{\text{V2}}$$

Jetzt wird ein wenig gerechnet.

Die erste Gleichung wird nach einer Mengeneinheit der Vorkostenstelle V1 umgeformt:

$$1\,ME_{V1} = 38,055556\,€ + 0,022222\,ME_{V2}$$

Jetzt wird diese Gleichung in die Gleichung V2 eingesetzt:

$$28.000€ + 100(38,055556\,€ + 0,022222\,ME_{V2}) = 280\,ME_{V2}$$

Da es sich um eine Gleichung mit einer Unbekannten handelt, können Sie nun nach den Mengeneinheiten von V2 auflösen. Eine Mengeneinheit von V2 kostet damit 114,499909 Euro.

Jetzt setzen Sie diesen Wert in die erste Gleichung ein, damit Sie wissen, was eine Mengeneinheit von V1 kostet:

$$1\,ME_{V1} = 38,055556\,€ + 0,022222 * 114,499909\,€$$

Eine Mengeneinheit V1 kostet somit 40,599973 Euro. Nun folgt die Kostenverteilung in Tabelle 6.19 gemäß den Istmengen.

Kostenstellen	Vorkostenstellen		Endkostenstellen			
Kostenarten	V1	V2	E1 Material	E2 Fertigung	E3 Verwaltung	E4 Vertrieb
KOA 1	60	5	52	20	10	1
KOA 2	15	5	25	2	4	2
KOA 3	2	3	50	3	6	1
KOA 4	40	7	30	7	2	2
KOA 5	20	8	25	14	9	1
Summe primäre Kosten	**137**	**28**	**182**	**46**	**31**	**7**
Verteilung der sekundären Kostenstellenkosten:						
Umlage V1		4,9	0	0	129,9	24,4
Umlage V2	11,4		13,7	13,7		
Summe primäre und sekundäre Kosten	**–10,8**	**–5,9**	**195,7**	**59,7**	**160,9**	**31,4**

Tabelle 6.19: BAB mit dem Gutschrift-Lastschrift-Verfahren

Im nächsten Schritt werden die beiden Vorkostenstellen auf null ausgesteuert. Die Deckungsumlage ist die Summe aus dem Ergebnis der beiden Vorkostenstellen, also –10,8 –5,9 = –16,7. Diese Deckungsumlage wird jetzt entsprechend den aktuell verteilten Kosten auf die vier Endkostenstellen verteilt:

E1: –16,7 ∗ (195,7/447,7) = –7,3

E2: –16,7 ∗ (59,7/447,7) = –2,2

E3: –16,7 ∗ (160,9/447,7) = –6,0

E4: –16,7 ∗ (31,4/447,7) = –1,2

Die Endkostenstellen erhalten also Gutschriften, die Vorkostenstellen werden belastet. Im BAB sieht das dann wie in Tabelle 6.20 aus.

Summe primäre und sekundäre Kosten	–10,8	–5,9	195,7	59,7	160,9	31,4
Deckungsumlage	+10,8	+5,9	–7,3	–2,2	–6,0	–1,2
Summe primäre und sekundäre Kosten	**0**	**0**	**188,4**	**57,5**	**154,9**	**30,2**

Tabelle 6.20: Deckungsumlage

Aufgabe 6.23

Im ersten Schritt müssen die Verrechnungspreise der beiden Vorkostenstellen ermittelt werden. Das Verfahren dazu entspricht dem des Gleichungsverfahrens.

Die Gleichung für V1 sieht wie folgt aus:

$$V1 : 50.000\,€ + 20\,ME_{V2} = 120\,ME_{V1}$$

Nun die Gleichung für V2:

$$V2 : 50.000\,€ + 10\,ME_{V1} = 110\,ME_{V2}$$

Jetzt wird die erste Formel nach einer Mengeneinheit der Vorkostenstelle V1 umgeformt und diese Gleichung in die Gleichung V2 eingesetzt. Nun können Sie diese Formel nach den Mengeneinheiten von V2 auflösen. Eine Mengeneinheit von V2 kostet damit 500,15 Euro, sofern Sie ebenfalls nach der zweiten Nachkommastelle kaufmännisch gerundet haben.

Jetzt setzen Sie diesen Wert in die erste Gleichung ein. Eine Mengeneinheit von V1 kostet damit 501,70 Euro. Nun folgt die Kostenverteilung in Tabelle 6.21 gemäß den Istmengen.

Kostenstellen	Vorkostenstellen		Endkostenstellen			
Kostenarten	V1	V2	E1	E2	E3	E4
Summe primäre Kosten	**50**	**50**	**110**	**100**	**110**	**110**
Verteilung der sekundären Kostenstellenkosten:						
Umlage V1		10	10	15	20	40
Umlage V2	10		25	10	25	10
Summe primäre und sekundäre Kosten	**–35**	**–20**	**145**	**125**	**155**	**160**

Tabelle 6.21: BAB mit dem Gutschrift-Lastschrift-Verfahren

Im nächsten Schritt werden die beiden Vorkostenstellen auf null ausgesteuert. Die Deckungsumlage ist die Summe aus dem Ergebnis der beiden Vorkostenstellen, also –35 –20 = –55. Diese Deckungsumlage wird jetzt entsprechend den aktuell verteilten Kosten auf die vier Endkostenstellen verteilt:

E1: $-55 * (145/585) = -13{,}63$

E2: $-55 * (125/585) = -11{,}75$

E3: $-55 * (155/585) = -14{,}57$

E4: $-55 * (16/585) = -15{,}04$

Die Endkostenstellen erhalten Gutschriften, die Vorkostenstellen werden belastet. Im BAB sieht das dann wie in Tabelle 6.22 aus.

Summe primäre und sekundäre Kosten	–35	–20	145	125	155	160
Deckungsumlage	+35	+20	–13,63	–11,75	–14,57	–15,04
Summe primäre und sekundäre Kosten	**0**	**0**	**131,37**	**113,25**	**140,43**	**144,96**

Tabelle 6.22: Deckungsumlage

Aufgabe 6.24

Nein, dies ist nicht verursachungsgerecht, da dies mit einer inhaltlich begründeten Verteilung von Gemeinkosten auf die Produkte oft nichts zu tun hat.

Aufgabe 6.25

Zunächst werden die Zuschlagssätze ermittelt.

Den Fertigungsgemeinkostenzuschlagssatz erhalten Sie, indem Sie die 100.000 Euro Fertigungsgemeinkosten durch die Fertigungsentgelte in Höhe von 200.000 Euro teilen; ergibt 50 Prozent.

Den Materialgemeinkostenzuschlagssatz erhalten Sie, indem Sie die 100.000 Euro Materialgemeinkosten durch das Fertigungsmaterial in Höhe von 500.000 Euro teilen; ergibt 20 Prozent.

Jetzt werden die Herstellkosten ermittelt, indem Sie sämtliche Fertigungs- und Materialeinzelkosten und auch deren Gemeinkosten addieren. Das ergibt 900.000 Euro.

Mit diesem Wert können Sie nun die Verwaltungs- und Vertriebsgemeinkostenzuschlagssätze ermitteln. Zuerst der Verwaltungsgemeinkostenzuschlagssatz:

$$\text{Verwaltungsgemeinkostenzuschlagssatz} = \frac{800.000}{900.000} = 89\,\%$$

Und nun der Vertriebsgemeinkostenzuschlagssatz:

$$\text{Vertriebsgemeinkostenzuschlagssatz} = \frac{1.600.000}{900.000} = 178\,\%$$

Damit können Sie nun das Produkt wie in Tabelle 6.23 kalkulieren.

Materialeinzelkosten		200
Materialgemeinkosten	200 * 20 Prozent	40
Fertigungseinzelkosten		100
Fertigungsgemeinkosten	100 * 50 Prozent	50
Herstellkosten		**390**
Verwaltungsgemeinkosten	390 * 89 Prozent	347
Vertriebsgemeinkosten	390 * 178 Prozent	694
Selbstkosten		**1.431**

Tabelle 6.23: Selbstkosten

Die Verwaltungs- und Vertriebsgemeinkosten erscheinen recht hoch. Die eigentlichen Fertigungskosten machen nur einen Bruchteil der Gesamtkosten einer Waschmaschine aus.

Aufgabe 6.26

Zunächst werden die Zuschlagssätze ermittelt.

Den Fertigungsgemeinkostenzuschlagssatz erhalten Sie, indem Sie die 20.000 Euro Fertigungsgemeinkosten durch die Fertigungsentgelte in Höhe von 40.000 Euro teilen; ergibt 50 Prozent.

Den Materialgemeinkostenzuschlagssatz erhalten Sie, indem Sie die 10.000 Euro Materialgemeinkosten durch das Fertigungsmaterial in Höhe von 20.000 Euro teilen; ergibt 50 Prozent.

Jetzt werden die Herstellkosten ermittelt, indem Sie sämtliche Fertigungs- und Materialeinzelkosten und auch deren Gemeinkosten addieren. Das ergibt 90.000 Euro.

Mit diesem Wert können Sie nun die Verwaltungs- und Vertriebsgemeinkostenzuschlagssätze ermitteln. Zuerst der Verwaltungsgemeinkostenzuschlagssatz:

$$\text{Verwaltungsgemeinkostenzuschlagssatz} = \frac{20.000}{90.000} = 22\,\%$$

Und nun der Vertriebsgemeinkostenzuschlagssatz:

$$\text{Vertriebsgemeinkostenzuschlagssatz} = \frac{30.000}{90.000} = 33\,\%$$

Damit können Sie nun den Gartenschlauch wie in Tabelle 6.24 kalkulieren.

Materialeinzelkosten		8,00
Materialgemeinkosten	8,00 * 50 Prozent	4,00
Fertigungseinzelkosten		3,00
Fertigungsgemeinkosten	3,00 * 50 Prozent	1,50
Herstellkosten		**16,50**
Verwaltungsgemeinkosten	16,50 * 22 Prozent	3,63
Vertriebsgemeinkosten	16,50 * 33 Prozent	5,45
Selbstkosten		**25,58**

Tabelle 6.24: Selbstkosten

Transferpreise – innerbetriebliche Leistungsverrechnung

7

In diesem Kapitel ...

- Ziele und Aufgaben der Verrechnungspreise
- Die unterschiedlichen Arten von Verrechnungspreismethoden
- Die komplexen Auswirkungen von Verrechnungspreisen

Einige Abteilungen und Kostenstellen erbringen auch innerbetriebliche Leistungen. Diese müssen verrechnet werden; manchmal auch rechtseinheiten- und länderübergreifend. Dabei müssen nationale Gesetze beachtet werden. Hier gibt es einige Übungen dazu.

Die Aufgaben der Verrechnungspreise

Die Verrechnungspreise beziehungsweise Transferpreise müssen einige Zwecke erfüllen.

Aufgabe 7.1

Erläutern Sie bitte, was unter der Koordinations- beziehungsweise Steuerungsfunktion von Transferpreisen zu verstehen ist. Danach dürfen Sie auch noch erläutern, warum Verrechnungspreise die Grundlage für die interne Ergebnisermittlung sind.

Aufgabe 7.2

Sind Verrechnungspreise steuerrechtlich relevant?

Aufgabe 7.3

Was ist ein »Double Irish with a Dutch Sandwich«?

Aufgabe 7.4

Was versteht man unter einem Fremdvergleichsgrundsatz und woher stammt dieser Begriff?

Aufgabe 7.5

Der Modellbauhersteller Einszuganzviel AG hat seinen Hauptsitz in Würzburg. Daneben gibt es in Erfurt noch einen Produktionsstandort. In Erfurt werden für zwei Modellbauprodukte

Plastikformen produziert und anschließend nach Würzburg geliefert, um dort die Endprodukte zu montieren. Die leistende Kostenstelle in Erfurt verrechnet der empfangenden Kostenstelle in Würzburg je gelieferte Plastikform 3,50 Euro. Im ersten Quartal dieses Jahres wurden 250.000 Plastikformen nach Würzburg geliefert. Auf der Erfurter Kostenstelle entstanden in diesem Zeitraum folgende Kosten:

- ✓ Personalkosten in Höhe von 220.000 Euro
- ✓ Sachkosten für Roh-, Hilfs- und Betriebsstoffe in Höhe von 180.000 Euro

Was schätzen Sie: Wurde der Verrechnungspreis für die Plastikformen vernünftig kalkuliert?

Aufgabe 7.6

Erläutern Sie bitte die Begriffe Ein-Kreis-System und Mehr-Kreis-Verrechnungssystem.

Die verschiedenen Arten von Verrechnungspreisen

Verrechnungspreise können grundsätzlich auf drei verschiedene Arten ermittelt werden: auf Basis von Marktpreisen, Verhandlungen oder Kosten.

Die kostenorientierten Verrechnungspreise können auf Basis von Istkosten, Plankosten oder auch auf Basis von Grenzkosten ermittelt werden. In diesem Umfeld spielt auch die sogenannte Kostenaufschlagsmethode beziehungsweise »Cost Plus Method« eine Rolle.

Marktorientierte Verrechnungspreise

Für die Ermittlung eines marktorientierten Verrechnungspreises muss ein vollkommener Markt für die benötigte Leistung vorhanden sein. Wenn aber unternehmensintern spezielle Leistungen benötigt werden, die so gar nicht am Markt erhältlich sind, kann natürlich auch kein Marktpreis ermittelt werden. Weitere Einschränkungen sind:

- ✓ Kann man den Marktpreis beeinflussen, besteht kein vollkommener Markt mehr, der Preis ist nicht mehr marktorientiert.
- ✓ Marktpreise liegen oft deutlich über den Einkaufskonditionen der Unternehmen, sofern diese eine entsprechende Marktmacht besitzen. Die Verwendung von Marktpreisen führt dann zu überhöhten Verrechnungspreisen.

Aufgabe 7.7

Nennen Sie bitte zwei Vorteile von marktorientierten Verrechnungspreisen.

Verhandlungsorientierte Verrechnungspreise

Bei verhandlungsorientierten Verrechnungspreisen bleibt es oft den beteiligten Bereichen selbst überlassen, den Verrechnungspreis auszuhandeln. Die Preisbildung ist dann von der Verhandlungsmacht und dem Verhandlungsgeschick der Beteiligten abhängig.

Aufgabe 7.8

Sollten verhandlungsorientierte Verrechnungspreise in komplexen Organisationen angewendet werden?

Kostenorientierte Verrechnungspreise

Bei dieser Methode haben Sie die Wahl zwischen kostenorientierten Verrechnungspreisen auf Basis von:

- ✓ Istkosten: Diese Methode ist für den leistenden Bereich recht bequem, da so jederzeit volle Kostendeckung gewährleistet ist. Der empfangende Bereich weiß bei dieser Methode jedoch erst am Ende der Abrechnungsperiode genau, mit wie viel Kosten er rechnen muss. Hier können jedoch unterjährige Informationsrunden etwas abhelfen.
- ✓ Plankosten: Hier trägt der leistende Bereich das Kostenrisiko. Der empfangende Bereich besitzt dagegen eine hohe Planungssicherheit, da er für das gesamte Jahr mit stabilen Preisen rechnen kann.
- ✓ Grenzkosten: Diese Methode wird in der Praxis nicht so häufig angewendet. Manchmal werden auch geteilte Verrechnungspreise verwendet. Hierbei werden die Fixkosten gesondert von den variablen Kosten verrechnet.

Aufgabe 7.9

Die Imbisskette Sandwich AG beliefert ihre Imbisse mit vorgefertigten Sandwiches. Für ein Sandwich hat die Zentrale Kosten in Höhe von 1,20 Euro kalkuliert. An die Imbisse verrechnet sie jedoch je Sandwich 1,26 Euro. Mit welcher Verrechnungspreismethode könnte die Zentrale arbeiten?

Aufgabe 7.10

Welche Verrechnungspreismethode wird Ihrer Meinung nach von den Steuerbehörden eher anerkannt: marktorientierte Verrechnungspreise oder verhandlungsorientierte Verrechnungspreise?

Aufgabe 7.11

Der Kosmetikkonzern Rohöl & Beauty AG ist weltweit aktiv und besitzt Tochtergesellschaften in mittlerweile über 100 Ländern. Sein beliebtestes Produkt, die Sonnencreme Sunnybeat 45, wird in der Zentrale in Ludwigshafen produziert und an die Vertriebstöchter weltweit ausgeliefert. Letzten Herbst war mal wieder Kalkulationszeit, um die kostenbasierten Verrechnungspreise auf Basis von Plankosten zu ermitteln. Die Zentrale verwendet die Kostenaufschlagsmethode und schlägt auf die Plankosten noch einen Gewinn von 10 Prozent auf.

Für das Produkt wurde im Plan für das Folgejahr eine Gesamtmenge von 2 Millionen Einheiten angenommen. Gegenüber dem aktuellen Jahr wäre dies eine Steigerung von moderaten 3 Prozent. Die Produktion einer Einheit der Sonnencreme verursacht variable Kosten in Höhe von 1 Euro. Dazu kommen noch Fixkosten für dieses Produkt in Höhe von insgesamt 1 Million Euro pro Jahr. So weit der Plan.

Im darauffolgenden Jahr wurde der Plan von der Realität überholt. Statt 2 Millionen Einheiten wurden im Ist bis Ende November bereits 2,2 Millionen Einheiten von den Vertriebsgesellschaften abgerufen. Für den Dezember wollen die Vertriebsgesellschaften weitere 300.000 Einheiten haben.

Die im Plan auf 1 Million Euro veranschlagten Fixkosten waren wohl etwas zu hoch gegriffen. Es dürften maximal 800.000 Euro werden.

Wie hoch sind die geplanten Kosten pro Einheit und wie hoch ist der kalkulierte Verrechnungspreis auf Basis der Kostenaufschlagsmethode? Und weil es gerade so schön ist, noch weitere Fragen: Wie hoch sind die tatsächlichen Istkosten je Einheit? Und last but not least die Eine-Million-Euro-Preisfrage an die Verrechnungspreisexperten: Gibt es Ende November noch eine Möglichkeit, den ungeplanten Gewinn der Zentrale zu verhindern?

Aufgabe 7.12

Im Automobilkonzern Vierrad AG hängt der Haussegen schief. Die Konzernmarke Mobi bezieht seit Juni des laufenden Jahres von der Hauptmarke Zack-Zack die Plattform für das neue Mittelklassemodell Mobi 1.6. Diese technische Lösung wurde sehr kurzfristig veranlasst, da sich die eigenkonstruierte Plattform der Mobi noch im Mai kurz vor Produktionsbeginn als mangelhaft herausstellte.

Für jede gelieferte Plattform will die Hauptmarke Zack-Zack der Konzernmarke Mobi stolze 5.500 Euro verrechnen. So wurde die Plattform letztes Jahr im Plan für dieses Jahr kalkuliert. Der kaufmännische Leiter der Konzernmarke Mobi, Herr Wellenschlag, fordert die Zack-Zack-Kalkulationsabteilung ultimativ auf, die Kosten für die Plattform offenzulegen. Andernfalls werde er die Verrechnung nicht akzeptieren. Seinem Wunsch wird umgehend entsprochen: Der kostenbasierte Verrechnungspreis setzt sich aus einem Fixkostenanteil in Höhe von 2.000 Euro, einem Anteil variable Kosten in Höhe von 3.000 Euro und einem angemessenen Kostenaufschlag in Höhe von 500 Euro zusammen.

Nachdem Herr Wellenschlag die Kalkulation gesehen hat, greift er umgehend zum Telefonhörer und ruft seinen Kollegen, den kaufmännischen Leiter der Zack-Zack, Herrn Schaumschlag, an. In diesem Telefonat erläutert Herr Wellenschlag Herrn Schaumschlag, dass er den Verrechnungspreis so nicht akzeptieren werde. Er fordert Herrn Schaumschlag auf, für jede Plattform lediglich 3.300 Euro zu verrechnen, also auf Basis von Grenzkosten, da die Fixkosten ja bereits durch die anderen Abnehmer im Konzern abgedeckt seien.

Hat Herr Wellenschlag recht und was würden Sie den beiden Herren empfehlen?

Aufgabe 7.13

Die Kaffeehauskette Walfisch hat ihren Hauptsitz im US-amerikanischen Bundesstaat Texas. In Deutschland unterhält die Kaffeehauskette drei Filialen. Die Filiale in München erzielte im letzten Jahr einen Umsatz von 400.000 Euro bei Primärkosten von 350.000 Euro. Die Filiale in Hamburg kam auf einen Umsatz von 600.000 Euro und hatte Primärkosten in Höhe von 530.000 Euro. Die Berliner Filiale kam auf Primärkosten von 600.000 Euro. Diese Kosten standen Umsatzerlösen in Höhe von 700.000 Euro gegenüber. Alle drei Filialen bekommen vom europäischen Hauptquartier in Rotterdam jeweils pro Jahr Lizenzkosten in Höhe von 30.000 Euro verrechnet. Zusätzlich bekommt jede Filiale von Rotterdam aus auch noch eine umsatzabhängige Lizenzgebühr in Höhe von 20 Prozent des Umsatzes verrechnet. Die Lizenzgebühren sind für die Nutzung des Markennamens Walfisch.

Wie hoch war der zu versteuernde Gewinn der drei Kaffeehäuser im letzten Jahr? Und nun noch die Note-1-mit-Sternchen-Frage: Ist diese Verrechnung von Lizenzkosten legal?

Aufgabe 7.14

Das Modehausimperium Hannes & Markus AG produziert Hemden in Indien. Für diese wurde auf Basis einer Menge von 100.000 Stück ein Verrechnungspreis von 7 Euro pro Hemd kalkuliert. Davon sollen 4 Euro die Fixkosten abdecken, die restlichen 3 Euro bestehen aus variablen Kosten und einem Gewinnaufschlag von 0,50 Euro. In Indonesien produziert das Unternehmen Hosen. Für diese wurde auf Basis einer Menge von 100.000 Stück ein Verrechnungspreis von 14 Euro pro Hemd kalkuliert. Davon sollen 8 Euro die Fixkosten abdecken, die restlichen 4 Euro bestehen aus variablen Kosten und einem Gewinnaufschlag von 1 Euro. Der Konzern besitzt neben diesen beiden Produktionsstandorten vier Megastores in Berlin, Wien, Zürich und Paris. In Wien befindet sich übrigens auch die Konzernzentrale. Diese besteht aus kostenrechnerischer Sicht lediglich aus Fixkosten in Höhe von 2 Millionen Euro. Die Megastores selbst produzieren auch noch mal Fixkosten für die Ladenmieten und so weiter. Je Megastore und Jahr sind dies 300.000 Euro.

Die erste Frage: Wie hoch sind die Fixkosten des Konzerns?

Die zweite Frage: Wie hoch sind die Gesamtkosten des Konzerns?

Die dritte Frage: Die Hannes & Markus AG möchte am Ende des Geschäftsjahrs mit dem Verkauf der 200.000 Bekleidungsstücke einen Gewinn von 10 Prozent erwirtschaften. Wie hoch muss dann der durchschnittliche Verkaufspreis der Bekleidungsstücke sein?

Transferpreise und Dokumentationsvorschriften

In den OECD-Richtlinien für Verrechnungspreise und in vielen nationalen Gesetzen wird die Dokumentation von Transferpreisen eingefordert. In Deutschland beispielsweise wird die Aufzeichnungs- und Dokumentationspflicht in § 90 der Abgabenordnung und in Österreich in den Verrechnungspreisrichtlinien geregelt.

Aufgabe 7.15

Die Kaffeerösterei Robusta AG mit Hauptsitz in Hamburg besitzt Vertriebsgesellschaften in aller Welt. In Hamburg wird die Rohware angeliefert, geröstet, verpackt und an alle Vertriebsgesellschaften weltweit ausgeliefert. Für ein Kilo Kaffee verrechnet die Hamburger Zentrale den Vertriebsgesellschaften in Westeuropa 10 Euro. Nach Russland, Kasachstan und Turkmenistan werden pro Kilo Kaffee 12 Euro verrechnet. Letztes Jahr wurde allein nach Russland Kaffee im Wert von 2 Millionen Euro exportiert.

Seitdem der Leiter des Rechnungswesens vor drei Jahren in Rente gegangen ist, weiß niemand in der Konzernzentrale mehr, warum es unterschiedliche Verrechnungspreise für ein und denselben Kaffee gibt. Da die Mitarbeiter alle Hände voll zu tun haben und das Unternehmen jedes Jahr fast 50 Prozent Gewinn in Deutschland erwirtschaftet, wird auch nicht nach den damaligen Kalkulationen und den dazugehörigen Dokumenten geforscht, geschweige denn mal wieder rekalkuliert und neu dokumentiert. Da das Unternehmen die hohen Gewinne fleißig in Deutschland versteuert, wird keine Betriebsprüfung gefürchtet.

Könnten die russischen Behörden die Robusta AG zwingen, ihre damalige Kalkulation und die dazugehörige Dokumentation vorzulegen?

Lösungen zu den Übungsaufgaben

Aufgabe 7.1

Koordinationsfunktion: Mithilfe von Verrechnungspreisen können die Teilinteressen innerhalb eines Unternehmens aufeinander abgestimmt werden. Mit der Höhe eines Verrechnungspreises kann die interne Nachfrage in manchen Fällen gesteuert werden.

Verrechnungspreise bilden die Grundlage für die interne Ergebnisermittlung, indem anhand der internen Weiterverrechnung geprüft werden kann, ob eine Kostenstelle ihre Kosten voll weiterverrechnen konnte oder nicht. Die Verrechnungserlöse minus Gesamtkosten ergeben das Kostenstellenergebnis. Ein paar Ebenen höher gilt dasselbe für das Bereichsergebnis oder das Profitcenterergebnis. Soll ein Kostenstellenverantwortlicher am Jahresende ein ausgeglichenes Ergebnis erzielen, besitzt er dank der Verrechnungspreise zwei Stellschrauben: eine auf der Kostenseite und eine auf der Verrechnungsseite. Damit er keinen Verlust erzielt, kann er die Menge an bezogenen innerbetrieblichen Leistungen vermindern, sofern er ohne sie auskommen kann. Helfen alle Maßnahmen zur Kostenreduzierung nicht, muss er wohl oder übel seine Verrechnungspreise erhöhen, um ein ausgeglichenes Ergebnis erzielen zu können.

Aufgabe 7.2

Wenn an andere rechtlich selbstständige Unternehmenseinheiten im In- und Ausland verrechnet wird, entscheiden die Verrechnungspreise mit über die steuerliche Bemessungsgrundlage der leistenden und der empfangenden Einheit. Mit jeder Verrechnung werden also Kosten und damit auch Gewinne verschoben. Bei jeder Verrechnung steigen beim Empfänger die Kosten und entsprechend sinkt die steuerliche Bemessungsgrundlage.

Aufgabe 7.3

Der »Double Irish with a Dutch Sandwich« ist nichts zum Essen oder Trinken, sondern eine Methode, mit der einige Konzerne versuchen, fast keine Steuern mehr bezahlen zu müssen. In der Zeitung »Die Zeit« wird die Methode in einem Artikel so beschrieben:

»Der Konzern nutzt eine Struktur, die unter Experten als Double Irish with a Dutch sandwich bekannt ist. Dabei spielen zwei irische Gesellschaften und eine Holding in den Niederlanden eine Rolle.

Googles Werbekunden in Europa zahlen ihre Rechnungen an die Google Ireland Ltd. Dort werden die Einnahmen mit Lizenzgebühren verrechnet, die an die Google Netherlands Holdings BV fließen. Was übrig bleibt, unterliegt der irischen Körperschaftsteuer von (nur) 12,5 Prozent. Aber es bleibt wenig übrig. Die niederländische Holding leitet das ihr zufließende Geld aus der Lizenznutzung weiter an eine irische Holding, deren Eigner wiederum Google-Töchter in Bermuda sind und die deshalb nicht den irischen Steuergesetzen unterliegt.

Diese Bermuda-Firmen haben am Anfang des Spiels von der amerikanischen Google Inc. die Rechte übertragen bekommen, die Technologie des Konzerns außerhalb der USA zu vermarkten. Deshalb fließen ihnen auch die entsprechenden Gewinne zu – und bleiben, landestypisch, unversteuert.«

Aufgabe 7.4

Der Fremdvergleichsgrundsatz besagt, dass Verrechnungen zwischen Unternehmenseinheiten so gestaltet sein sollen wie zwischen fremden Unternehmen. Das Prinzip stammt aus den OECD-Verrechnungsrichtlinien. Die OECD ist die Organisation für wirtschaftliche Zusammenarbeit und Entwicklung. Um die Steuerpflicht in den beteiligten Ländern zu ermitteln und Doppelbesteuerung zu vermeiden, empfiehlt die OECD, den Fremdvergleichsgrundsatz (arm's length principle) anzuwenden.

Aufgabe 7.5

Die Erfurter Kostenstelle hat im ersten Quartal 875.000 Euro weiterverrechnet (250.000 Plastikformen zu je 3,50 Euro). Dieser Weiterverrechnung stehen Personalkosten in Höhe von

220.000 Euro und Sachkosten in Höhe von 180.000 Euro gegenüber. Damit erzielt die Kostenstelle im Ist einen Verrechnungsgewinn von 475.000 Euro, also von über 100 Prozent. Dies deutet auf eine massive Fehlkalkulation hin, sofern die drei nachfolgenden Quartale ähnlich verlaufen.

Aufgabe 7.6

In einem Ein-Kreis-Verrechnungssystem gibt es für eine Leistung einen Verrechnungspreis. Bei einem Mehr-Kreis-Verrechnungssystem gibt es für eine Leistung mindestens zwei Verrechnungspreise. Einen, der für das externe Rechnungswesen gilt und steuerlich relevant ist, und einen Verrechnungspreis zur internen Steuerung. Dies ist natürlich mit einem erhöhten Aufwand verbunden und alle Beteiligten müssen sich bei den unterschiedlichen Verrechnungspreisen zurechtfinden.

Aufgabe 7.7

Die Vorteile von marktorientierten Verrechnungspreisen sind:

- ✓ Sie bilden eine objektive Grundlage.
- ✓ Sie werden von den Steuerbehörden anerkannt, sofern sie auch gerechtfertigt sind.

Aufgabe 7.8

In komplexen Organisationen gibt es meist mehrere empfangende Bereiche. In solchen Fällen müsste der Leistungserbringer mit jedem Leistungsempfänger einzeln verhandeln, was sehr viel Zeit benötigen würde. Können sich alle Beteiligten auf ein Gremium einigen, das die Preise verhandelt, wäre man schon einen Schritt weiter. Aber auch hier besteht die Gefahr, dass Einzelne ständig ausscheren und versuchen, sich zu optimieren, was für die Gesamtorganisation auch schädlich sein kann.

Aufgabe 7.9

Da nähere Angaben fehlen, kommen einige Verrechnungspreismethoden in Betracht. Nahezu ausgeschlossen werden können Verrechnungspreise auf Basis von Grenzkosten, da die Vollkosten bereits 1,20 betragen und 1,26 verrechnet werden. Es ist auch eher unwahrscheinlich, dass es sich um einen marktorientierten Verrechnungspreis handelt, da ja keine Endkundenpreise für das Lieferverhältnis Zentrale zu Imbissfilialen herangezogen werden können und vergleichbare Imbissketten mit Sicherheit nicht freiwillig ihre internen Kostenstrukturen offenlegen werden.

Vielleicht handelt es sich um einen verhandlungsorientierten Verrechnungspreis, wobei die einzelnen Imbissfilialen wenig Verhandlungsmacht besitzen dürften. Von daher auch eher unwahrscheinlich. Damit dürfte es sich am ehesten um einen kostenorientierten Verrechnungspreis auf Basis von Ist- oder Plankosten oder um die Kostenaufschlagsmethode handeln. Für die Kostenaufschlagsmethode spricht, dass die Kosten auf 1,20 Euro kalkuliert wurden, der Verrechnungspreis aber etwas höher ist.

Aufgabe 7.10

Da die marktorientierten Verrechnungspreise dem Fremdvergleichsgrundsatz am nächsten kommen, werden diese von den Steuerbehörden eher akzeptiert als verhandlungsorientierte Verrechnungspreise.

Aufgabe 7.11

In der Planung werden pro Einheit Sonnencreme der Sorte Sunnybeat 45 Kosten in Höhe von 1,50 Euro veranschlagt. Der kalkulierte Preis auf Basis der Kostenaufschlagsmethode beträgt 1,65 Euro; darin ist der Kostenaufschlag in Höhe von 10 Prozent enthalten. Die tatsächlichen Istkosten pro Einheit liegen bei 1,36 Euro. Zur Eine-Million-Euro-Preisfrage: Der ungeplante Gewinn in Höhe von 330.000 Euro könnte mithilfe eines Jahresendausgleichs mittels einer rückwirkenden Preisanpassung vermieden werden. Im Dezember würden die Vertriebsgesellschaften die pro Einheit zu viel verrechnet bekommene Differenz gutgeschrieben bekommen. Diese Methode wird aber nur dann bei den Steuerbehörden anerkannt, wenn sie von vornherein zu Beginn des Jahres zwischen den Gesellschaften des Konzerns als Möglichkeit vereinbart wurde.

Aufgabe 7.12

Herr Wellenschlag hat zunächst recht damit, dass die Fixkosten ja bereits durch die anderen Abnehmer abgedeckt sind. Immerhin wurde der Verrechnungspreis letztes Jahr ohne die Abnahmemengen der Konzernmarke Mobi kalkuliert. Dabei sollten die Fixkosten bereits voll einkalkuliert worden sein. Wenn nun im Folgejahr kurzfristig ein weiterer Abnehmer wie hier in diesem Fall die Mobi hinzukommt und der Verrechnungspreis nicht rekalkuliert wird, wird die leistende Einheit mit der Verrechnung von 5.500 Euro je gelieferter Plattform unangemessene Gewinne einfahren, sodass es zu Verzerrungen innerhalb des Konzerns kommt. Der Grund: Alle Abnehmer der Plattform bekommen ab Juni einen zu hohen Preis verrechnet. Die jeweiligen Produkte wie zum Beispiel der Mobi 1.6 bekommen zu hohe Kosten zubelastet.

Daher lautet die Empfehlung bei einer solchen strukturellen unterjährigen Veränderung: Der Verrechnungspreis der Plattform muss rekalkuliert werden, da sich die Fixkosten nun auf mehr Abnehmer verteilen als ursprünglich geplant. Der Forderung von Herrn Wellenschlag, die Mobi lediglich auf Basis der Grenzkosten zu belasten, sollte dagegen nicht nachgekommen werden, da die Mobi ansonsten auf Basis zu niedriger Verrechnungspreise produzieren würde und gegenüber anderen Konzerneinheiten bevorteilt werden würde.

Aufgabe 7.13

Alle drei Filialen haben im letzten Jahr einen Verlust gemacht:

- ✓ München: Umsatzerlöse minus Primärkosten ergeben 50.000 Euro. Nun kommen noch die Zubelastungen aus Rotterdam: 30.000 fixe Lizenzgebühren und 20 Prozent vom Umsatz, also 80.000 Euro: Das ergibt einen Verlust von 60.000 Euro.
- ✓ Hamburg: Umsatzerlöse minus Primärkosten ergeben 70.000 Euro. Nun kommen noch die Zubelastungen aus Rotterdam: 30.000 fixe Lizenzgebühren und 20 Prozent vom Umsatz, also 120.000 Euro: Das ergibt einen Verlust von 80.000 Euro.
- ✓ Berlin: Umsatzerlöse minus Primärkosten ergeben 100.000 Euro. Nun kommen noch die Zubelastungen aus Rotterdam: 30.000 fixe Lizenzgebühren und 20 Prozent vom Umsatz, also 140.000 Euro: Das ergibt einen Verlust von 70.000 Euro.

Die Verrechnung von Lizenzgebühren ist zulässig. Diskutiert wird aktuell die angemessene Höhe von Lizenzen.

Aufgabe 7.14

Zur ersten Frage über die Höhe der Fixkosten des Konzerns: Bei der indischen Hemdenproduktion entstehen jährliche Fixkosten in Höhe von 400.000 Euro. Bei der indonesischen Hosenproduktion sind dies 800.000 Euro. Dazu kommen die Fixkosten der Zentrale in Höhe von 2 Millionen Euro und die Fixkosten der vier Megastores von insgesamt 1,2 Millionen Euro. Das ergibt nach Adam Riese Fixkosten von 4,4 Millionen Euro.

Zur zweiten Frage: Zu den 4,4 Millionen Euro Fixkosten kommen noch die variablen Kosten aus der indischen und der indonesischen Produktion in Höhe von insgesamt 750.000 Euro. Das ergibt Gesamtkosten in Höhe von 5.150.000 Euro.

Zur dritten Frage: Wenn die Hannes & Markus AG 10 Prozent Gewinn erwirtschaften möchte, bedeutet dies, dass ein Umsatz von 5.665.000 Euro mit den 200.000 Bekleidungsstücken gemacht werden muss. Ein Bekleidungsstück sollte also durchschnittlich mit 28,325 Euro verkauft werden.

Aufgabe 7.15

Die Robusta AG befindet sich auf einem riskanten Pfad. Offensichtlich wurde nur eine Seite der Medaille betrachtet: die leistende Seite. Die empfangenden Vertriebsgesellschaften können wegen der konzerninternen Verrechnung aber auch von den jeweils zuständigen nationalen Steuerbehörden geprüft werden; so auch in Russland. Und in fast jedem Land der Erde gibt es dazu auch gesetzliche Regelungen, die sich mehr oder minder oder aber manchmal auch gar nicht an den OECD-Richtlinien orientieren. Somit lautet die Antwort auf die Frage: Ja, die russischen Behörden könnten die russische Vertriebsgesellschaft dazu zwingen, die damalige Kalkulation offenzulegen. Wenn der Konzern dazu nicht in der Lage sein sollte, da die Unterlagen in der Zentrale nicht mehr auffindbar sind, drohen in solchen Fällen empfindliche Steuernachzahlungen.

Kalkulation – die Kostenträgerstückrechnung

8

In diesem Kapitel ...

- Prinzipien der Kostenverteilung
- Durchführung der Divisions- und Äquivalenzziffernkalkulation
- Durchführung der Zuschlags- und Maschinensatzkalkulation
- Die Kalkulation von Kuppelprodukten

Hier wird kalkuliert, was das Zeug hält. Divisions- und Äquivalenzziffernkalkulation und die Zuschlags- und Maschinensatzrechnung. Last but not least wird die Kalkulation von Kuppelprodukten geübt.

Die Kostenträgerrechnung unterteilt man übrigens in die Kostenträgerstückrechnung und die Kostenträgerzeitrechnung. In der Kostenträgerstückrechnung werden Kosten pro Mengeneinheit eines Produkts ermittelt. In der Kostenträgerzeitrechnung werden die Kosten pro Abrechnungsperiode, zum Beispiel pro Monat oder Jahr, ermittelt.

Mit der Kalkulation können Sie ziemlich viele Dinge machen. Zum Beispiel die Selbstkosten für ein Produkt kalkulieren.

Aufgabe 8.1

Welche Zwecke erfüllt die Kalkulation. Nennen Sie bitte mindestens drei Zwecke.

Prinzipien der Kostenverteilung

Sie können die Kosten nach unterschiedlichen Prinzipien auf die Produkte beziehungsweise Kostenträger verteilen. Sie haben die Qual der Wahl zwischen

- ✓ Verursachungsprinzip,
- ✓ Proportionalitätsprinzip,
- ✓ Durchschnittsprinzip,
- ✓ Tragfähigkeitsprinzip und
- ✓ Identitätsprinzip.

Aufgabe 8.2

Bei der Meier GmbH geht es um die Wurst. Hier wird Dosenwurst produziert. Das aktuelle Produktionsprogramm besteht aus drei Sorten Dosenwurst: Bioleberwurst, grobe Leberwurst und feine Leberwurst.

Bevor es zur Frage geht, noch ein paar Brancheninterna für Sie: Das Biofleisch ist bekanntlich etwas teurer im Einkauf als konventionelles Fleisch. Die grobe Leberwurst besteht aus konventionellem Fleisch, wobei hier die etwas hochwertigeren Stücke verarbeitet werden. Die feine Leberwurst besteht ebenfalls aus konventionellem Fleisch; da es sich um feine Leberwurst handelt, kann hier fast alles verwertet werden.

Die Dose Bioleberwurst wird für 2,99 Euro verkauft, die grobe und die feine Leberwurst zu je 1,59 Euro. Vorletztes Jahr wurden die Kosten auf alle Produkte zu gleichen Teilen verteilt. Welches Verteilprinzip wurde angewendet?

Im letzten Jahr hat man die Kostenverteilung geändert. Nun wurde versucht, die Kosten möglichst genau zu verteilen. Die Bioleberwurst erhielt deutlich höhere Kosten, nachdem man die Einkaufsbelege für das Fleisch den drei Wurstsorten zugeordnet hatte. Bei der groben Leberwurst hat sich nicht viel gegenüber dem Vorjahr verändert, aber für die feine Leberwurst wurden durch die zugeordneten Einkaufsbelege nun deutlich niedrigere Kosten ermittelt. Nach welchem Prinzip wurden nun die Kosten verteilt?

Aufgabe 8.3

Erläutern Sie bitte das Tragfähigkeitsprinzip.

Aufgabe 8.4

Frau Kabuhn betreibt einen Fischbrötchenimbiss an der Seepromenade in Kühlungsborn. Sie verkauft vier verschiedene Fischbrötchen: Bismarckhering, Matjes, Lachs und Brathering. Für die vier Produkte konnte sie die Einzelkosten in Tabelle 8.1 direkt zuordnen.

	Bismarck	Matjes	Lachs	Brathering
Brötchen	0,40	0,40	0,40	0,40
Fisch	0,70	0,80	1,00	0,90
Serviette	0,01	0,01	0,01	0,01
Zwiebel	0,03	0,03	0,03	0,03
Summe	**1,14**	**1,24**	**1,44**	**1,34**

Tabelle 8.1: Übersicht Einzelkosten des Fischbrötchenimbisses von Frau Kabuhn

Frau Kabuhn verlangt für jedes Fischbrötchen 2,50 Euro.

Die erste Aufgabe für Sie:

✓ Verteilen Sie die nicht direkt zuordenbaren Fixkosten nach dem Tragfähigkeitsprinzip mit den Deckungsbeiträgen als Schlüsselgröße auf die vier Produkte.

Und die zweite Aufgabe für Sie:

✓ Verteilen Sie die Fixkosten nach dem Verursachungsprinzip auf die vier Produkte.

Damit Sie beide Aufgaben auch lösen können, abschließend noch ein paar Informationen für Sie.

Zunächst alle Informationen über die Fixkosten. Frau Kabuhn betreibt den Imbiss von Mai bis Oktober. Für die Imbissbude muss sie im Jahr 3.000 Euro Miete bezahlen. Dazu kommen noch Strom und Wasser in Höhe von 360 Euro pro Jahr. Sie beschäftigt von Mai bis Oktober zwei Mitarbeiter, die je Stunde 7 Euro erhalten. Beide arbeiten während der Saison durch: Täglich acht Stunden 30 Tage im Monat. Für die beiden Mitarbeiter muss Frau Kabuhn Sozialversicherungsbeiträge in Höhe von insgesamt 4.600 Euro bezahlen. Und der Fiskus fordert Steuerzahlungen in Höhe von 5.000 Euro.

Und nun noch die Verkaufszahlen: Frau Kabuhn verkauft im Jahr 8.000 Fischbrötchen mit Brathering, 15.000 mit Lachs, 13.000 mit Matjes und 12.000 mit Bismarckhering.

Die Divisionskalkulation

Bei der Fertigung eines oder weniger gleichartiger Produkte, also einer Massen- oder Sortenfertigung, bietet sich die Divisionskalkulation an. Hier werden alle Kosten einer Abrechnungsperiode durch die erstellten Kostenträger geteilt. Natürlich gibt es nicht nur die eine Divisionskalkulation, sondern eine ein- oder mehrstufige Divisionskalkulation. Die Anzahl der Produktionsstufen ist dabei die Einflussgröße.

Die einstufige Divisionskalkulation

Die einstufige Divisionskalkulation ist die einfachste Kalkulation. Sie müssen hier lediglich die Gesamtkosten durch die produzierte Menge dividieren und schon haben Sie die Stückkosten ermittelt. Diese Kalkulationsmethode können Sie aber nur dann anwenden, wenn ein Produkt per einstufiger Fertigung hergestellt wird und keine Lagerhaltung vorkommt.

Aufgabe 8.5

Nachfolgend sind fünf Unternehmen gelistet. Bei welchen Unternehmen würden Sie die einstufige Divisionskalkulation anwenden?

- Die Siemens AG ist ein großer Technologiekonzern, der zum Beispiel in den Bereichen Elektronik, Großanlagenbau und Medizintechnik tätig ist.
- Die Soundse AG stellt seit fünfzig Jahren nur ein Produkt her: das Radio Soundse I.
- Die Nestle S.A. ist ein großer Nahrungsmittelkonzern und verkauft zum Beispiel Tiefkühlpizzen und Babynahrung.
- Magna ist einer der größten Automobilzulieferer der Welt.
- Das Kieswerk Kiesewetter GmbH verkauft Kies in drei verschiedenen Größen.

Die zweistufige Divisionskalkulation

Sobald die Lagerhaltung ins Spiel kommt, ist die einstufige Divisionskalkulation nicht mehr anwendbar. In solchen Fällen müssen die Kosten auf die produzierten und die verkauften Mengen aufgeteilt werden. Dazu muss bei den Kosten unterschieden werden zwischen

- Herstellkosten,
- Verwaltungskosten und
- Vertriebskosten.

Die Herstellkosten werden durch die hergestellte Menge geteilt, egal ob sie verkauft wurde oder erst mal auf Lager liegt. Die Verwaltungs- und Vertriebskosten werden durch die verkaufte Menge geteilt.

Aufgabe 8.6

Die Pappkarton KG stellt nur ein Produkt her: Umzugskartons. Diesen Monat wurden 10.000 Umzugskartons produziert, aber davon leider nur 8.000 Stück verkauft. Die restlichen 2.000 Kartons liegen nun im Lager. Folgende Kosten sind dabei angefallen:

- Materialkosten: 10.000 Euro
- Lohnkosten der Fertigung: 15.000 Euro
- Hilfs- und Betriebsstoffe für die Fertigung: 3.000 Euro
- Vertriebskosten: 15.000 Euro

Ermitteln Sie die Herstellkosten je Karton. Damit nicht genug: Ermitteln Sie auch die Selbstkosten je verkauftem Karton. Und last but not least: Bewerten Sie den Lagerbestand.

Die mehrstufige Divisionskalkulation

Bei mehrstufigen Produktionsprozessen inklusive Zwischenlagerung von Halbfertigprodukten wird die mehrstufige Divisionskalkulation angewendet. Hier werden nun bei jeder Produktionsstufe die Stückkosten ermittelt.

Aufgabe 8.7

Der Messerproduzent Gerlingen GmbH & Co KG stellt nur ein Messer her: das Brotmesser Classic. Die Herstellung des Brotmessers erfolgt in vier Stufen:

✓ Erste Stufe: Stanzen des Stahls

✓ Zweite Stufe: Schleifen der Klinge

✓ Dritte Stufe: Zuschneiden des Griffs

✓ Vierte Stufe: Zusammenfügen von Klinge und Griff

In Tabelle 8.2 finden Sie die produzierten Stückzahlen und die zugehörigen Kosten.

Produktionsstufe	Menge	Kosten
1. Stufe: Stahl stanzen	60.000	10.000
2. Stufe: Klinge schleifen	50.000	20.000
3. Stufe: Griff zuschneiden	60.000	20.000
4. Stufe: Zusammenfügen	40.000	30.000

Tabelle 8.2: Stückzahlen und Kosten der Produktion des Brotmessers Classic

Jetzt können Sie mithilfe der mehrstufigen Divisionskalkulation die Herstellkosten je Brotmesser ermitteln. Dabei müssen Sie einen Blick auf die auf die jeweiligen Mengen werfen.

Aufgabe 8.8

Der Geschenkpapierhersteller Verpacknix GmbH produziert und verkauft ausschließlich ein rot-weiß-kariertes Geschenkpapier. Nach dem ersten Weltkrieg hatte August Verpacknix das Unternehmen aufgebaut und zur Blüte gebracht. Dieses zeitlose Geschenkpapier wird heute bereits in der dritten Generation erfolgreich vertrieben. Hergestellt wird es in mehreren Produktionsstufen. In Tabelle 8.3 sind diese mit den Produktionsmengen und Kosten dargestellt.

Die erste Frage: Ermitteln Sie die Kosten je verkaufte Rolle Geschenkpapier.

Die zweite Frage: Welchen Wert haben die Lagerbestände der einzelnen Produktionsstufen?

Noch ein Hinweis: Runden Sie die Kosten je Rolle kaufmännisch auf zwei Nachkommastellen.

Produktionsstufe	Anzahl	Kosten
1. Stufe: Papier einkaufen und bedrucken	200.000	10.000
2. Stufe: Papier zuschneiden	180.000	2.000
3. Stufe: Papierrollen verpacken	170.000	4.000
4. Stufe: Versand an den Handel	140.000	10.000

Tabelle 8.3: Stückzahlen und Kosten der Geschenkpapierrollen

Die Äquivalenzziffernkalkulation

In der Regel produziert ein Unternehmen nicht nur ein Produkt, sondern mehrere. In diesen Fällen kann die Divisionskalkulation nicht mehr angewendet werden. Wenn die Produkte ziemlich gleichartig sind, wird in solchen Fällen stattdessen die Äquivalenzziffernkalkulation angewendet.

Werden Produkte mit unterschiedlichen Ressourcenbedarfen hergestellt, wie zum Beispiel Material oder Energie, fallen natürlich auch unterschiedlich hohe Kosten je Produkt an. Bei ziemlich gleichartigen Produkten wird bei der Äquivalenzziffernkalkulation davon ausgegangen, dass diese Kostenunterschiede im immer gleichen, festen, Verhältnis zueinander stehen. Die Kostenunterschiede werden bei dieser Methode per Äquivalenzziffer angegeben. Dazu wird zuerst das zentrale Produkt bestimmt. Dieses erhält die Äquivalenzziffer 1,0. Alle anderen Produkte erhalten dann Äquivalenzziffern im Verhältnis zum zentralen Produkt, dem Einheitsprodukt.

Das Kniffligste bei dieser Kalkulation ist die Suche nach einer passenden Bezugsgröße. Das kann in einem Fall ein eingesetzter Rohstoff sein und im anderen Fall die Fertigungszeit.

Die Äquivalenzziffernkalkulation kann in vier Schritte unterteilt werden. Im ersten Schritt wird die Äquivalenzziffer berechnet, danach die Einheitsmenge, um im dritten Schritt die Einheitsstückkosten zu berechnen. Im vierten Schritt werden dann die Stückkosten ermittelt. Die Vorgehensweise in der Zusammenfassung:

- ✓ Erster Schritt – Äquivalenzziffern berechnen: Im ersten Schritt wird die Äquivalenzziffer berechnet, indem die Bezugsgröße der anderen Produkte durch die Bezugsgröße des Standardprodukts geteilt wird. Dazu muss zunächst eine Bezugsgröße ausgewählt werden, anhand derer man die Produkte ins Verhältnis setzen kann. Das kann ein eingesetzter Rohstoff oder die Fertigungszeit sein.
- ✓ Zweiter Schritt – Einheitsmengen berechnen: Jetzt wird die Einheitsmenge ermittelt, indem die Produktionsmengen mit den Äquivalenzziffern multipliziert werden. Damit werden die Produktionsmengen auf die normierte Menge des Einheitsprodukts umgerechnet.

- ✓ Dritter Schritt – Einheitsstückkosten berechnen: Nun werden die Einheitsstückkosten, also die Stückkosten der Einheitsmengen, berechnet. Dazu nehmen Sie die Gesamtkosten und teilen sie durch die gesamte Einheitsmenge.
- ✓ Vierter Schritt – Stückkosten ermitteln: Zum Schluss ermitteln Sie die Stückkosten. Dazu nehmen Sie die Einheitsstückkosten und multiplizieren sie mit der Äquivalenzziffer des jeweiligen Produkts.

Aufgabe 8.9

Der Armaturenhersteller Splash AG stellt drei verschiedene Wasserhähne her. Vom Prinzip her sind alle drei Wasserhähne baugleich, sie unterscheiden sich nur durch das Oberflächenmaterial. Das Standardmodell hat eine Oberfläche aus Chrom, das Modell Romantik eine aus Messing und das Modell Design eine aus Edelstahl.

Der für die Kalkulation zuständige Mitarbeiter schätzt auf Basis von Erfahrungswerten, dass das Oberflächenmaterial beim Modell Romantik etwa 20 Prozent teurer ist als das Standardmodell. Beim Modell Design geht er sogar von 40 Prozent aus. Das Oberflächenmaterial verursacht dabei 50 Prozent der Kosten. Im abgelaufenen Quartal entstanden Kosten von insgesamt 300.000 Euro. Vom Standardmodell wurden 1.000 Stück produziert, vom Modell Romantik 300 und vom Modell Design 600 Stück.

Ermitteln Sie die Stückkosten der drei Produkte mithilfe der Äquivalenzziffernkalkulation. Gehen Sie dabei in vier Schritten vor:

- ✓ Erster Schritt: Berechnung der Äquivalenzziffer
- ✓ Zweiter Schritt: Berechnung der Einheitsmenge
- ✓ Dritter Schritt: Berechnung der Einheitsstückkosten
- ✓ Vierter Schritt: Stückkosten berechnen

Aufgabe 8.10

Der Schokoladenhersteller Chocci AG produziert sieben verschiedene Sorten Schokotafeln. Im ersten Quartal entstanden für die Rohstoffe und die Herstellung Kosten in Höhe von 200.000 Euro. Dabei wurden die in Tabelle 8.4 gezeigten Mengen hergestellt.

Der zuständige Kostenrechner hat ja bereits einige Vorarbeit geleistet, bevor er sich in seinen wohlverdienten Urlaub verabschiedet hat. Die Äquivalenzziffern sind bereits ermittelt. Sie können nun die Urlaubsvertretung übernehmen und die restlichen noch offenen Schritte zur Ermittlung der Herstellkosten je Tafel Schokolade für alle sieben Produkte mithilfe der Äquivalenzziffernkalkulation übernehmen.

Produktvariante	Anzahl Tafeln	Äquivalenzziffer
Vollmilch	60.000	1,0
Vollmilch-Nuss	40.000	1,2
Zartbitter	20.000	1,1
Chili-Zartbitter	5.000	0,9
Weiße Schokolade	20.000	1,1
Rum-Trauben-Nuss	30.000	1,3
Joghurt	40.000	1,2

Tabelle 8.4: Mengen der Schokotafelherstellung

Aufgabe 8.11

Der Fruchtgummihersteller Süßes & Saures GmbH hat drei verschiedene Fruchtgummiprodukte im Sortiment. In Tabelle 8.5 finden Sie alle benötigten Informationen, um auf Basis der Äquivalenzziffernkalkulation die Material-, die Fertigungs- sowie die Verwaltungs- und Vertriebskosten je Tüte Fruchtgummi kalkulieren zu können. Danach summieren Sie die Kosten je Produkt, um die jeweiligen Gesamtstückkosten zu ermitteln. Runden Sie bei den Stückkosten auf drei Nachkommastellen.

Und noch eine kleine Zusatzfrage: Die Süßes & Saures GmbH strebt eine Gewinnspanne von 10 Prozent an. Wie hoch muss der Verkaufspreis an den Handel sein, wenn alle vier Produkte denselben Verkaufspreis haben?

Produkte	Euro	Gummipinguine	Lakritzspinnen	Gummifische
Anzahl Tüten		140.000	20.000	60.000
Materialkosten	20.000	1,0	1,3	0,9
Fertigungskosten	30.000	1,0	1,2	1,1
Verwaltungs- und Vertriebskosten	50.000	1,0	1,0	1,0

Tabelle 8.5: Informationen zur Kalkulation

Abschließend ein Hinweis zu Tabelle 8.5: In den Zeilen für die Materialkosten und so weiter finden Sie in der Spalte »Euro« zunächst die jeweiligen Gesamtkosten und in den nachfolgenden Spalten der einzelnen Produkte die zugehörigen Äquivalenzziffern.

Die Zuschlagskalkulation

In aller Regel produzieren Unternehmen zahlreiche unterschiedliche Produkte. Dann kann die Divisions- und die Äquivalenzziffernkalkulation nicht mehr verwendet werden. In solchen Fällen ist die Zuschlagskalkulation gefragt.

Hier kommt es auf die Unterscheidung der Kosten in

- ✓ Einzelkosten und
- ✓ Gemeinkosten

an. Die Einzelkosten werden den Kostenträgern direkt zugeordnet. Die Gemeinkosten werden dagegen mithilfe von Zuschlagssätzen den Kostenträgern zugeordnet. Diese Zuschlagssätze basieren dabei auf den bereits direkt zugeordneten Einzelkosten.

Die beiden gängigsten Verfahren der Zuschlagskalkulation sind die summarische und die differenzierende Zuschlagskalkulation.

Die summarische Zuschlagskalkulation

Die summarische Zuschlagskalkulation ordnet die gesamten Gemeinkosten auf einen Schlag mit einem einzigen Zuschlagssatz den Kostenträgern zu. Indem man die Gemeinkosten ins Verhältnis zu den Einzelkosten setzt, erhält man den Zuschlagssatz:

$$\text{Zuschlagssatz} = \frac{\text{Gemeinkosten}}{\text{Einzelkosten}} * 100$$

Aufgabe 8.12

Herr Schiller malt Goetheporträts und verkauft diese in Weimar an Touristen. Sein Produkt »Goetheporträt« möchte er mithilfe der summarischen Zuschlagskalkulation kalkulieren. Er hatte im letzten Jahr für die Produktion von 200 Porträts folgende Einzelkosten: Materialkosten: 5.000 Euro.

Weitere Einzelkosten sind nicht angefallen; Gemeinkosten dagegen schon: 1.000 Euro. Ermitteln Sie den Zuschlagssatz.

Herr Schiller hat gestern einen Anruf vom Bürgermeister der Gemeinde Seebad der Insel Hiddensee erhalten. Er bat um ein Angebot für 100 kleinformatige Gerhart-Hauptmann-Porträts. Herr Schiller hat sich sofort hingesetzt und mit der Kalkulation begonnen. Er schätzt, dass er für die 100 Porträts Material im Wert von 1.000 Euro benötigt. Kalkulieren Sie für ihn das Angebot zu Ende.

Aufgabe 8.13

Der Lampenhersteller Helle Leuchte KG benötigt zur Herstellung von 100 exklusiven Deckenlampen des Typs »Kronleuchter Versailles« Metall im Wert von 1.800 Euro, Glas im Wert von 3.600 Euro und sonstiges Material im Wert von 800 Euro. Für die Herstellung werden pro Lampe zwei Arbeitsstunden veranschlagt. Der Stundensatz beträgt aktuell 45 Euro. Der Gemeinkostenzuschlagssatz beläuft sich auf 45 Prozent.

Ermitteln Sie die Stückkosten einer Lampe des Typs »Kronleuchter Versailles« mithilfe der summarischen Zuschlagskalkulation.

Die differenzierende Zuschlagskalkulation

Bei der differenzierenden Zuschlagskalkulation bekommt jede Gemeinkostenart einen eigenen Zuschlagssatz. Voraussetzung für die differenzierende Zuschlagskalkulation ist eine Kostenstellenrechnung zusammen mit einem Betriebsabrechnungsbogen. Sie merken, hier geht es schon deutlich heftiger zur Sache.

Vorhang auf für die prominenten vier klassischen Zuschlagssätze:

- ✓ Materialgemeinkostenzuschlagssatz
- ✓ Fertigungsgemeinkostenzuschlagssatz
- ✓ Verwaltungsgemeinkostenzuschlagssatz
- ✓ Vertriebsgemeinkostenzuschlagssatz

(1)		Materialeinzelkosten
(2)		+ Materialgemeinkosten
(3)	**(3) = (1) + (2)**	**= Materialkosten**
(4)		Fertigungseinzelkosten
(5)		+ Fertigungsgemeinkosten
(6)		+ Sondereinzelkosten der Fertigung
(7)	**(7) = (4) + (5) + (6)**	**= Fertigungskosten**
(8)	**(8) = (3) + (7)**	**Herstellkosten**
(9)		Verwaltungsgemeinkosten
(10)		Vertriebsgemeinkosten
(11)		Sondereinzelkosten des Vertriebs
(12)	**(12) = (8) + (9) + (10) + (11)**	**Selbstkosten**

Tabelle 8.6: Kalkulationsschema für die differenzierende Zuschlagskalkulation

Bei allen vier Zuschlagssätzen gilt: Die jeweiligen Gemeinkosten werden durch die zugehörigen Einzelkosten geteilt. Beim Verwaltungs- und Vertriebsgemeinkostenzuschlagssatz werden die Gemeinkosten durch die Herstellkosten geteilt. Das Grundschema der klassischen differenzierenden Zuschlagskalkulation sieht wie in Tabelle 8.6 aus.

Aufgabe 8.14

Die Messtechnik GmbH stellt Fahrradtachos her. Eine große Baumarktkette möchte eine Sonderaktion fahren und komplett ausgestattete Fahrräder für 299 Euro anbieten. Zur Komplettausstattung soll auch ein Tacho gehören. Damit der Verkaufspreis von 299 Euro gehalten werden kann, darf der Tacho maximal 5 Euro kosten. Die Messtechnik GmbH erhält von der Baumarktkette eine Anfrage, ob sie 5.000 Tachos zu je 5 Euro liefern kann.

Für diesen Auftrag würden bei der Messtechnik GmbH folgende Kosten anfallen:

- ✓ Materialeinzelkosten: 5.000 Euro
- ✓ Fertigungseinzelkosten: 10.000 Euro

Da es sich um eine abgespeckte Sonderfertigung handelt, fallen auch Sondereinzelkosten der Fertigung in Höhe von 3.000 Euro an.

Prüfen Sie für die Messtechnik GmbH anhand der differenzierenden Zuschlagskalkulation, ob der Auftrag die Selbstkosten abdecken würde. Dazu für Sie noch die Zuschlagssätze der Messtechnik GmbH in Tabelle 8.7.

Materialgemeinkostenzuschlagssatz	10 %
Fertigungsgemeinkostenzuschlagssatz	20 %
Vertriebsgemeinkostenzuschlagssatz	10 %
Verwaltungsgemeinkostenzuschlagssatz	8 %

Tabelle 8.7: Zuschlagssätze der Messtechnik GmbH

Aufgabe 8.15

Der Vertrieb der Blechkuchenspringformfabrik Krause KG hat Kontakt mit einem Lebensmitteldiscounter aufgenommen, um ihm für dessen Sonderaktionen Springformen verkaufen zu können. Der Discounter zeigt sich interessiert und würde 5.000 rechteckige Springformen in der Größe 36 × 24 cm abnehmen, wenn die Krause KG diese zum Preis von 4,50 Euro liefern kann.

Bei der Krause KG würden für diesen Auftrag folgende Kosten anfallen:

- ✓ Materialeinzelkosten: 6.000 Euro
- ✓ Fertigungseinzelkosten: 9.000 Euro

Übernehmen Sie für die Krause KG die Prüfung anhand der differenzierenden Zuschlagskalkulation, ob der Auftrag die Selbstkosten abdecken würde. Dazu für Sie noch die Zuschlagssätze der Krause KG in Tabelle 8.8.

Materialgemeinkostenzuschlagssatz	7 %
Fertigungsgemeinkostenzuschlagssatz	18 %
Vertriebsgemeinkostenzuschlagssatz	10 %
Verwaltungsgemeinkostenzuschlagssatz	20 %

Tabelle 8.8: Zuschlagssätze der Krause KG

Aufgabe 8.16

Nachdem Sie die letzten Aufgaben erfolgreich gelöst haben, heiße ich Sie nun herzlich willkommen beim nächsten Level. Mit dieser Aufgabe tauchen Sie noch ein Stück weiter in die Kostenrechnungswelt ein.

Die Poseidon-Werft in Warnemünde baut kleine und große Kreuzfahrtschiffe, Fähren und Spezialschiffe. Im abgelaufenen Quartal gab es folgende Geschäftszahlen:

- ✓ Umsatzerlöse: 6.000.000 Euro
- ✓ Fertigungsmaterial: 1.864.457 Euro
- ✓ Hilfs- und Betriebsstoffe: 40.709 Euro
- ✓ Entgelte der Fertigung: 828.518 Euro
- ✓ Entgelte des Overheads: 763.288 Euro
- ✓ kalkulatorische Abschreibungen: 320.581 Euro
- ✓ kalkulatorische Zinsen: 305.280 Euro
- ✓ diverse Gemeinkosten: 900.670 Euro

Sie dürfen nun folgende Aufgaben für den Leiter Rechnungswesens der Poseidon-Werft in Warnemünde erledigen.

Um die Übungsaufgabe richtig lösen zu können, müssen Sie die Reihenfolge der Teilaufgaben einhalten. Runden Sie bei allen Teilaufgaben auf null Nachkommastellen.

1. Teilaufgabe

In der Aufgabe finden Sie einige Geschäftszahlen. Verteilen Sie die dort aufgelisteten Gemeinkosten auf die nachfolgend genannten Kostenstellen mit dem Schlüssel aus Tabelle 8.9.

Kantine	Werksfeuerwehr	Materiallager	Fertigung	Verwaltung	Vertrieb
1	2	3	4	6	6

Tabelle 8.9: Verteilung nach Schlüssel

2. Teilaufgabe

Entlasten Sie die Kostenstelle Kantine, indem Sie deren Kosten auf die anderen Kostenstellen nach der Anzahl der Mitarbeiter verteilen. Bei der Werksfeuerwehr arbeiten 27 Personen, die Kostenstelle Materiallager hat 36 Mitarbeiter, die Fertigung hat 70 Mitarbeiter, die Verwaltung hat 22 Mitarbeiter und der Vertrieb hat sieben Mitarbeiter.

3. Teilaufgabe

Legen Sie die Kosten der Kostenstelle Werksfeuerwehr entsprechend der Anzahl der Mitarbeiter auf die vier Kostenstellen Materiallager, Fertigung, Verwaltung und Vertrieb um.

4. Teilaufgabe

Führen Sie eine differenzierende Zuschlagskalkulation durch und ermitteln Sie damit die Herstell- und die Selbstkosten und den Gewinn oder Verlust des Unternehmens. Berechnen Sie dann den Material-, Fertigungs-, Verwaltungs- und Vertriebsgemeinkostenzuschlagssatz.

Die Maschinensatzkalkulation

Werden mehrere Produkte auf unterschiedlichen Maschinen hergestellt, kann ein einheitlicher Zuschlagssatz das Kalkulationsergebnis verzerren, da jede Maschine völlig unterschiedliche Kosten verursachen kann. Zudem kann jedes Produkt bei seiner Herstellung den Kostentreiber Maschine unterschiedlich stark beanspruchen. Hier empfiehlt sich die Maschinensatzkalkulation.

Bei der Maschinensatzkalkulation muss zwischen maschinenabhängigen und maschinenunabhängigen Gemeinkosten unterschieden werden.

Zu den maschinenabhängigen Gemeinkosten gehören üblicherweise die Abschreibungen der Maschinen, kalkulatorische Zinsen, Wartungs- und Reparaturkosten. Zusätzlich kann man auch die Raumkosten berücksichtigen und sofern messbar auch die Energiekosten der Maschine. Sie addieren alle maschinenabhängigen Gemeinkosten der Maschine und teilen diesen Betrag durch die Laufzeit der Maschine. Für jede Maschine erhalten Sie so einen eigenen Maschinenstundensatz, der angibt, wie viel Gemeinkosten pro Maschinenstunde anfallen. Bei der Kalkulation eines Produkts müssen Sie dann nur noch wissen, wie viel Fertigungszeit pro Maschine für die Herstellung benötigt wird.

Die nicht maschinenabhängigen Gemeinkosten werden wie bisher in der Zuschlagskalkulation mit ihren gesonderten Zuschlagssätzen kalkuliert.

Aufgabe 8.17

Die Familie Rockelberg führt ein kleines mittelständisches Unternehmen mit Sitz in Bad Ems. Hier werden modernste Wasserkocher hergestellt. Der ständig zunehmende Wettbewerbsdruck hat die Familie Rockelberg zu einer immer weiter ansteigenden Automation veranlasst. Aktuell werden drei Wasserkocher produziert: das Einsteigermodell Efficience, das Mittelklassemodell Brushed Steel und das hochpreisige Modell Glas. Letzteres ist mit umlaufender LED-Beleuchtung und nahezu unkaputtbarem Gorillaglas ausgestattet.

Führen Sie eine Maschinensatzkalkulation mit den nachfolgenden Daten durch und ermitteln Sie so die Selbstkosten je Wasserkocher für alle drei Produkte.

Zunächst die Produktionsmengen für das gesamte Jahr:

- ✓ Einsteigermodell Efficience: 250.000
- ✓ Mittelklassemodell Brushed Steel: 80.000
- ✓ Modell Glas: 20.000

Hier die Materialeinzelkosten der Produkte:

- ✓ Einsteigermodell Efficience: 1.250.000 Euro
- ✓ Mittelklassemodell Brushed Steel: 1.200.000 Euro
- ✓ Modell Glas: 500.000 Euro

Und hier die Fertigungseinzelkosten der Produkte:

- ✓ Einsteigermodell Efficience: 30.000 Euro
- ✓ Mittelklassemodell Brushed Steel: 10.000 Euro
- ✓ Modell Glas: 20.000 Euro

Die maschinenunabhängigen Zuschlagssätze:

- ✓ Materialgemeinkostenzuschlagssatz: 15 %
- ✓ Maschinenunabhängiger Fertigungsgemeinkostenzuschlagssatz: 3 %
- ✓ Vertriebsgemeinkostenzuschlagssatz: 3 %
- ✓ Verwaltungsgemeinkostenzuschlagssatz: 2 %

Die Produktionslinie zur Herstellung der Wasserkocher umfasst drei Maschinen. Die erste Maschine, eine Metallbearbeitungsmaschine, hat 40.000 Euro gekostet und hat eine Nutzungsdauer von 25 Jahren. Die zweite Maschine, ein Montageroboter, hat 75.000 Euro gekostet und besitzt eine Nutzungsdauer von zehn Jahren. Die dritte Maschine, eine Verpackungsmaschine, hat 8.000 Euro gekostet und wird fünf Jahre genutzt. Alle drei Maschinen werden linear abgeschrieben und sind noch voll in der Abschreibung. Neben der Abschreibung der Maschinen veranschlagt die Familie Rockelberg für das eingesetzte Kapital auch noch kalkulatorische Zinsen in Höhe von 6 Prozent.

Für die Herstellung des Einsteigermodells Efficience werden folgende Maschinenstunden benötigt:

- ✓ Metallbearbeitungsmaschine: 5.000 Stunden
- ✓ Montageroboter: 2.500 Stunden
- ✓ Verpackungsmaschine: 2.500 Stunden

Für die Herstellung des Mittelklassemodells Brushed Steel werden folgende Maschinenstunden benötigt:

- ✓ Metallbearbeitungsmaschine: 1.600 Stunden
- ✓ Montageroboter: 3.200 Stunden
- ✓ Verpackungsmaschine: 1.600 Stunden

Für die Herstellung des Modells Glas werden folgende Maschinenstunden benötigt:

- ✓ Metallbearbeitungsmaschine: 200 Stunden
- ✓ Montageroboter: 2.000 Stunden
- ✓ Verpackungsmaschine: 1.000 Stunden

Die Kalkulation von Kuppelprodukten

Bei der Kuppelproduktion entstehen beim Herstellungsprozess zwangsläufig mehrere Produkte. Ein Beispiel ist die Stromerzeugung in einem Kraftwerk. Hier entstehen Strom und Abwärme: Letztere kann für Fernwärme genutzt werden.

In solchen Fällen können die Kosten den einzelnen Produkten nicht verursachungsgerecht zugeordnet werden. Man greift deshalb hier bei der Kostenverteilung oft auf das Tragfähigkeitsprinzip zurück. Für die Kalkulation von Kuppelprodukten gibt es dabei zwei Methoden: die Restwertmethode und die Verteilmethode.

Kalkulation mit der Restwertmethode

Wenn zwischen Haupt- und Nebenprodukten unterschieden werden kann, wird die Restwertmethode angewendet. Hierbei geht man davon aus, dass die Nebenprodukte weniger bedeutend sind und nur deren direkt zuordenbare Erlöse und Kosten aus der Kalkulation der Hauptprodukte entfernt werden müssen. Der Restwert wird so ermittelt:

Gesamtkosten
– Deckungsbeitrag Nebenprodukt (= Erlösen – Kosten Nebenprodukt)
= Restwert

Dann wird der Restwert noch durch die produzierte Stückzahl des Hauptprodukts geteilt und fertig ist die Kalkulation.

Kalkulation mit der Verteilmethode

Wenn es mehrere Hauptprodukte gibt, sollten Sie die Verteilmethode verwenden. Diese Methode ist mit der Äquivalenzziffernkalkulation verwandt. Als Bezugsgröße können Mengeneinheiten oder Marktpreise verwendet werden.

Auf Mengenbasis funktioniert dies so: Werden 100 Einheiten vom Hauptprodukt A und 20 Einheiten vom Hauptprodukt B hergestellt, teilt man die Gesamtkosten durch 120 und schon hat man die Kostenanteile an der Kuppelproduktion auf Stückebene ermittelt.

Auf Basis von Marktpreisen teilen Sie die Gesamtkosten durch die Gesamterlöse. Diesen Wert multiplizieren Sie dann anschließend mit den Erlösen der einzelnen Produkte, um so die Kosten zu verteilen.

Aufgabe 8.18

Welche beiden Methoden zur Kostenverteilung gibt es bei der Kalkulation von Kuppelprodukten? Wann sollte welche Methode angewendet werden?

Aufgabe 8.19

Das Braunkohlekraftwerk Toter Wald Block III produziert Strom und Fernwärme. Mit der Stromerzeugung konnten im vergangenen Monat 2.500.000 Euro erlöst werden. Durch die Fernwärmeerzeugung konnten weitere 2.200.000 Euro erlöst werden. Es entstanden dabei Gesamtkosten in Höhe von 3.800.000 Euro. Verteilen Sie die Gesamtkosten mit einer geeigneten Methode auf die beiden Produkte und begründen Sie Ihre Methodenwahl.

Lösungen zu den Übungsaufgaben

Aufgabe 8.1

Mit der Kalkulation können Sie

- ✓ Preise für Endprodukte oder innerbetriebliche Leistungen kalkulieren.
- ✓ Produktmargen berechnen, indem Sie auch die Erlöse pro Produkteinheit ermitteln.

- ✓ Preisuntergrenzen festlegen, da Sie dank der Kalkulation auch stets die fixen und die variablen Kostenbestandteile der Produktkosten kennen.
- ✓ Entscheidungen über das bestmögliche Produktionsprogramm treffen, indem Sie Produkte mit höheren Margen bevorzugen.
- ✓ Entscheidungen über Eigen- oder Fremdfertigungen treffen.
- ✓ Lagerbestände bewerten.

Aufgabe 8.2

Im vorletzten Jahr wurde das Durchschnittsprinzip verwendet und im letzten Jahr das Verursachungsprinzip, da die Kosten nun den Kostenträgern zugeordnet wurden, die sie auch verursacht haben.

Aufgabe 8.3

Beim Tragfähigkeitsprinzip werden die Kosten entsprechend der Tragfähigkeit auf die Kostenträger verteilt. Die Tragfähigkeit bemisst sich nach dem Bruttogewinn der einzelnen Kostenträger. Kostenträgern mit hohen Gewinnen werden mehr Kosten zugeordnet als Kostenträgern mit niedrigen Gewinnen.

Aufgabe 8.4

Zunächst die Zuordnung der Fixkosten nach dem Tragfähigkeitsprinzip mit den Deckungsbeiträgen als Schlüsselgröße. Dazu müssen Sie zuerst wie in Tabelle 8.10 die Deckungsbeiträge der vier Produkte ermitteln.

	Bismarck	Matjes	Lachs	Brathering
Verkaufspreis	2,50	2,50	2,50	2,50
variable Kosten	1,14	1,24	1,44	1,34
Deckungsbeitrag	**1,36**	**1,26**	**1,06**	**1,16**

Tabelle 8.10: Deckungsbeiträge

Dann multiplizieren Sie wie in Tabelle 8.11 die Deckungsbeiträge mit den jeweiligen Stückzahlen.

	Bismarck	Matjes	Lachs	Brathering
Verkaufspreis	2,50	2,50	2,50	2,50
variable Kosten	1,14	1,24	1,44	1,34
Deckungsbeitrag	**1,36**	**1,26**	**1,06**	**1,16**
Stückzahlen	12.000	13.000	15.000	8.000
Summe	16.320	16.380	15.900	9.280

Tabelle 8.11: Gesamtwerte

Alle vier Produkte erwirtschaften somit einen Deckungsbeitrag von insgesamt 57.880 Euro. Nun ermitteln Sie wie in Tabelle 8.12 die Fixkosten und teilen sie durch diesen Betrag.

Miete	3.000
Strom und Wasser	360
Mitarbeiterentgelte	20.160
Sozialversicherungsbeiträge	4.600
Steuern	5.000
Summe	33.120

Tabelle 8.12: Fixkosten

33.120 Euro geteilt durch 57.880 Euro ergibt gerundet 0,57 Euro. Je 1 Euro Deckungsbeitrag werden nun wie in Tabelle 8.13 0,57 Euro Fixkosten den jeweiligen Produkten zugeordnet.

	Bismarck	Matjes	Lachs	Brathering
Deckungsbeitrag	16.320,00	16.380,00	15.900,00	9.280,00
Multiplikator	0,572218382	0,572218382	0,572218382	0,572218382
Fixkosten	9.338,60	9.372,94	9.098,27	5.310,19

Tabelle 8.13: Zuordnung Fixkosten

Nun zur zweiten Aufgabe, der Verteilung der Fixkosten nach dem Verursachungsprinzip. Hier fällt die Lösung recht kurz aus: Dies ist hier nicht möglich. Beispielsweise ist es nicht sinnvoll feststellbar, wie viel Arbeitszeit ein Mitarbeiter für die Herstellung und den Verkauf durchschnittlich für die vier Produkte benötigt. Bei der Herstellung dürfte die Zeit noch einigermaßen messbar sein; beim Verkauf ist dies nicht mehr möglich, da dies oft vom Kunden abhängt. Zudem gibt es keine verursachungsgerechte Zuordnung von Reinigungszeiten und Ähnlichem.

Aufgabe 8.5

Keines der genannten Unternehmen erfüllt die Kriterien für eine einstufige Divisionskalkulation. Die Kombination einstufige Einproduktfertigung ohne Lagerhaltung kommt bei keinem Unternehmen vor.

Aufgabe 8.6

Die Herstellkosten je Karton ermitteln Sie, indem Sie die gesamten Herstellkosten durch die produzierte Menge teilen, also 28.000 Euro geteilt durch 10.000 Kartons: 2,80 Euro je Karton.

Die Selbstkosten je verkauftem Karton betragen 2,80 Euro zuzüglich 15.000 Euro geteilt durch 10.000 Kartons: 1,50 Euro: 4,30 Euro.

Nun noch die Lösung zur letzten Frage: Der Lagerbestand wird mit den Herstellkosten bewertet: 2,80 Euro mal 2.000 Kartons ergibt 5.600 Euro.

Aufgabe 8.7

Die Herstellkosten je Brotmesser in der ersten Produktionsstufe:

✓ 10.000 Euro/60.000 = 0,16667 Euro

Die Herstellkosten je Brotmesser in der zweiten Produktionsstufe setzen sich aus den Kosten der ersten und der zweiten Produktionsstufe zusammen:

✓ 20.000 Euro/50.000 = 0,40000 Euro + 0,16667 Euro = 0,5667 Euro

Nun die Herstellkosten der dritten Produktionsstufe. Diese setzen sich aus den Kosten der ersten drei Produktionsstufen zusammen:

✓ 20.000 Euro/60.000 = 0,33333 Euro + 0,5667 Euro = 0,90003 Euro

Zum Schluss die Kosten der 4. Produktionsstufe:

✓ 40.000 Euro/30.000 = 1,33333 Euro + 0,90003 Euro = 2,23336 Euro

Die Herstellkosten je Brotmesser betragen somit gerundet 2,23 Euro.

Aufgabe 8.8

Die Lösung zur ersten Frage: Die Herstellkosten je verkaufte Rolle Geschenkpapier ermitteln Sie, indem Sie die Herstellkosten jeder einzelnen Produktionsstufe berechnen.

Die Herstellkosten je Rolle in der ersten Produktionsstufe:

- ✓ 10.000 Euro/200.000 = 0,05 Euro

Die Herstellkosten je Rolle in der zweiten Produktionsstufe setzen sich aus den Kosten der ersten und der zweiten Produktionsstufe zusammen:

- ✓ 2.000 Euro/180.000 = 0,01 Euro + 0,05 Euro = 0,06 Euro

Jetzt die Herstellkosten der dritten Produktionsstufe. Diese setzen sich aus den Kosten der ersten drei Produktionsstufen zusammen:

- ✓ 4.000 Euro/170.000 = 0,02 Euro + 0,06 Euro = 0,08 Euro

Zum Schluss die Kosten der vierten Produktionsstufe:

- ✓ 10.000 Euro/140.000 = 0,07 Euro + 0,08 Euro = 0,15 Euro

Die Herstellkosten je verkaufte Rolle Geschenkpapier betragen somit 0,15 Euro.

Die Lösung zur zweiten Frage, welchen Wert die Lagerbestände der einzelnen Produktionsstufen haben:

- ✓ Im Lager liegt bedrucktes Papier für 20.000 Rollen: 0,05 Euro × 20.000 = 1.000 Euro.
- ✓ Im Lager liegen zudem 10.000 Rollen bedrucktes und zugeschnittenes Papier: 0,06 Euro × 10.000 = 600 Euro.
- ✓ Im Lager liegen darüber hinaus auch 30.000 bereits fix und fertig verpackte Rollen Geschenkpapier: 0,08 Euro × 30.000 = 2.400 Euro.

Aufgabe 8.9

Im ersten Schritt wird die Äquivalenzziffer berechnet. Dazu muss zunächst die Bezugsgröße ausgewählt werden. Das Oberflächenmaterial ist laut Aufgabenstellung hierzu geeignet. Das Standardmodell bekommt die Äquivalenzziffer 1,0. Das Modell Romantik die Ziffer 1,1, da die Messingoberfläche 20 Prozent teurer ist und das Oberflächenmaterial einen Anteil an den Gesamtkosten von 50 Prozent hat. Das Modell Design erhält die Äquivalenzziffer 1,2.

Im zweiten Schritt wird die Einheitsmenge ermittelt:

- ✓ Standardmodell: 1.000 Stück × 1,0 = 1.000
- ✓ Modell Romantik: 300 Stück × 1,1 = 330
- ✓ Modell Design: 600 Stück × 1,2 = 720

Zur Berechnung der Einheitsstückkosten nehmen Sie die Gesamtkosten von 300.000 Euro und teilen sie durch die gesamte Einheitsmenge von 2.050 Stück. Das ergibt Einheitsstückkosten in Höhe von 146,34 Euro.

Mit den Einheitsstückkosten und den Äquivalenzziffern können Sie im vierten Schritt die Stückkosten ermitteln:

- ✓ Standardmodell: 1,0 × 146,34 = 146,34 Euro
- ✓ Modell Romantik: 1,1 × 146,34 = 160,97 Euro
- ✓ Modell Design: 1,2 × 146,34 = 175,61 Euro

Aufgabe 8.10

Es geht los mit der Berechnung der Einheitsmengen wie in Tabelle 8.14.

Produktvariante	Anzahl Tafeln	Äquivalenzziffer	Einheitsmenge
Vollmilch	60.000	1,0	60.000
Vollmilch-Nuss	40.000	1,2	48.000
Zartbitter	20.000	1,1	22.000
Chili-Zartbitter	5.000	0,9	4.500
Weiße Schokolade	20.000	1,1	22.000
Rum-Trauben-Nuss	30.000	1,3	39.000
Joghurt	40.000	1,2	48.000
Summe			243.500

Tabelle 8.14: Berechnung der Einheitsmengen

Nun werden die Einheitsstückkosten berechnet, indem Sie die Gesamtkosten von 200.000 Euro nehmen und durch die gesamte Einheitsmenge von 243.500 Stück teilen. Das ergibt Einheitsstückkosten in Höhe von 0,82 Euro.

Mit diesen Einheitsstückkosten und den Äquivalenzziffern können Sie nun wie in Tabelle 8.15 die Herstellkosten je Tafel Schokolade ermitteln.

Produktvariante	Einheitsstückkosten	Äquivalenzziffer	Herstellkosten je Tafel
Vollmilch	0,82	1,0	0,82
Vollmilch-Nuss	0,82	1,2	0,98
Zartbitter	0,82	1,1	0,90
Chili-Zartbitter	0,82	0,9	0,74
Weiße Schokolade	0,82	1,1	0,90
Rum-Trauben-Nuss	0,82	1,3	1,07
Joghurt	0,82	1,2	0,98

Tabelle 8.15: Herstellkosten je Tafel Schokolade

Aufgabe 8.11

Es geht los mit der Berechnung der Einheitsmengen. Zuerst wie in Tabelle 8.16 die Einheitsmengen für die Materialkosten.

Produktvariante	Anzahl Tüten	Äquivalenzziffer	Einheitsmenge
Gummipinguine	140.000	1,0	140.000
Lakritzspinnen	20.000	1,3	26.000
Gummifische	60.000	0,9	54.000
Summe			220.000

Tabelle 8.16: Einheitsmengen der Materialkosten

Dann wie in Tabelle 8.17 die Einheitsmengen der Fertigungskosten.

Produktvariante	Anzahl Tüten	Äquivalenzziffer	Einheitsmenge
Gummipinguine	140.000	1,0	140.000
Lakritzspinnen	20.000	1,2	24.000
Gummifische	60.000	1,1	66.000
Summe			230.000

Tabelle 8.17: Einheitsmengen der Fertigung

Und schließlich wie in Tabelle 8.18 die Einheitsmengen für die Verwaltungs- und Vertriebskosten.

Produktvariante	Anzahl Tüten	Äquivalenzziffer	Einheitsmenge
Gummipinguine	140.000	1,0	140.000
Lakritzspinnen	20.000	1,0	20.000
Gummifische	60.000	1,0	60.000
Summe			220.000

Tabelle 8.18: Einheitsmengen für die Verwaltungs- und Vertriebskosten

Nun werden die Einheitsstückkosten der drei Kostenarten berechnet, indem Sie wie in Tabelle 8.19 die jeweiligen Gesamtkosten nehmen und durch die jeweilige Menge teilen.

	Gesamtkosten	Einheitsmenge	Einheitsstückkosten
Materialkosten	20.000	220.000	0,091
Fertigungskosten	30.000	230.000	0,130
Verwaltungs- und Vertriebskosten	50.000	220.000	0,227

Tabelle 8.19: Einheitsstückkosten

Mit diesen Einheitsstückkosten und den Äquivalenzziffern können Sie nun die Kosten je Tüte ermitteln. Zunächst die Materialkosten in Tabelle 8.20.

Produktvariante	Einheitsstückkosten	Äquivalenzziffer	Kosten je Tüte
Gummipinguine	0,091	1,0	0,091
Lakritzspinnen	0,091	1,3	0,118
Gummifische	0,091	0,9	0,082

Tabelle 8.20: Materialstückkosten

Jetzt die Fertigungskosten in Tabelle 8.21.

Produktvariante	Einheitsstückkosten	Äquivalenzziffer	Kosten je Tüte
Gummipinguine	0,130	1,0	0,130
Lakritzspinnen	0,130	1,2	0,156
Gummifische	0,130	1,1	0,143

Tabelle 8.21: Fertigungsstückkosten

Und dann noch die Verwaltungs- und Vertriebskosten in Tabelle 8.22.

Produktvariante	Einheitsstückkosten	Äquivalenzziffer	Kosten je Tüte
Gummipinguine	0,227	1,0	0,227
Lakritzspinnen	0,227	1,0	0,227
Gummifische	0,227	1,0	0,227

Tabelle 8.22: Verwaltungs- und Vertriebsstückkosten

Die Gesamtstückkosten der drei Produkte sind jetzt schnell addiert. Je Tüte Gummipinguine gibt es:

- ✓ Materialkosten: 0,091 Euro
- ✓ Fertigungskosten: 0,130 Euro
- ✓ Verwaltungs- und Vertriebskosten: 0,227 Euro

Das macht in Summe 0,448 Euro.

Je Tüte Lakritzspinnen gibt es:

- ✓ Materialkosten: 0,118 Euro
- ✓ Fertigungskosten: 0,156 Euro
- ✓ Verwaltungs- und Vertriebskosten: 0,227 Euro

Das macht in Summe 0,501 Euro.

Je Tüte Gummifische gibt es:

- ✓ Materialkosten: 0,082 Euro
- ✓ Fertigungskosten: 0,143 Euro
- ✓ Verwaltungs- und Vertriebskosten: 0,227 Euro

Das macht in Summe 0,452 Euro.

Die Lösung zur Zusatzfrage:

Wenn die Süßes & Saures GmbH eine Gewinnspanne von 10 Prozent haben möchte, muss sie 110.000 Euro erwirtschaften, da die Gesamtkosten 100.000 Euro betragen. Diese 110.000 Euro werden durch 140.000 Tüten Gummipinguine, 20.000 Tüten Lakritzspinnen und 60.000 Tüten Gummifische erwirtschaftet. Macht nach Adam Riese 220.000 Tüten. Folglich muss der einheitliche Verkaufspreis bei 0,50 Euro je Tüte liegen.

Aufgabe 8.12

Der Zuschlagssatz:

$$\text{Zuschlagssatz} = \frac{\text{Gemeinkosten}}{\text{Einzelkosten}} * 100 = \frac{1.000}{5.000} * 100 = 20\,\%$$

Mit diesem Zuschlagssatz ergibt sich für die 100 Porträts ein Angebotspreis von 1.200 Euro.

Aufgabe 8.13

- ✓ Die Materialeinzelkosten: 1.800 + 3.600 + 800 = 6.200 Euro
- ✓ Die Fertigungseinzelkosten: 2 Stunden × 100 Lampen × 45 = 9.000 Euro
- ✓ Die Gemeinkosten: 15.200 Euro × 45 Prozent = 6.840 Euro.

Die Gesamtkosten für 100 Lampen betragen damit 22.040 Euro. Das macht pro Lampe 2.204 Euro.

Aufgabe 8.14

Die Ermittlung der Selbstkosten für diesen Auftrag erfolgt in Tabelle 8.23.

(1)	Materialeinzelkosten	5.000 €
(2)	+ Materialgemeinkosten (10 %)	500 €
(3) (3) = (1) + (2)	**= Materialkosten**	**5.500 €**
(4)	Fertigungseinzelkosten	10.000 €
(5)	+ Fertigungsgemeinkosten (20 %)	2.000 €
(6)	+ Sondereinzelkosten der Fertigung	3.000 €
(7) (7) = (4) + (5) + (6)	**= Fertigungskosten**	**15.000 €**
(8) (8) = (3) + (7)	**Herstellkosten**	**20.500 €**
(9)	Vertriebsgemeinkosten (10 %)	2.050 €
(10)	Verwaltungsgemeinkosten (8 %)	1.640 €
(11) (11) = (8) + (9) + (10)	**Selbstkosten**	**24.190 €**

Tabelle 8.23: Kalkulation mit der differenzierenden Zuschlagskalkulation

Der Auftrag in Höhe von 25.000 Euro würde die Selbstkosten abdecken.

Aufgabe 8.15

Die Ermittlung der Selbstkosten für diesen Auftrag erfolgt in Tabelle 8.24.

(1)		Materialeinzelkosten	6.000 €
(2)		+ Materialgemeinkosten (7 %)	420 €
(3)	**(3) = (1) +(2)**	**= Materialkosten**	**6.420 €**
(4)		Fertigungseinzelkosten	9.000 €
(5)		+ Fertigungsgemeinkosten (18 %)	1.620 €
(6)	**(6) = (4) + (5)**	**= Fertigungskosten**	**10.620 €**
(7)	**(7) = (3) + (6)**	**Herstellkosten**	**17.040 €**
(8)		Vertriebsgemeinkosten (10 %)	1.704 €
(9)		Verwaltungsgemeinkosten (20 %)	3.408 €
(10)	**(10) = (7) + (8) + (9)**	**Selbstkosten**	**22.152 €**

Tabelle 8.24: Kalkulation mit der differenzierenden Zuschlagskalkulation

Der Auftrag in Höhe von 22.500 Euro würde die Selbstkosten gerade noch abdecken.

Aufgabe 8.16

Die Lösung zur ersten Teilaufgabe:

Zu den Gemeinkosten zählen:

- ✓ Hilfs- und Betriebsstoffe: 40.709 Euro
- ✓ Entgelte des Overheads: 763.288 Euro
- ✓ kalkulatorische Abschreibungen: 320.581 Euro
- ✓ kalkulatorische Zinsen: 305.280 Euro
- ✓ diverse Gemeinkosten: 900.670 Euro

Das macht insgesamt 2.330.528 Euro. Damit gibt es im Betriebsabrechnungsbogen eine Kostenverteilung wie in Tabelle 8.25.

	Kantine	Werksfeuerwehr	Materiallager	Fertigung	Verwaltung	Vertrieb
2.330.528	105.933	211.866	317.799	423.732	635.599	635.599

Tabelle 8.25: Verteilung nach Schlüssel

Die Lösung zur zweiten Teilaufgabe; die Umlage der Kostenstelle Kantine wie in Tabelle 8.26.

	Kantine	Werksfeuerwehr	Materiallager	Fertigung	Verwaltung	Vertrieb
2.330.528	105.933	211.866	317.799	423.732	635.599	635.599
Umlage I	0	17.656	23.541	45.774	14.386	4.577
Summe	0	229.522	341.340	469.506	649.985	640.176

Tabelle 8.26: Verteilung nach Schlüssel

Die Lösung zur dritten Teilaufgabe; die Umlage der Kostenstelle Werksfeuerwehr auf die vier Kostenstellen Materiallager, Fertigung, Verwaltung und Vertrieb wie in Tabelle 8.27.

	Kantine	Werksfeuerwehr	Materiallager	Fertigung	Verwaltung	Vertrieb
2.330.528	105.933	211.866	317.799	423.732	635.599	635.599
Umlage I	0	17.656	23.541	45.774	14.386	4.577
Summe	0	229.522	341.340	469.506	649.985	640.176
Umlage II	0	0	61.206	119.011	37.404	11.901
Summe	0	0	402.546	588.517	687.389	652.077

Tabelle 8.27: Verteilung nach Schlüssel

Die Lösung zur vierten Teilaufgabe: die Kalkulation wie in Tabelle 8.28.

(1)		Materialeinzelkosten	1.864.457 €
(2)		+ Materialgemeinkosten	402.546 €
(3)	**(3) = (1) + (2)**	**= Materialkosten**	**2.267.003 €**
(4)		Fertigungseinzelkosten	828.518 €
(5)		+ Fertigungsgemeinkosten	588.517 €
(6)	**(6)=(4) + (5)**	**= Fertigungskosten**	**1.417.035 €**
(7)	**(7) = (3) + (6)**	**Herstellkosten**	**3.684.038 €**
(8)		Vertriebsgemeinkosten	652.077 €
(9)		Verwaltungsgemeinkosten	687.389 €
(10)	**(10) = (7) + (8) + (9)**	**Selbstkosten**	**5.023.504 €**

Tabelle 8.28: Kalkulation mit der differenzierenden Zuschlagskalkulation

Die Poseidon-Werft hatte 6.000.000 Euro Umsatzerlöse und damit 976.496 Euro Gewinn erzielt.

Die Zuschlagssätze:

$$\text{Materialgemeinkostenzuschlagssatz} = \frac{402.546}{1.864.457} * 100 = 22\,\%$$

$$\text{Fertigungsgemeinkostenzuschlagssatz} = \frac{588.517}{828.518} * 100 = 71\,\%$$

$$\text{Vertriebsgemeinkostenzuschlagssatz} = \frac{652.077}{3.684.038} * 100 = 18\,\%$$

$$\text{Verwaltungsgemeinkostenzuschlagssatz} = \frac{687.389}{3.684.038} * 100 = 19\,\%$$

Aufgabe 8.17

Zuerst werden die Maschinenstundensätze ermittelt. Die Metallbearbeitungsmaschine hat 400.000 Euro gekostet und hat eine Nutzungsdauer von 25 Jahren. Das ergibt eine jährliche Abschreibung von 16.000 Euro. Der Montageroboter hat 750.000 Euro gekostet und besitzt eine Nutzungsdauer von zehn Jahren. Somit werden jährlich 75.000 Euro abgeschrieben. Die Verpackungsmaschine hat 80.000 Euro gekostet und wird fünf Jahre genutzt: Daraus folgt ein jährlicher Abschreibungsbetrag in Höhe von 16.000 Euro.

Die kalkulatorischen Zinsen pro Jahr:

- ✓ Metallbearbeitungsmaschine: 400.000 Euro × 6 % = 24.000 Euro
- ✓ Montageroboter: 750.000 Euro × 6 % = 45.000 Euro
- ✓ Verpackungsmaschine: 80.000 Euro × 6 % = 4.800 Euro

Die Berechnung der Maschinenstunden:

- ✓ Metallbearbeitungsmaschine: 5.000 + 1.600 + 200 = 6.800 Stunden
- ✓ Montageroboter: 2.500 + 3.200 + 2.000 = 7.700 Stunden
- ✓ Verpackungsmaschine: 2.500 + 1.600 + 1.000 = 5.100 Stunden

Daraus ergeben sich folgende Maschinenstundensätze:

$$\text{Metallbearbeitungsmaschine} = \frac{40.000}{6.800} = 5,88\,€$$

$$\text{Montageroboter} = \frac{120.000}{7.700} = 15,58\,€$$

$$\text{Verpackungsmaschine} = \frac{20.800}{5.100} = 4,09\,€$$

Nun muss berechnet werden, wie viele Maschinenstunden die Produktion eines Wasserkochers benötigt. Dies findet in Tabelle 8.29 statt.

	Anzahl	1. Maschine	2. Maschine	3. Maschine	1. Maschine	2. Maschine	3. Maschine
Efficience	250.000	5.000	2.500	2.500	0,02	0,01	0,01
Brushed Steel	80.000	1.600	3.200	1.600	0,02	0,04	0,02
Glas	20.000	200	2.000	1.000	0,01	0,10	0,05

Tabelle 8.29: Berechnung der Maschinenstunden je Wasserkocher

Jetzt können die Selbstkosten in Tabelle 8.30 ermittelt werden. Ein Beispiel, wie die Maschinenstunden ermittelt wurden: Eine Maschinenstunde der Metallbearbeitungsmaschine kostet 5,88 Euro. Für 250.000 Wasserkocher Efficience benötigt man 5.000 Maschinenstunden; das ergibt 29.400 Euro.

Aufgabe 8.18

Für die Kalkulation von Kuppelprodukten gibt es zwei Methoden: die Restwertmethode und die Verteilmethode. Wenn zwischen Haupt- und Nebenprodukten unterschieden werden kann, wird die Restwertmethode angewendet. Wenn es mehrere Hauptprodukte gibt, sollten Sie die Verteilmethode verwenden.

Aufgabe 8.19

Da es sich um zwei Hauptprodukte handelt, sollte die Verteilmethode auf Basis von Marktpreisen verwendet werden. Entsprechend dem Erlösverhältnis werden hier die Kosten auf die beiden Produkte verteilt. Diese Kostenverteilung nach dem Tragfähigkeitsprinzip besitzt natürlich nur eine geringe Aussagekraft. Die Verteilung:

$$\frac{\text{Gesamtkosten}}{\text{Gesamterlöse}} = \frac{3.800.000}{4.700.000} = 0,8085$$

Damit werden dem Produkt Strom 2.500.000 × 0,8085 = 2.021.250 Euro Kosten zugeteilt und dem Produkt Fernwärme entsprechend 1.778.700 Euro.

			Efficience	Brushed Steel	Glas
(1)		Materialeinzelkosten	1.250.000 €	1.200.000 €	500.000 €
(2)		+ Materialgemeinkosten (15 %)	187.000 €	180.000 €	75.000 €
(3)	**(3) = (1) + (2)**	**= Materialkosten**	**1.437.000 €**	**1.380.000 €**	**575.000 €**
(4)		Fertigungseinzelkosten	30.000 €	10.000 €	20.000 €
(5.1)		+ maschinenunabhängige Fertigungsgemeinkosten (5 %)	900 €	300 €	600 €
(5.2)		+ Maschinenstunden Metallbearbeitungsmaschine	29.400 €	9.408 €	1.176 €
(5.3)		+ Maschinenstunden Montageroboter	38.950 €	49.856 €	31.160 €
(5.4)		+ Maschinenstunden Verpackungsmaschine	10.225 €	6.544 €	4.090 €
(6)	**(6) = (4) + (5)**	**= Fertigungskosten**	**109.475 €**	**76.108 €**	**57.026 €**
(7)	**(7) = (3) + (6)**	**Herstellkosten**	**1.546.475 €**	**1.456.108 €**	**632.026 €**
(8)		Vertriebsgemeinkosten	46.394,25 €	43.683,24 €	18.960,78 €
(9)		Verwaltungsgemeinkosten	30.929,50 €	29.122,16 €	12.640,52 €
(10)	**(10) = (7) + (8) + (9)**	**Selbstkosten**	**1.623.798,75 €**	**1.528.913,40 €**	**663.627,30 €**
		Anzahl Wasserkocher	250.000 €	80.000 €	20.000 €
		Selbstkosten je Wasserkocher	**6,50 €**	**19,11 €**	**33,18 €**

Tabelle 8.30: Maschinensatzkalkulation

Periodenerfolg: Die Kostenträgerzeitrechnung

9

In diesem Kapitel ...

- Sachliche Abgrenzung durchführen
- Das Betriebsergebnis mit dem Gesamtkostenverfahren
- Mit dem Umsatzkostenverfahren die kurzfristige Erfolgsrechnung durchführen

Die Kostenträgerzeitrechnung alias »kurzfristige Erfolgsrechnung« stellt monatlich Kosten und Leistungen gegenüber und ist deshalb viel aktueller als die Gewinn-und-Verlust-Rechnung des externen Rechnungswesens. Hier in diesem Kapitel können Sie den Periodenerfolg einiger Unternehmen ermitteln.

Sind die in einem Monat hergestellten und verkauften Mengen nicht exakt gleich, kommt es zu einer Bestandserhöhung oder Bestandsminderung im Lager. Es gibt zwei unterschiedliche Verfahren der Erfolgsrechnung, die mit dieser unangenehmen Tatsache umzugehen:

- ✓ **Das Gesamtkostenverfahren:** Hier werden alle Kosten betrachtet, unabhängig davon, ob alle hergestellten Produkte bereits verkauft wurden oder noch auf Lager liegen. Diesen Gesamtkosten werden die Erlöse und die Bestandsveränderungen gegenübergestellt.
- ✓ **Das Umsatzkostenverfahren:** Hier bleiben die Kosten der bereits hergestellten, aber noch nicht verkauften Produkte unberücksichtigt. Von den Erlösen werden nur die dafür entstandenen Kosten abgezogen.

Abgrenzung – vom Unternehmens- zum Betriebsergebnis

Um das Betriebsergebnis ermitteln zu können, benötigen Sie die Aufwendungen und Erträge aus der Gewinn-und-Verlust-Rechnung des externen Rechnungswesens. Um daraus die Kosten und Leistungen zu ermitteln, müssen Sie die sogenannte sachliche Abgrenzung vornehmen. Dazu müssen Sie die neutralen Aufwendungen und Erträge herausrechnen und stattdessen Zusatzkosten und Zusatzerlöse berücksichtigen. Anderskosten und Andersleistungen werden hier auch noch mit abweichenden Beträgen angesetzt.

Aufgabe 9.1

Können Sie auch die Gewinn-und-Verlust-Rechnung zur Ermittlung des Betriebsergebnisses verwenden?

Aufgabe 9.2

Die Düngdich GmbH stellt Schnellkomposter her. Ein Schnellkomposter besitzt ein Fassungsvolumen von über 600 Litern und ist dank des verwendeten Plastikmaterials extrem langlebig und witterungsbeständig. Die Montage eines solchen Schnellkomposters erfolgt ohne Schrauben, Dübel oder Ähnliches, sondern durch ein simples Klicksystem.

Zu Ihrer Information finden Sie hier die aktuellen Aufwendungen und Erträge der Düngdich GmbH in der Gewinn-und-Verlust-Rechnung (siehe Tabelle 9.1) und eine Erläuterung der einzelnen Positionen.

Führen Sie eine sachliche Abgrenzung durch; ermitteln Sie dabei das betriebsfremde und das außerordentliche Ergebnis und führen Sie auch die kostenrechnerischen Korrekturen durch, um am Ende das Betriebsergebnis zu ermitteln.

Rechnungskreis I: Externes Rechnungswesen		
Gewinn-und-Verlust-Rechnung		
	Aufwendungen	**Erträge**
1 Umsatzerlöse		2.400.000
2 Mieterträge		42.000
3 Zinserträge		32.000
4 Erträge aus Anlagenverkauf		1.800.000
5 Materialaufwand	1.900.000	
6 Entgelte	3.200.000	
7 Sozialabgaben	200.000	
8 Abschreibungen	600.000	
9 Mietaufwendungen	64.000	
10 Außerordentlicher Aufwand	120.000	
11 Spenden	20.000	
12 Steuern	54.000	
Summe	**6.158.000**	**4.652.000**
Ergebnis	**–1.506.000**	

Tabelle 9.1: Gewinn-und-Verlust-Rechnung der Düngdich GmbH

Die Erläuterung der einzelnen Positionen der Gewinn-und-Verlust-Rechnung:

1. Die Umsatzerlöse enthalten Erlöse aus dem Verkauf von Schnellkompostern in Höhe von 2.380.000 Euro. Weitere 20.000 Euro konnten durch ein Einmalgeschäft erlöst werden. Ein Container mit Sonnenschirmen wurde im Frühling von einem Importeur aufgrund eines Fehlkaufs zu einem extrem attraktiven Preis angeboten. Der Verkauf dieser Sonnenschirme erbrachte 20.000 Euro Umsatzerlöse.
2. Aus der Vermietung ehemaliger Werkswohnungen entstanden Mieterträge.
3. Das auf der hohen Kante liegende Geldvermögen hat Zinserträge in Höhe von 32.000 Euro erbracht.
4. Der Verkauf nicht mehr benötigter Produktionsmaschinen erbrachte Erträge in Höhe von 1.800.000 Euro.
5. Für die Produktion der Schnellkomposter entstand Materialaufwand in Höhe von 1.890.000 Euro. Der Einkauf der Sonnenschirme verursachte einen Materialaufwand von 10.000 Euro.
6. In den Entgelten ist der Aufwand für die Vertragsauflösung mit dem ehemaligen Leiter Einkauf in Höhe von 1.100.000 Euro enthalten.
7. Die Sozialabgaben beziehen sich voll auf die an die Mitarbeiter gezahlten Entgelte.
8. Die Position Abschreibungen umfasst planmäßige Abschreibungen in Höhe von 200.000 Euro und eine Sonderabschreibung über 400.000 Euro aufgrund eines Totalschadens an einer Maschine. Die planmäßigen Abschreibungen der Gewinn-und-Verlust-Rechnung sind aus kostenrechnerischer Sicht um 50.000 Euro zu niedrig.
9. Die Mietaufwendungen beziehen sich auf den für den Neffen des Firmenchefs angemieteten Showroom in der Innenstadt für dessen Versuchsaktivitäten, während des Kompostierprozesses Biogas zu gewinnen.
10. Der außerordentliche Aufwand entstand durch den Verlust einer ganzen Produktionscharge, die für den Export nach Tansania vorgesehen war. Das Schiff, das die Schnellkomposter transportierte, wurde am Horn von Afrika von Piraten entführt, die Ladung ging verloren.
11. Die Düngdich GmbH spendet jedes Jahr 20.000 Euro an den örtlichen Turnverein.
12. Die Position Steuern enthält betrieblich bedingte Steuern in Höhe von 52.000 Euro und gezahlte Grundsteuer für die vermieteten Gebäude.

Erfolgsrechnung mit dem Gesamtkostenverfahren

Da es im echten Leben im Gegensatz zu den ersten Übungsaufgaben dieses Kapitels auch immer wieder zu Bestandsveränderungen kommen kann, muss eine Erfolgsrechnung entweder mit dem Gesamtkostenverfahren oder mit dem Umsatzkostenverfahren durchgeführt werden. Das Gesamtkostenverfahren ist als Erstes an der Reihe. Hier werden von den Erlösen die mit Herstellkosten bewerteten Bestandsveränderungen abgezogen oder hinzugezählt. Danach werden die Gesamtkosten abgezogen und fertig ist die Ermittlung des Betriebsergebnisses. Tabelle 9.2 zeigt das Verfahren.

Erlöse
+ Herstellkosten für Bestandserhöhungen fertige und unfertige Produkte
+ aktivierte Eigenleistungen
– Gesamtkosten nach Kostenarten
– Herstellkosten für Bestandsminderungen fertige und unfertige Produkte
= Betriebsergebnis

Tabelle 9.2: Gesamtkostenverfahren

Aufgabe 9.3

Der Fruchtsafthersteller Altes Land GmbH hat im September Umsätze in Höhe von 800.000 Euro erzielt. Dem stehen Gesamtkosten in Höhe von 600.000 Euro gegenüber. Der Bestand an unverarbeiteten Äpfeln hat sich in diesem Monat um 60.000 Euro erhöht. Der Lagerbestand an Säften hat sich dagegen um 160.000 Euro verringert. Ermitteln Sie das Betriebsergebnis mit dem Gesamtkostenverfahren.

Aufgabe 9.4

Der Spielehersteller Ravensbrück KG hat im Dezember Umsätze in Höhe von 1.350.000 Euro erzielt. Die Gesamtkosten belaufen sich in diesem Monat auf 700.000 Euro. In diesem Monat wurde die selbst erstellte Spielbrettfaltmaschine aktiviert. Die Maschine hat Herstellkosten in Höhe von 45.000 Euro verursacht. Das Weihnachtsgeschäft sorgt regelmäßig für leere Lager. Der Bestand an fertigen Spielen hat sich in diesem Monat um 140.000 Euro verringert. Ermitteln Sie das Betriebsergebnis mit dem Gesamtkostenverfahren.

Aufgabe 9.5

Das Spielzeugproduzent Paul GmbH stellt drei verschiedene Produkte her: den Kuschelbär Otto, das Mammut Karl und das Pferd Clara. Im Monat November wurde Otto 7.000-mal, Karl 5.000-mal und Clara 6.000-mal verkauft. In Tabelle 9.3 finden Sie die Angaben zu den im November produzierten Mengen, den Herstellkosten und den Verkaufspreisen je Stück.

	Produktionsmenge	Herstellkosten	Verkaufspreis
Otto	5.000	14,50	29,90
Karl	4.000	16,00	29,90
Clara	3.000	18,50	39,90

Tabelle 9.3: Informationen zu den Produktionsmengen der Paul GmbH

Im November gab es Gesamtkosten in Höhe von 400.000 Euro. Ermitteln Sie bitte das Betriebsergebnis für den November mit dem Gesamtkostenverfahren.

Erfolgsrechnung mit dem Umsatzkostenverfahren

Beim Umsatzkostenverfahren werden den Erlösen die dafür entstandenen Selbstkosten gegenübergestellt. Um das Umsatzkostenverfahren durchführen zu können, benötigen Sie eine komplette Kostenstellen- und Kostenträgerstückrechnung, sprich Kalkulation. Der Grund ist einfach: Die Selbstkosten erhalten Sie aus der Kostenträgerstückrechnung. Tabelle 9.4 zeigt das Verfahren im Überblick.

Erlöse
– Selbstkosten der verkauften Produkte
= Betriebsergebnis

Tabelle 9.4: Umsatzkostenverfahren

Die Selbstkosten sind nichts anderes als die Herstellkosten und die Verwaltungs- und Vertriebsgemeinkosten. Die Bestandsveränderungen werden beim Umsatzkostenverfahren berücksichtigt, indem sie zu den Herstellkosten hinzugezählt oder davon abgezogen werden. Bestandsminderungen werden hinzugezählt, Bestandserhöhungen abgezogen. Der Grund: Es sollen ja die Kosten der verkauften Produkte betrachtet werden.

Aufgabe 9.6

Die Zoohandlung iWuff & Co KG vertreibt über das Internet drei verschiedene Produkte: das Hundefutter Pansenleckerli, das Katzenfutter Amselkükenersatz und das Wellensittichfutter Honigkorn. Um alle Verwaltungsdinge dieses Geschäftsfelds kümmert sich Frau Weber. Im Monat Mai hatte die Zoohandlung hierfür Kosten über 3.000 Euro. Für den Betrieb des Internetauftritts und den Versand der verkauften Ware entstanden im Mai Kosten in Höhe von 500 Euro. In Tabelle 9.5 finden Sie alle Angaben zu den Produktions- und Verkaufsmengen im Monat Mai sowie den Verkaufspreis und die Herstellkosten je Einheit.

	Produktionsmenge	Verkaufsmenge	Herstellkosten	Verkaufspreis
Pansenleckerli	300	250	2,50	3,90
Amselkükenersatz	400	300	1,90	2,90
Honigkorn	600	700	0,95	1,70

Tabelle 9.5: Angaben zu den Produktions- und Verkaufsmengen der Zoohandlung iWuff & Co KG

Ermitteln Sie das Betriebsergebnis für den Monat Mai einmal mit dem Gesamtkostenverfahren und einmal mit dem Umsatzkostenverfahren.

Aufgabe 9.7

Der Uhrenhersteller Watchcontrol aus Emden hat aktuell drei verschiedene Uhren im Programm. Die Damenarmbanduhr White Diamond in Zusammenarbeit mit Borovski, die Herrenarmbanduhr Star Clock mit einem Retrotaschenrechner, der an ein BlueBerry-Telefon erinnert, und die Kids-Uhr Galaxy Sieben mit einem Sieben-Zoll-Display.

Die Verwaltung des Uhrenherstellers hat im Monat April sage und schreibe 320.000 Euro verschlungen. Dazu gesellen sich im betreffenden Monat auch noch Vertriebsgemeinkosten in geradezu schwindelerregender Höhe von 180.000 Euro.

Die Damenarmbanduhr White Diamond wurde im April 15.000-mal gefertigt, von der Herrenarmbanduhr Star Clock wurden im April 10.000 Uhren hergestellt und bei der Kids-Uhr Galaxy Sieben waren es 20.000 Uhren.

In Tabelle 9.6 finden Sie die Angaben zu den Herstellkosten und den Verkaufspreisen der drei Modelle; alle Angaben sind je Uhr.

	Herstellkosten	Verkaufspreis
White Diamond	24,50	89,90
Star Clock	12,90	99,90
Galaxy Sieben	19,90	69,90

Tabelle 9.6: Angaben zum Uhrenhersteller Watchcontrol

Die White Diamond konnte im April 22.000-mal verkauft werden, die Star Clock konnte 8.000-mal und die Galaxy Sieben 25.000-mal verkauft werden.

Ermitteln Sie das Betriebsergebnis für den Monat April einmal mit dem Gesamtkostenverfahren und einmal mit dem Umsatzkostenverfahren.

Aufgabe 9.8

Der Pastaproduzent Di Necco hat sich auf drei Produkte spezialisiert: Spaghetti, Tortiglioni und Penne. Alle drei Produkte verkauft er für 1,40 Euro je Packung. Im Mai konnte er durch den Verkauf der Spaghetti 840.000 Euro Umsatz erzielen, indem er 600.000 Packungen Spaghetti verkaufen konnte. Produziert hat er im betreffenden Monat 550.000 Packungen Spaghetti.

Mit den Tortiglioni konnte Di Necco im Mai durch den Verkauf von 400.000 Packungen einen Umsatz von 560.000 Euro erzielen.

Die Penne liefen in diesem Monat extrem gut, da führende Fernsehköche einige Mahlzeiten mit Penne zubereitet haben: 800.000 verkaufte Packungen erbrachten Umsatzerlöse in Höhe von 1.120.000 Euro.

Im Mai wurden übrigens 410.000 Packungen Tortiglioni und 700.000 Packungen Penne produziert. Glücklicherweise waren noch Penne auf Lager, sodass auf die abrupte Nachfrage reagiert werden konnte.

Die Herstellkosten der drei Produkte im Monat Mai:

- ✓ Spaghetti: 0,90 Euro je Packung
- ✓ Tortiglioni: 0,91 Euro je Packung
- ✓ Penne: 0,95 Euro je Packung

Die Herstellkosten der drei Produkte sind im Zeitablauf konstant; nur bei den Penne gab es aufgrund der abrupten Nachfrageschwankung Veränderungen. Im Mai waren die Herstellkosten aufgrund der zu fahrenden Zusatzschichten mit 0,95 Euro höher als normal. In den Vormonaten betrugen die Herstellkosten für eine Packung Penne dagegen stets nur 0,88 Euro je Packung.

Bei der Di Necco gab es auch Verwaltungs- und Vertriebsgemeinkosten. Die Mai-Werte:

- ✓ Verwaltungsgemeinkosten: 180.000 Euro
- ✓ Vertriebsgemeinkosten: 380.000 Euro

Ermitteln Sie das Betriebsergebnis für den Monat Mai einmal mit dem Gesamtkostenverfahren und einmal mit dem Umsatzkostenverfahren.

Aufgabe 9.9

In dieser Aufgabe können Sie über eine differenzierende Zuschlagskalkulation die Selbstkosten der Produkte und das Betriebsergebnis nach dem Umsatzkostenverfahren je Produkt und in Summe ermitteln.

Die Triodont stellt Zahnpflegeprodukte her. Im Portfolio des Herstellers gibt es aktuell drei Produkte: die Zahnpasta Classic Mint, die Zahnpasta Kräuter Fresh und die Zahnseide Endless. Die beiden Zahnpasten werden für 1,49 Euro und die Zahnseide für 0,90 Euro verkauft. Für die drei Produkte fielen im Juni die in Tabelle 9.7 gezeigten Einzelkosten an.

	Materialeinzelkosten	Fertigungseinzelkosten
Zahnpasta Classic Mint	0,40	0,25
Zahnpasta Kräuter Fresh	0,45	0,22
Zahnseide Endless	0,35	0,18

Tabelle 9.7: Einzelkosten der Triodont-Produkte

Die Triodont arbeitet mit den in Tabelle 9.8 gezeigten Zuschlagssätzen.

Materialgemeinkostenzuschlagssatz	5 %
Fertigungsgemeinkostenzuschlagssatz	10 %
Vertriebsgemeinkostenzuschlagssatz	20 %
Verwaltungsgemeinkostenzuschlagssatz	5 %

Tabelle 9.8: Zuschlagssätze bei der Triodont

Im betrachteten Monat Juni gab es die in Tabelle 9.9 dargestellten Produktions- und Verkaufsmengen.

	Produktionsmenge	Verkaufsmenge
Zahnpasta Classic Mint	220.000	190.000
Zahnpasta Kräuter Fresh	200.000	210.000
Zahnseide Endless	80.000	60.000

Tabelle 9.9: Mengen im Juni

Ermitteln Sie die Selbstkosten der drei Produkte und das Betriebsergebnis je Produkt mithilfe des Umsatzkostenverfahrens. Abschließend können Sie noch das Betriebsergebnis in Summe ermitteln.

Aufgabe 9.10

Der Heizungshersteller De Winter baut drei unterschiedliche Heizungstypen: Gas-, Öl- und Holzpelletsheizungen. Eine Gasheizung wird zu 14.000 Euro verkauft, eine Ölheizung zu 9.000 Euro und eine Holzpelletsheizung zu 15.000 Euro. Im vergangenen Quartal wurden die in Tabelle 9.10 gezeigten Mengen produziert und verkauft.

	Produktionsmenge	Verkaufsmenge
Gasheizung	700	700
Ölheizung	450	400
Holzpelletsheizung	400	450

Tabelle 9.10: Produzierte und verkaufte Heizungen im vergangenen Quartal

Im vergangenen Quartal fielen folgende Materialeinzelkosten an:

✓ zum Bau der Gasheizung 3.500.000 Euro,

✓ zum Bau der Ölheizungen 2.400.000 Euro und

✓ zum Bau der Heizungen mit Holzpellets 1.300.000 Euro.

Die drei Heizungstypen werden in drei Produktionslinien gefertigt. Insgesamt arbeiten in der Produktion 30 Mitarbeiter: sechs Schichtleiter und 24 Monteure. Pro Arbeitstag können pro Produktionslinie maximal drei Schichten gefahren werden. Im vergangenen Quartal wurde durchgehend ein Zweischichtbetrieb gefahren, wobei es aufgrund von Produktionsschwierigkeiten in Linie 2, der Holzpelletsheizungsproduktion, zu Überstunden kam. Dort musste jeder in dieser Linie beschäftigte Mitarbeiter, fünf Monteure und zwei Schichtleiter, im vergangenen Quartal 100 Überstunden machen. In Linie 1, der Gasheizungsproduktion, lief dagegen alles glatt, sodass die dort beschäftigten zwei Schichtleiter und zehn Monteure keine Überstunden machen mussten.

Ein Schichtleiter kostet pro Stunde 25 Euro, ein Monteur 20 Euro. Im vergangenen Quartal hat jeder Mitarbeiter an 63 Arbeitstagen sieben Stunden am Tag gearbeitet. Wenn Überstunden ausbezahlt werden müssen, kostet dies De Winter für einen Monteur 31 Euro und für einen Schichtleiter 45 Euro.

Neben diesen Einzelkosten sind bei De Winter auch folgende Gemeinkosten angefallen:

✓ sonstiges Material: 100.000 Euro

✓ Hilfs- und Betriebsstoffe: 35.000 Euro

✓ Entgelte des Overheads: 1.800.000 Euro

✓ diverse Gemeinkosten: 330.000 Euro

Im Quartal davor fielen exakt dieselben Kosten und Produktionsmengen an; der einzige Unterschied: Es mussten keine Überstunden gefahren werden.

Nun die Aufgaben:

1. Die Gemeinkosten sollen entsprechend dem in Tabelle 9.11 gezeigten Schlüssel auf die Kostenstellen verteilt werden.

2. Nachdem Sie dies erledigt haben, sollen die Kosten der Kostenstellen Kantine, Werksfeuerwehr und Facility-Management entsprechend der Anzahl der Mitarbeiter schrittweise auf die restlichen Kostenstellen verteilt werden. Die Mitarbeiterzahlen je Kostenstelle finden Sie in Tabelle 9.12. Verzichten Sie dabei auf die stufenweise Entlastung der drei Kostenstellen; legen Sie die Kosten der drei Kostenstellen auf einmal um.
3. Ermitteln Sie die Herstellkosten der drei Produkte.
4. Ermitteln Sie danach die Herstellkosten und die Selbstkosten des Umsatzes und die Betriebsergebnisse der drei Produkte und des Unternehmens in Summe mithilfe des Umsatzkostenverfahrens. Die Verwaltungs- und Vertriebsgemeinkosten sollen dabei zu gleichen Teilen auf die drei Produkte verteilt werden.
5. Und die Zusatzfrage lautet: Ein asiatischer Wettbewerber drängt mit aggressiven Preisen auf den Heizungsmarkt. Der Vertrieb möchte dem neuen Wettbewerber keine Gelegenheit geben, Fuß zu fassen, und fordert eine Preissenkung von 30 Prozent für alle drei Produkte, damit der Wettbewerber erst gar keine Strukturen aufbauen kann. Könnte die De Winter mit einer solchen Preisreduzierung noch ein positives Betriebsergebnis erzielen? Gehen Sie bei der Beantwortung der Frage von konstanten Absatzmengen aus.

Tabelle 9.11 zeigt die Schlüsselung der Gemeinkosten.

Kostenstelle	Schlüssel
Kantine	2
Werksfeuerwehr	1
Facility-Management	1
Materialkostenstelle Gasheizungen	5
Materialkostenstelle Ölheizungen	4
Materialkostenstelle Holzpelletsheizungen	3
Fertigungskostenstelle Gasheizungen	6
Fertigungskostenstelle Ölheizungen	5
Fertigungskostenstelle Holzpelletsheizungen	4
Accounting	3
Geschäftsleitung	3
Vertrieb	4

Tabelle 9.11: Schlüsselung der Gemeinkosten

Tabelle 9.12 zeigt die Mitarbeiterzahlen.

Kostenstelle	Anzahl Mitarbeiter
Kantine	4
Werksfeuerwehr	3
Facility-Management	2
Materialkostenstelle Gasheizungen	1
Materialkostenstelle Ölheizungen	1
Materialkostenstelle Holzpelletsheizungen	1
Fertigungskostenstelle Gasheizungen	12
Fertigungskostenstelle Ölheizungen	11
Fertigungskostenstelle Holzpelletsheizungen	7
Accounting	3
Geschäftsleitung	6
Vertrieb	10

Tabelle 9.12: Mitarbeiterzahlen De Winter

Runden Sie bei jedem Zwischenschritt kaufmännisch auf zwei Stellen nach dem Komma.

Zu Ihrer Unterstützung in Tabelle 9.13 das Gerüst für die Zuschlagskalkulation für die Teilaufgaben 3 und 4.

	Gasheizung	Ölheizung	Holzpellet
1 **Erlöse**			
2 Materialeinzelkosten			
3 Materialgemeinkosten			
4 Fertigungseinzelkosten			
5 Fertigungsgemeinkosten			
6 **(2) bis (5) = Herstellkosten**			
7 Herstellkosten für die Bestandsminderung			
8 Herstellkosten für die Bestandserhöhung			
9 **(6) + (7) + (8) = Herstellkosten des Umsatzes**			
10 Verwaltungsgemeinkosten			
11 Vertriebsgemeinkosten			
12 **(9) + (10) + (11) = Selbstkosten**			
13 **(1) – (12) = Betriebsergebnis**			

Tabelle 9.13: Zuschlagskalkulation bei De Winter

Lösungen zu den Übungsaufgaben

Aufgabe 9.1

Nein, die Gewinn-und-Verlust-Rechnung besteht aus Aufwendungen und Erträgen. Diese enthalten auch neutrale Aufwendungen und Erträge, die im Betriebsergebnis nichts zu suchen haben. Zusätzlich werden manche Dinge in der Gewinn-und-Verlust-Rechnung anders als in der Kostenrechnung bewertet.

Aufgabe 9.2

Zunächst werden die betriebsfremden Aufwendungen und Erträge zur Ermittlung des betriebsfremden Ergebnisses in Tabelle 9.14 ermittelt. Betriebsfremd sind dabei die folgenden Positionen:

Position 2: Die aus der Vermietung ehemaliger Werkswohnungen entstanden Mieterträge sind betriebsfremd, da sie nichts mit dem Betriebszweck, der Herstellung und dem Verkauf von Schnellkompostern zu tun haben.

Position 3: Die Zinserträge sind ebenfalls betriebsfremd.

Position 9: Die Mietaufwendungen für den Showroom des Neffen sind betriebsfremd, da die Gasproduktion nichts mit dem eigentlichen Betriebszweck zu tun hat.

Position 11: Bei der jährlichen Spende an den Turnverein handelt es sich um betriebsfremden Aufwand.

Position 12: Die gezahlte Grundsteuer für die vermieteten Gebäude ist betriebsfremder Aufwand.

Rechnungskreis II: Internes Rechnungswesen

Abgrenzungen

	Betriebsfremder Erfolg	
	Neutrale Aufwendungen	**Neutrale Erträge**
1 Umsatzerlöse		
2 Mieterträge		42.000
3 Zinserträge		32.000
4 Erträge aus Anlagenverkauf		
5 Materialaufwand		
6 Entgelte		
7 Sozialabgaben		
8 Abschreibungen		
9 Mietaufwendungen	64.000	
10 Außerordentlicher Aufwand		
11 Spenden	20.000	
12 Steuern	2.000	
Summe	**86.000**	**74.000**
Ergebnis	**–12.000**	

Tabelle 9.14: Betriebsfremder Erfolg

Nun wird der außerordentliche Erfolg in Tabelle 9.15 ermittelt. Außerordentliche Aufwendungen und Erträge finden sich in folgenden Positionen:

Position 1: Die Umsatzerlöse enthalten auch außerordentliche Erlöse aus einem Einmalgeschäft.

Position 4: Der Verkauf nicht mehr benötigter Produktionsmaschinen erbrachte außerordentliche Erträge.

Position 5: Der Materialaufwand für den Kauf der Sonnenschirme stellt außerordentlichen Aufwand dar.

Position 6: Der Aufwand für die Vertragsauflösung ist außerordentlich.

Position 8: Die Sonderabschreibung über 400.000 Euro stellt außerordentlichen Aufwand dar.

Position 10: Der Name der Position verrät es bereits: Der Aufwand durch den Verlust einer Produktionscharge ist hoffentlich außerordentlich.

Rechnungskreis II: Internes Rechnungswesen		
	Außerordentlicher Erfolg	
Abgrenzungen		
	Außerordentlicher Erfolg	
	Neutrale Aufwendungen	**Neutrale Erträge**
1 Umsatzerlöse		20.000
2 Mieterträge		
3 Zinserträge		
4 Erträge aus Anlagenverkauf		1.800.000
5 Materialaufwand	10.000	
6 Entgelte	1.100.000	
7 Sozialabgaben		
8 Abschreibungen	400.000	
9 Mietaufwendungen		
10 Außerordentlicher Aufwand	120.000	
11 Spenden		
12 Steuern		
Summe	**1.630.000**	**1.820.000**
Ergebnis	**–190.000**	

Tabelle 9.15: Außerordentlicher Erfolg

Jetzt geht es um die kostenrechnerischen Korrekturen. Diese finden sich in Position 8 bei den Abschreibungen. Gegenüber dem Aufwand in Höhe von 200.000 Euro werden verrechnete Kosten in Höhe von 250.000 Euro erfasst. Damit kann das Betriebsergebnis ermittelt werden. In Tabelle 9.16 wird vom Unternehmens- zum Betriebsergebnis übergeleitet.

Unternehmensergebnis	–1.506.000
Betriebsfremder Erfolg	–12.000
Außerordentlicher Erfolg	–190.000
Kostenrechnerische Korrekturen	–50.000
Betriebsergebnis	–1.713.000

Tabelle 9.16: Überleitung vom Unternehmens- zum Betriebsergebnis

Das Betriebsergebnis ist noch desaströser als das Unternehmensergebnis. Aus der gewöhnlichen Geschäftstätigkeit heraus wird ein Verlust von rund 1,7 Millionen Euro erwirtschaftet.

Aufgabe 9.3

Das Betriebsergebnis der Altes Land GmbH mit dem Gesamtkostenverfahren finden Sie in Tabelle 9.17.

Umsatzerlöse	800.000
+ Bestandserhöhungen	60.000
– Bestandsminderungen	–160.000
– Gesamtkosten	–600.000
= Betriebsergebnis	100.000

Tabelle 9.17: Gesamtkostenverfahren beim Fruchtsafthersteller Altes Land GmbH

Aufgabe 9.4

Das mit dem Gesamtkostenverfahren ermittelte Betriebsergebnis des Spieleherstellers Ravensbrück KG zeigt Tabelle 9.18.

Umsatzerlöse	1.350.000
+ aktivierte Eigenleistungen	45.000
– Bestandsminderungen	–140.000
– Gesamtkosten	–700.000
= Betriebsergebnis	555.000

Tabelle 9.18: Gesamtkostenverfahren beim Spielehersteller Ravensbrück KG

Aufgabe 9.5

Das Betriebsergebnis des Spielzeugproduzenten Paul GmbH mit dem Gesamtkostenverfahren gibt Tabelle 9.19 wieder.

Zunächst werden die Umsatzerlöse ermittelt: 7.000 × 29,90 + 5.000 × 29,90 + 6.000 × 39,90 = 598.200 Euro. Danach die Bestandsveränderungen; es gab durchgehend Bestandsminderungen: 2.000 × 14,50 + 1.000 × 16,00 + 3.000 × 18,50 = 100.500 Euro.

Umsatzerlöse	598.200
– Bestandsminderungen	–100.500
– Gesamtkosten	–400.000
= Betriebsergebnis	97.700

Tabelle 9.19: Gesamtkostenverfahren bei der Paul GmbH

Aufgabe 9.6

Das Betriebsergebnis mit dem Gesamtkostenverfahren zeigt Tabelle 9.20.

Zunächst werden die Umsatzerlöse ermittelt: 250 × 3,90 + 300 × 2,90 + 700 × 1,70 = 3.035 Euro. Danach die Bestandsveränderungen; die Bestandserhöhungen: 50 × 2,50 + 100 × 1,90 = 315 Euro und die Bestandsminderungen: 100 × 0,95 = 95 Euro. Jetzt fehlen nur noch die Gesamtkosten. Diese ergeben sich aus den Produktionsmengen multipliziert mit den Herstellkosten und den Verwaltungs- und Vertriebsgemeinkosten: 300 × 2,50 + 400 × 1,90 + 600 × 0,95 + 3.000 + 500 = 5.580 Euro.

Umsatzerlöse	3.035
+ Bestandserhöhungen	+315
– Bestandsminderungen	–95
– Gesamtkosten	–5.580
= Betriebsergebnis	–2.325

Tabelle 9.20: Gesamtkostenverfahren bei der iWuff & Co KG

Das Betriebsergebnis mit dem Umsatzkostenverfahren finden Sie in Tabelle 9.21.

Hier werden wie beim Gesamtkostenverfahren zuerst die Umsatzerlöse ermittelt: 250 × 3,90 + 300 × 2,90 + 700 × 1,70 = 3.035 Euro. Danach die Selbstkosten der verkauften Produkte: 250 × 2,50 + 300 × 1,90 + 700 × 0,95 + 3.000 + 500 = 5.360 Euro.

Umsatzerlöse	3.035
– Selbstkosten der verkauften Produkte	–5.360
= Betriebsergebnis	–2.325

Tabelle 9.21: Umsatzkostenverfahren bei der iWuff & Co KG

Aufgabe 9.7

Das Betriebsergebnis mit dem Gesamtkostenverfahren zeigt Tabelle 9.22.

Zunächst werden die Umsatzerlöse ermittelt: 22.000 × 89,90 + 8.000 × 99,90 + 25.000 × 69,90 = 4.524.500 Euro. Danach die Bestandsveränderungen:

- ✓ die Bestandsminderungen: 7.000 × 24,50 + 5.000 × 19,90 = 271.000 Euro
- ✓ die Bestandserhöhungen: 2.000 × 12,90 = 25.800 Euro

Jetzt fehlen nur noch die Gesamtkosten. Diese ergeben sich aus den Produktionsmengen multipliziert mit den Herstellkosten. Anschließend werden noch die Verwaltungs- und Vertriebsgemeinkosten hinzugezählt: 15.000 × 24,50 + 10.000 × 12,90 + 20.000 × 19,90 + 320.000 + 180.000 = 1.394.500 Euro.

Umsatzerlöse	4.524.500
+ Bestandserhöhungen	+25.800
– Bestandsminderungen	–271.000
– Gesamtkosten	–1.394.500
= Betriebsergebnis	2.884.800

Tabelle 9.22: Das Gesamtkostenverfahren bei Watchcontrol

Das Betriebsergebnis mit dem Umsatzkostenverfahren zeigt Tabelle 9.23.

Hier werden wie beim Gesamtkostenverfahren zuerst die Umsatzerlöse ermittelt: 22.000 × 89,90 + 8.000 × 99,90 + 25.000 × 69,90 = 4.524.500 Euro. Danach folgen die Selbstkosten der verkauften Produkte: 22.000 × 24,50 + 8.000 × 12,90 + 25.000 × 19,90 + 320.000 + 180.000 = 1.639.700 Euro.

Umsatzerlöse	4.524.500
– Selbstkosten der verkauften Produkte	–1.639.700
= Betriebsergebnis	2.884.800

Tabelle 9.23: Das Umsatzkostenverfahren bei Watchcontrol

Aufgabe 9.8

Tabelle 9.24 zeigt das Betriebsergebnis mit dem Gesamtkostenverfahren.

Zuerst die Umsatzerlöse:

- ✓ Spaghetti: 600.000 × 1,40 = 840.000 Euro
- ✓ Tortiglioni: 400.000 × 1,40 = 560.000 Euro
- ✓ Penne: 800.000 × 1,40 = 1.120.000 Euro

Gesamtumsatz: 2.520.000 Euro.

Bestandserhöhungen gab es bei den Tortiglioni:

- ✓ Tortiglioni: 10.000 × 0,91 = 9.100 Euro

Bestandsminderungen gab es dagegen bei den Spaghetti und den Penne:

- ✓ Spaghetti: 50.000 × 0,90 = 45.000 Euro
- ✓ Penne: 100.000 × 0,88 = 88.000 Euro

Ergibt insgesamt 133.000 Euro.

Nun die Gesamtkosten. Diese ergeben sich aus den Produktionsmengen multipliziert mit den Herstellkosten zuzüglich Verwaltungs- und Vertriebsgemeinkosten: 550.000 × 0,90 + 410.000 × 0,91 + 700.000 × 0,95 + 180.000 + 380.000 = 2.093.100 Euro.

Umsatzerlöse	2.520.000
+ Bestandserhöhungen	+9.100
– Bestandsminderungen	–133.000
– Gesamtkosten	–2.093.100
= Betriebsergebnis	303.000

Tabelle 9.24: Gesamtkostenverfahren bei Di Necco

Tabelle 9.25 zeigt das Betriebsergebnis mit dem Umsatzkostenverfahren. Hier werden zuerst auch die Umsatzerlöse ermittelt:

- ✓ Spaghetti: 600.000 × 1,40 = 840.000 Euro
- ✓ Tortiglioni: 400.000 × 1,40 = 560.000 Euro
- ✓ Penne: 800.000 × 1,40 = 1.120.000 Euro

Gesamtumsatz: 2.520.000 Euro.

Nun die Selbstkosten der verkauften Produkte: 600.000 × 0,90 + 400.000 x 0,91 + 700.000 × 0,95 + 100.000 × 0,88 + 180.000 + 380.000 = 2.217.000 Euro.

Umsatzerlöse	2.520.000
– Selbstkosten der verkauften Produkte	–2.217.000
= Betriebsergebnis	303.000

Tabelle 9.25: Umsatzkostenverfahren bei Di Necco

Aufgabe 9.9

In Tabelle 9.26 werden die Umsatzerlöse, die Herstellkosten, Selbstkosten und das Betriebsergebnis der drei Produkte ermittelt.

		Classic Mint	Kräuter Fresh	Endless
1	**Erlöse**	**283.100**	**312.900**	**54.000**
2	Materialeinzelkosten	88.000	90.000	28.000
3	Materialgemeinkosten	4.400	4.500	1.400
4	Fertigungseinzelkosten	55.000	44.000	14.400
5	Fertigungsgemeinkosten	5.500	4.400	1.440
6	**(2) bis (5) = Herstellkosten**	**152.900**	**142.900**	**45.240**
7	+ Herstellkosten für die Bestandsminderung		7.145	
8	– Herstellkosten für die Bestandserhöhung	20.850		11.310
9	**(6) + (7) + (8) = Herstellkosten des Umsatzes**	**132.050**	**150.045**	**33.930**
10	Verwaltungsgemeinkosten	30.580	28.580	9.048
11	Vertriebsgemeinkosten	7.645	7.145	2.262
12	**(9) + (10) + (11) = Selbstkosten**	**170.275**	**185.770**	**45.240**
13	**(1) – (12) = Betriebsergebnis**	**112.825**	**127.130**	**8.760**

Tabelle 9.26: Umsatzkostenverfahren bei der Triodont

Die Herstellkosten der Bestandsveränderungen ermitteln Sie, indem Sie die Herstellkosten zuerst durch die Produktionsmenge teilen und anschließend mit der Menge der Bestandsveränderung multiplizieren. Bei der Zahnpasta Classic Mint wären dies 152.900 Euro geteilt durch 220.000 produzierte Tuben multipliziert mit 30.000 bestandserhöhenden Tuben; ergibt 20.850 Euro. Das Betriebsergebnis der Triodont für den Monat Juni beläuft sich damit auf 248.715 Euro.

Aufgabe 9.10

Zunächst die Verteilung der Gemeinkosten auf die Kostenstellen entsprechend dem Schlüssel wie in Tabelle 9.27. In Summe sind 2.265.000 Euro an Gemeinkosten im Betriebsabrechnungsbogen über die 40 Einheiten des Schlüssels zu verteilen. Je Einheit sind dies somit 56.625 Euro.

Kostenstelle	Schlüssel	Kosten
Kantine	2	113.250
Werksfeuerwehr	1	56.625
Facility-Management	1	56.625
Materialkostenstelle Gasheizungen	4	226.500
Materialkostenstelle Ölheizungen	4	226.500
Materialkostenstelle Holzpelletsheizungen	3	169.875
Fertigungskostenstelle Gasheizungen	6	339.750
Fertigungskostenstelle Ölheizungen	5	283.125
Fertigungskostenstelle Holzpelletsheizungen	4	226.500
Accounting	3	169.875
Geschäftsleitung	3	169.875
Vertrieb	4	226.500

Tabelle 9.27: Verteilung der Gemeinkosten

Nun die Entlastung der Kostenstellen Kantine, Werksfeuerwehr und Facility-Management. Tabelle 9.28 zeigt, wie die Gesamtkosten der drei Kostenstellen, 226.500 Euro auf 52 Mitarbeiter verteilt werden. Je Mitarbeiter also 4.355,77 Euro.

Nun zur Teilaufgabe 3 und 4. Nachdem Sie die Umsatzerlöse aus den Verkaufspreisen und Mengen ermittelt sowie die Umsatzerlöse und die Materialeinzelkosten in die leere Tabelle 9.13 eingetragen haben, geht es an die Materialgemeinkosten. In den Teilaufgaben 1 und 2 wurden die Gemeinkosten verteilt. So bekommt beispielsweise das Produkt Materialgemeinkosten in Höhe von 230.855,77 Euro: 226.500 Euro aus der Schlüsselung und 4.355,77 Euro aus der Verteilung der drei Kostenstellen Kantine, Werksfeuerwehr und Facility-Management nach Mitarbeitern.

Die Fertigungseinzelkosten werden aus den Angaben zu den Mitarbeitern der drei Produktionslinien ermittelt. So ergeben sich für die Produktlinie Gasheizungen Fertigungseinzelkosten in Höhe von 88.200 Euro: zwei Schichtleiter, die 63 Tage zu je sieben Stunden gearbeitet haben und 25 Euro die Stunde kosten sowie zehn Monteure, die genauso viel gearbeitet haben und 20 Euro die Stunde kosten. Bei den Fertigungseinzelkosten der Holzpelletsheizungen müssen auch die Überstunden in Höhe von 24.500 Euro berücksichtigt werden: 100 Stunden zu je 45 beziehungsweise 31 Euro.

Kostenstelle	Anzahl Mitarbeiter	Kosten
Materialkostenstelle Gasheizungen	1	4.355,77
Materialkostenstelle Ölheizungen	1	4.355,77
Materialkostenstelle Holzpelletsheizungen	1	4.355,77
Fertigungskostenstelle Gasheizungen	12	52.269,24
Fertigungskostenstelle Ölheizungen	11	47.913,47
Fertigungskostenstelle Holzpelletsheizungen	7	30.490,39
Accounting	3	13.067,31
Geschäftsleitung	6	26.134,62
Vertrieb	10	43.557,70

Tabelle 9.28: Kosten nach Mitarbeiterzahlen

Die Fertigungsgemeinkosten werden wie die Materialgemeinkosten ermittelt. Nun müssen die Herstellkosten der Bestandsminderung ermittelt werden. Dies ist der Fall bei den Holzpelletsheizungen: Hier wurden auch 50 Heizungen, die im vorherigen Quartal produziert wurden, verkauft. Die Herstellkosten für diese 50 Heizungen sind schnell ermittelt: 1.799.821,16 Euro abzüglich der im vorherigen Quartal nicht angefallenen Überstunden ergibt 1.775.321,16 Euro für 400 produzierte Holzpelletsheizungen, ergibt Herstellkosten von 4.438,30 Euro je Heizung. Für 50 Heizungen also 221.915 Euro.

Bei den Ölheizungen gab es dagegen eine Bestanderhöhung um 50 Einheiten. Die Vorgehensweise zur Ermittlung der Werte entspricht der bei den Bestandsminderungen.

Die Verwaltungsgemeinkosten setzen sich aus den Kosten der Kostenstellen Accounting und Geschäftsleitung zusammen, 378.951,93 Euro, und werden gedrittelt. Dasselbe passiert mit den Vertriebsgemeinkosten in Tabelle 9.29.

Die De Winter hat im abgelaufenen Quartal damit ein Betriebsergebnis in Höhe von 10.564.824,47 Euro erzielt.

Last but not least noch die Antwort auf die Zusatzfrage: Bei einer Preisreduzierung um 30 Prozent würde De Winter bei konstanten Absatzmengen einen Umsatz von 14.105.000 Euro erzielen. Bei Selbstkosten wie im abgelaufenen Quartal würde die De Winter weiterhin ein positives Betriebsergebnis erzielen.

		Gasheizung	Ölheizung	Holzpellet
1	**Erlöse**	**9.800.000,00**	**3.600.000,00**	**6.750.000,00**
2	Materialeinzelkosten	3.500.000,00	2.400.000,00	1.300.000,00
3	Materialgemeinkosten	230.855,77	230.855,77	174.230,77
4	Fertigungseinzelkosten	88.200,00	79.380,00	68.600,00
5	Fertigungsgemeinkosten	392.019,24	331.038,47	256.990,39
6	**(2) bis (5) = Herstellkosten**	**4.211.075,01**	**3.041.274,24**	**1.799.821,16**
7	+ Herstellkosten für die Bestandsminderung			221.915,00
8	– Herstellkosten für die Bestandserhöhung		337.919,50	
9	**(6) + (7) + (8) = Herstellkosten des Umsatzes**	**4.211.075,01**	**2.703.354,74**	**2.021.736,16**
10	Verwaltungsgemeinkosten	126.317,31	126.317,31	126.317,31
11	Vertriebsgemeinkosten	90.019,23	90.019,23	90.019,23
12	**(9) + (10) + (11) Selbstkosten**	**4.427.411,55**	**2.919.691,28**	**2.238.072,70**
13	**(1) – (12) = Betriebsergebnis**	**5.372.588,45**	**680.308,72**	**4.511.927,30**

Tabelle 9.29: Zuschlagskalkulation bei De Winter

Teil III
Zukunft: Plankosten- und Planleistungsrechnungen

In diesem Teil …

Auf Sicht fahren bleibt die Ausnahme. Außerhalb akuter Krisenphasen neigen Unternehmen stark dazu, die kommenden Monate und Jahre zu planen. Und dies aus gutem Grund: So können sie ihre Ziele planen und deren Umsetzung verfolgen.

Dieser Teil startet mit den unterschiedlichen Planungshorizonten. Danach geht es um verschiedene Plankostenrechnungen, von der starren und flexiblen Plankostenrechnung über die Grenzplankostenrechnung zur relativen Einzelkostenrechnung und zur Prozesskostenrechnung.

Planung und Ist-Erwartung

10

In diesem Kapitel …

- Warum man sich Ziele setzen sollte
- Welche unterschiedlichen Planungshorizonte es gibt
- Wie die Kosten- und Leistungsrechnung die Planung unterstützt

Bisher ging es in diesem Übungsbuch ausschließlich um Istwerte, also um Vergangenheitswerte. Diese bilden eine wichtige, aber nicht alleinige Grundlage für Planwerte. Die meisten Unternehmen setzen sich Ziele, sie planen; und dazu benötigen sie Planwerte. In diesem Kapitel geht es zunächst um die unterschiedlichen Planungshorizonte und wie die Plankostenrechnung die Unternehmensplanung unterstützt.

Am Anfang war das Ziel

Ausgangspunkt jeder Planung sind Ziele. Damit so ein Ziel in der Planung auch wirklich berücksichtigt werden kann, muss es bestimmte Kriterien erfüllen. Die vier wichtigsten Kriterien sind:

- ✓ **Zielinhalt:** Was soll erreicht werden? Quantitative Ziele wie der Umsatz, Kostenvorgaben oder Gewinnziele? Oder vielleicht qualitative Ziele wie zum Beispiel eine höhere Produktqualität?
- ✓ **Zielausmaß:** Um wie viel soll der Gewinn gesteigert oder der Umsatz erhöht werden?
- ✓ **Zeitbezug:** Bis wann soll das Ziel erreicht werden?
- ✓ **Sachlicher Geltungsbereich:** Wo genau soll das Ziel gelten? Im ganzen Konzern oder beim neuen Tochterunternehmen, bei einer Produktlinie, einem Geschäftsfeld?

Da die Welt nun mal nicht eindimensional gestrickt ist, werden in einem Unternehmen meist mehrere Ziele gleichzeitig verfolgt. Dabei konkurrieren einige Ziele zu allem Unglück manchmal miteinander. In solchen Fällen müssen die Ziele priorisiert werden. Ist dies geschafft – was übrigens in den seltensten Fällen reibungslos und formvollendet geschieht –, kann es mit der Planung losgehen.

Aufgabe 10.1

Bei der Alois Meier GmbH setzt man sich jedes Jahr im November zusammen, um die Ziele für das nächste Jahr zu besprechen. Alois Meyer fordert einen angemessenen Gewinn als Ziel. Der Schwiegersohn, Horst Aubaur fordert als Ziel mehr Umsatz. Nach drei Maß Bier einigt man sich auf folgende Ziele für das nächste Geschäftsjahr: Es soll ein angemessener Gewinn mit mehr Umsatz erzielt werden.

Prüfen Sie bitte, ob der ausgearbeitete Zielkatalog den vier Zielkriterien Zielinhalt, Zielausmaß, Zeitbezug und sachlicher Geltungsbereich gerecht wird und somit operabel ist.

Aufgabe 10.2

Auf der Vorstandssitzung der Breitschmid AG wurden die Ziele für das nächste Geschäftsjahr des Gesamtunternehmens beschlossen:

- ✓ Gewinnverdoppelung innerhalb von zwölf Monaten
- ✓ keine Ausweitung der Marketing- und Vertriebsaktivitäten
- ✓ Verdoppelung der Budgets für Forschung und Entwicklung
- ✓ Erhöhung der Vorstandsvergütung auf 20 Prozent des Gewinns

Prüfen Sie bitte, ob der ausgearbeitete Zielkatalog den vier Zielkriterien Zielinhalt, Zielausmaß, Zeitbezug und sachlicher Geltungsbereich gerecht wird und somit operabel ist. Sind diese Ziele gleichzeitig erreichbar oder bestehen Zielkonflikte, die eine Priorisierung erforderlich machen würden? Wie würden Sie aus Sicht des Vorstands die Ziele priorisieren?

Die Planungshorizonte

Es gibt unterschiedliche Planungshorizonte. Es wird unterschieden zwischen

- ✓ **strategischer Planung:** Hier wird für etwa fünf Jahre in die Zukunft geblickt.
- ✓ **taktischer Planung:** Hier geht es um die mittelfristige Planung für die nächsten zwei bis vier Jahre.
- ✓ **operativer Planung:** Hier wird das kommende Jahr geplant.

Aufgabe 10.3

Der Vorstand des Automobilherstellers Austermobile AG hat sich auf einem Workshop mit der Frage möglicher alternativer Antriebsformen beschäftigt. Ein Ergebnis des Workshops war die Stärkung der Austernzucht, um in spätestens sechs Jahren die Serienproduktion von austerngetriebenen Fahrzeugen aufnehmen zu können. Ein weiterer Diskussionspunkt war die Effizienzsteigerung der aktuellen Motorenserie Efficiency 1.2. Hier soll innerhalb der nächsten Monate eine Einsparung von 20 Prozent beim Verbrauch und auch bei der Herstellung der Aggregate erzielt werden. Diese Zielsetzung wurde umgehend in den aktuellen Wirtschaftsplan aufgenommen.

Wo würden Sie diese beiden Ziele einordnen? Bei der strategischen, der taktischen oder der operativen Planung?

Forecast – die Ist-Erwartung

Die operative Planung, also der Wirtschaftsplan für das nächste Geschäftsjahr, ist zugleich der erste Forecast beziehungsweise die erste Ist-Erwartung. Der Wirtschaftsplan gilt zwar für das gesamte nächste Geschäftsjahr, aber nach drei Monaten erfährt er bereits eine Aktualisierung. Diese Aktualisierung kann Ihnen unter den Bezeichnungen rollierende Planung, Ist-Erwartung oder Forecast begegnen. Für das laufende Jahr wird der Plan mittels der Ist-Erwartung auf dem Laufenden gehalten.

Das funktioniert so: Nachdem das erste Quartal vorüber ist, werden die Planungsdaten von Januar bis März mit den Istdaten dieser Monate überschrieben. Dann überlegen Sie, ob die ursprüngliche Planung der folgenden drei Zukunftsquartale noch passt oder korrigiert werden muss. Dasselbe führen Sie jeweils nochmals am Ende des zweiten und des dritten Quartals durch. Im Idealfall gibt die Ist-Erwartung so die bestmögliche Vorhersage für das laufende Jahr ab. Die ursprünglichen Planwerte werfen Sie dabei natürlich nicht weg; diese dienen weiterhin der Orientierung an den ursprünglichen Zielen.

Aufgabe 10.4

Die Eva Barth GmbH hatte für das nächste Geschäftsjahr Kosten in Höhe von 1,2 Millionen Euro eingeplant. Dabei wurde ein gleichmäßiger Kostenverlauf unterstellt: 100.000 Euro Kosten pro Monat. Nach dem ersten Quartal stellt sich die Situation wie folgt dar: Im Januar gab es Istkosten in Höhe von 50.000 Euro, im Februar in Höhe von 60.000 Euro und im März in Höhe von 200.000 Euro.

Auf Nachfrage bei den Kostenstellenverantwortlichen ergibt sich folgendes Bild: Die Istkosten waren im ersten Quartal deshalb so uneinheitlich, weil der Hauptlieferant zu Beginn des Jahres Probleme mit der Rechnungsstellung hatte. In Summe geben die drei Monate unter Berücksichtigung der zwischenzeitlich erzielten Verbesserung der Einkaufskonditionen ein durchaus realistisches Bild ab.

Erstellen Sie auf Basis dieser Informationen die erste Ist-Erwartung für das laufende Geschäftsjahr der Eva Barth GmbH.

Planung und die Kosten- und Leistungsrechnung

Die Kosten- und Leistungsrechnung ist eines der wichtigsten Planungsinstrumente. Mit ihrer Hilfe erfolgt eine Kostenkontrolle mittels Vergleich der Istkosten mit den Plankosten.

Planen mit Prognose- und Standardkosten

Neben dem Begriff der Plankosten gibt es auch

- ✓ die Prognosekosten und
- ✓ die Standardkosten.

Plankostenrechnungen können entweder als Prognose- oder als Standardkostenrechnung durchgeführt werden.

Die Prognosekostenrechnung

Bei Prognosekosten handelt es sich um erwartete Kosten. Ziel der Prognosekostenrechnung ist die Vorhersage von prognostizierten Kosten und Leistungen.

Um Kosten fundiert planen zu können, benötigen Sie eine sogenannte Kostenfunktion. Sie bildet die Beziehung zwischen den Kosten und deren Einflussgrößen ab. Eine einfache Variante der Kostenfunktion ist die sogenannte Stückliste. Hier wird stets von konstanten, linearen Beziehungen ausgegangen. Fixkosten oder unterproportionale Kosten kommen in dieser einfachen Variante nicht vor.

Eine einfache Kostenfunktion sieht so aus:

$$K = K_{fix} + K_{var}$$

Dazu ein Beispiel: Für die Produktion von 100 Einheiten eines Produkts fallen 1.000 Euro Fixkosten und 5.000 Euro variable Kosten an:

$$K = 1.000 + 5.000 = 6.000$$

Die Formel mit den großen K beschreibt die Gesamtkosten. Eine Formel mit kleinen k beschreibt die Kosten pro Stück.

Die Kostenträgerrechnung ist eine Voraussetzung für eine Prognosekostenrechnung.

Die Standardkosten

Bei der Standardkostenrechnung geht es um die optimalen Kosten. Die Planung der Einzel- und Gemeinkosten auf Kostenstellenebene und der anschließende Vergleich der Istkosten mit den geplanten Kosten je Kostenstelle ist Gegenstand der Standardkostenrechnung. Externe Einflüsse wie nicht verantwortbare Preisschwankungen werden oft durch die Verwendung von Festpreisen ausgeschlossen.

Der Regelkreis

Zuerst wird das kommende Jahr geplant. Wenn diese Planung abgeschlossen ist, können Sie später die laufenden Istwerte mit den ursprünglich geplanten Werten vergleichen. Bei Abweichungen müssen Sie die Ursache herausfinden, also eine Abweichungsanalyse erstellen. Die Planung umfasst damit jedes Jahr aufs Neue drei Schritte gleich einem Regelkreis:

- ✓ Planung
- ✓ Kontrolle: Plan-Ist-Vergleich
- ✓ Abweichungsanalyse

Aufgabe 10.5

Bei der Mineralwasserbrunnen Bärensteiner GmbH Co. KG besitzt das Produkt Natürliches Mineralwasser Medium folgende Kostenfunktion:

$$K = 150.000 + 0,36 \times 60.000 = 171.600$$

Wie hoch sind die Kosten für 60.000 Flaschen Natürliches Mineralwasser Medium?

Aufgabe 10.6

Der Teelichterhersteller TeLi GmbH hat in seiner Wirtschaftsplanung für das Produkt Teelicht Standard folgende Kostenziele festgelegt: Die variablen Stückkosten dürfen maximal 0,02 Euro betragen. Das Produkt soll zudem 80 Prozent der anfallenden Fixkosten tragen. Das sind 600.000 Euro. Für das Planjahr wurde eine Absatzmenge von 5 Millionen Teelichtern Standard veranschlagt.

Im darauffolgenden Jahr wurden tatsächlich 5 Millionen Teelichter der Standardvariante produziert und verkauft. Dafür entstanden Kosten in Höhe von 800.000 Euro. Wurde das Kostenziel erreicht?

Lösungen zu den Übungsaufgaben

Aufgabe 10.1

- ✓ Der Zielinhalt wird qualitativ definiert: Es soll ein angemessener Gewinn und mehr Umsatz erzielt werden.
- ✓ Beim Zielausmaß ist die Diskussionsrunde nicht sehr weit gekommen; es kam lediglich zu qualitativen Aussagen. Bei Zielgrößen wie Gewinn und Umsatz dürfte die Zielverfolgung so etwas schwierig werden; quantitative Ziele sind leichter messbar und bieten keinen so großen Interpretationsspielraum.

- ✓ Der Zeitbezug ist klar umrissen. Es geht um das nächste Geschäftsjahr. Auftrag erfüllt.
- ✓ Aus dem Kontext der Aufgabenstellung könnte man schließen, dass die Ziele die gesamte Alois Meier GmbH betreffen; somit ist das Kriterium »sachlicher Geltungsbereich« aller Wahrscheinlichkeit nach erfüllt.

Zusammengefasst lässt sich sagen, dass drei von vier Zielkriterien voll erfüllt wurden und ein Kriterium, das Zielausmaß, Interpretationsspielräume zulässt. So wird der Zielkatalog nur eingeschränkt operabel sein. Wenn alle beteiligten Personen bei dieser Zielsetzung jedoch blind dasselbe Verständnis haben, kann ein solcher Zielkatalog durchaus auch operabel sein.

Aufgabe 10.2

- ✓ Der Zielinhalt wird quantitativ definiert: Gewinnverdoppelung, Verdoppelung des F&E-Budgets und Erhöhung der Vorstandsvergütung auf 20 Prozent des Gewinns.
- ✓ Das Zielausmaß ist durch die quantitative Definition des Zielinhalts klar gesetzt.
- ✓ Der Zeitbezug ist klar umrissen. Es geht um das nächste Geschäftsjahr.
- ✓ Sachlicher Geltungsbereich: Die Ziele sollen für das gesamte Unternehmen gelten.

Alle vier Zielkriterien werden voll erfüllt. Operabel sind die Ziele aber noch lange nicht, da Zielkonflikte bestehen. Eine Gewinnverdoppelung bei gleichzeitigen Kostenerhöhungen ohne Aktivitäten zur Umsatzsteigerung ist nicht realisierbar. Aus Sicht des Vorstands bestehen mehrere Priorisierungsmöglichkeiten. Hier eine kleine Auswahl:

- ✓ Priorität 1 bekommt die Verdoppelung des Gewinns. Alle anderen Ziele müssen dem untergeordnet werden. Dies kann bedeuten, dass in der Forschung und Entwicklung keine Budgeterhöhungen möglich sind und der Vorstand sich bei der Vergütung mit dem bisherigen Niveau begnügen muss. Ohne Ausweitung der Marketing- und Vertriebsaktivitäten mit dem Ziel der Umsatzsteigerung dürfte die Gewinnverdoppelung jedoch schwierig werden.
- ✓ Priorität 1 bekommt die Verdoppelung des F&E-Budgets, danach folgen die Ziele Erhöhung der Vorstandsvergütung und Einfrieren der Marketing- und Vertriebsaktivitäten. Das Ziel Gewinnverdoppelung rutscht bei dieser Variante auf den letzten, recht aussichtslosen Platz.

Mit dieser kleinen Auswahl soll verdeutlicht werden, dass Zielkonflikte nur in weiteren Abstimmrunden beseitigt werden können. Ein einfaches Ranking der Ziele kann die Konflikte in aller Regel nicht beheben.

Aufgabe 10.3

Das erste Ziel, die Aufnahme der Serienproduktion von austerngetriebenen Fahrzeugen in spätestens sechs Jahren, ist der strategischen Planung zuzuordnen, da es sich um einen langfristigen Planungshorizont von etwa fünf Jahren handelt. Das zweite Ziel, die Einsparungen bei der Motorenserie Efficiency 1.2, soll bereits innerhalb der nächsten Monate realisiert werden: Dieses Ziel können Sie der operativen Planung zuordnen.

Aufgabe 10.4

In Summe fielen im ersten Quartal des Geschäftsjahrs Istkosten in Höhe von 310.000 Euro an. Diese Kosten sollen laut Aussage der Kostenstellenverantwortlichen den aktuellen Kostenverlauf widerspiegeln, sodass auf dieser Basis der Rest des Jahres hochgerechnet werden kann: 310.000 Euro Mal vier: Das ergibt eine Ist-Erwartung in Höhe von 1.240.000 Euro.

Aufgabe 10.5

Die Kosten für 60.000 Flaschen betragen 171.600 Euro:

$$K = 150.000 + 0,36 \times 60.000 = 171.600$$

Aufgabe 10.6

Das Kostenziel, Standardkosten in Höhe von 700.000 Euro, wurde nicht erreicht. Statt der vorgegebenen 0,02 Euro je Stück wie in der folgenden Kostenfunktion dargestellt, entstanden Stückkosten von 0,04 Euro.

$$K = 600.000 + 0,02 \times 5.000.000 = 700.000$$

Die starre Plankostenrechnung

11

In diesem Kapitel ...

- Plankosten ermitteln
- Plankostensätze berechnen
- Die Grenzen der starren Plankostenrechnung

Die starre Plankostenrechnung ist die einfachste Kostenrechnung. Sie geht von einem Beschäftigungsgrad aus. Hier werden Sie Plankostensätze ermitteln und Abweichungsanalysen durchführen.

Mechanik der starren Plankostenrechnung

Das Wichtigste im Überblick:

- ✓ alle Einflussgrößen sind starr, auch die Beschäftigung
- ✓ feste Verrechnungspreise
- ✓ Vollkostenrechnung
- ✓ keine Unterscheidung zwischen fixen und variablen Kosten

Kostenplanung: Planmenge mal Planpreis

Die Planung mit der starren Plankostenrechnung erfolgt in drei Schritten:

- ✓ **Planbeschäftigung festlegen:** Sie legen die Planbeschäftigung für jede einzelne Kostenstelle fest. In aller Regel wird dabei von einer hundertprozentigen Kapazitätsauslastung ausgegangen.
- ✓ **Plankosten ermitteln:** Die ermittelten Planmengen werden nun mit den ermittelten Planpreisen multipliziert, um die Plankosten zu ermitteln.
- ✓ **Plankostensatz ermitteln:** Abschließend wird der jeweilige Plankostensatz ermittelt. Sie erhalten den Plankostensatz je Kostenstelle, indem Sie die Plankosten durch die Planbeschäftigung teilen.

$$\text{Plankostensatz} = \frac{\text{Plankosten}}{\text{Planbeschäftigung}}$$

Verrechnung und Abweichungsanalyse

Im darauffolgenden Jahr verrechnen sich die einzelnen Kostenstellen mit dem Plankostensatz mal der Istbeschäftigung. Da die Istbeschäftigung von der Planbeschäftigung abweichen kann, kommt es zu Beschäftigungsabweichungen.

$$\text{Verrechnete Plankosten} = \text{Plankosten} * \text{Istbeschäftigung}$$

Die Istkosten können sich auch ohne Beschäftigungsabweichungen anders als geplant entwickeln. Und womöglich dürfen Sie sich mit einer Kombination aus beiden Ursachen beschäftigen. Es gibt also drei mögliche Ursachen für eine Kostenabweichung:

- ✓ Beschäftigungsabweichung
- ✓ Kostenabweichung
- ✓ Mix aus Beschäftigungs- und Kostenabweichung

Aufgabe 11.1

Die Ziegelei Rot & Eckig KG ist ein traditionsreiches Unternehmen mit einem seit Jahrzehnten ziemlich gleichmäßig verlaufenden Geschäft; gebaut wird immer. Darum wird zur Planung auch die starre Plankostenrechnung verwendet. Im Wirtschaftsplan wurde eine Planbeschäftigung von 7 Millionen Ziegeln unterstellt. Dafür wurden Plankosten in Höhe von 3 Millionen Euro angesetzt. Im Planjahr selbst gab es eine Istbeschäftigung von 6,5 Millionen Ziegeln bei Istkosten in Höhe von 2,8 Millionen Euro. Ermitteln Sie den Plankostensatz, die verrechneten Plankosten und die Kostenabweichung.

Aufgabe 11.2

Die Oswald GmbH stellt Verkehrsschilder her. Für das Bedrucken der Verkehrsschilder gibt es einen automatisierten Produktionsprozess, der in einer Kostenstelle zusammengefasst wurde. Auf dieser Kostenstelle wurden im Wirtschaftsplan für den Monat Februar folgende Kosten geplant:

- ✓ Entgelte: 24.000 Euro
- ✓ Roh-, Hilfs- und Betriebsstoffe: 32.000 Euro
- ✓ Materialkosten: 4.000 Euro
- ✓ Raumkosten: 3.600 Euro
- ✓ Abschreibungen der Maschinen: 16.000 Euro
- ✓ kalkulatorische Zinsen: 400 Euro

Des Weiteren wurde im Wirtschaftsplan für den Monat Februar eine Planbeschäftigung von 500 Verkehrsschildern festgelegt. Im Februar kam es natürlich ganz anders als geplant: Es wurden lediglich 400 Verkehrsschilder bedruckt. Dafür entstanden Istkosten in Höhe von 70.000 Euro.

Ermitteln Sie den Plankostensatz der Kostenstelle und führen Sie anschließend eine Abweichungsanalyse durch. Erläutern Sie die ermittelten Abweichungen.

Lösungen zu den Übungsaufgaben

Aufgabe 11.1

Der Plankostensatz:

$$\text{Plankostensatz} = \frac{\text{Plankosten}}{\text{Planbeschäftigung}} = \frac{3.000.000}{7.000.000} = 0,43\,€$$

Die verrechneten Plankosten betragen 0,43 Euro × 6.500.000 = 2.795.000 Euro.

Damit kommt es zu einer Kostenabweichung von 5.000 Euro (Istkosten abzüglich verrechnete Kosten).

Aufgabe 11.2

Der Plankostensatz:

$$\text{Plankostensatz} = \frac{\text{Plankosten}}{\text{Planbeschäftigung}} = \frac{80.000}{500} = 160\,€$$

Die verrechneten Plankosten betragen 160 Euro × 400 = 64.000 Euro.

Es wurden 80.000 Kosten geplant; im Ist sind tatsächlich aber nur 70.000 Euro an Kosten entstanden. Verrechnet wurden jedoch nur 64.000 Euro. Mit der starren Plankostenrechnung lässt sich keine Aussage darüber treffen, welche Abweichungen nun von Mengenabweichungen oder von Kostenabweichungen stammen. Kurz gesagt können Sie mit der starren Plankostenrechnung die Ursachen nicht ermitteln.

Die flexible Plankostenrechnung auf Vollkostenbasis

12

In diesem Kapitel ...

- Das Kostenverhalten bei Beschäftigungsschwankungen
- Die Sollkosten ermitteln
- Zwischen Beschäftigungs- und Verbrauchsabweichungen unterscheiden

Mit der flexiblen Plankostenrechnung auf Vollkostenbasis können Sie schon deutlich mehr anstellen als mit der starren Plankostenrechnung. Hier können Sie Kosten auch bei Beschäftigungsschwankungen kontrollieren, da Sie die Kosten vorher in ihre fixen und variablen Teile aufgetrennt haben.

Die wichtigsten Eigenschaften der flexiblen Plankostenrechnung:

- ✓ Sie kann mit Beschäftigungsschwankungen umgehen.
- ✓ Sie können mit festen Verrechnungspreisen oder mit den erwarteten Preisen arbeiten.
- ✓ Es handelt sich um eine Vollkostenrechnung.
- ✓ Hier wird zwischen fixen und variablen Kosten unterschieden.

Planen mit der flexiblen Plankostenrechnung

Auch bei der flexiblen Plankostenrechnung wird zunächst geplant, anschließend geht es an die Kostenkontrolle und zum Schluss an die Abweichungsanalyse, um den Grund möglicher Abweichung herauszufinden.

Die Grundlagen der flexiblen Plankostenrechnung

Zuerst ein paar Grundlagen zur flexiblen Plankostenrechnung im Schnelldurchlauf:

- ✓ Die flexible Plankostenrechnung kann entweder als Prognosekostenrechnung oder als Standardkostenrechnung durchgeführt werden. Ziel der Prognosekostenrechnung ist die Unterstützung der Unternehmenssteuerung, Ziel der Standardkostenrechnung ist die Verhaltenssteuerung.
- ✓ Bei der Standardkostenrechnung arbeiten Sie mit Festpreisen, den sogenannten Standardpreisen.

- Sie können mit verschiedenen Beschäftigungsgraden arbeiten. In der Standardkostenrechnung wahlweise mit der Optimalbeschäftigung oder mit der Normalbeschäftigung als Planbeschäftigung. In der Prognosekostenrechnung wird die wahrscheinlichste Beschäftigung geplant.
- Da mit verschiedenen Beschäftigungsgraden geplant werden kann, müssen in solchen Fällen auch die Plankosten für mehrere Szenarien geplant werden.
- Mittels Kostenfunktionen werden die Sollkosten ermittelt.
- Die Sollkosten entsprechen den Plankosten, wenn die Istbeschäftigung gleich der Planbeschäftigung ist. Weicht die Istbeschäftigung von der geplanten Beschäftigung ab, weichen auch die Sollkosten von den Plankosten ab. Sie sind dann die Plankosten der Istbeschäftigung.

Aufgabe 12.1

Warum dient die Standardkostenrechnung der Verhaltenssteuerung?

Aufgabe 12.2

Welche Beschäftigungsgrade werden bei der Standardkostenrechnung verwendet. Erläutern Sie diese.

Die Kostenauflösung

Damit Sie die Sollkosten ermitteln können, benötigen Sie zuallererst einmal eine oder mehrere oder vielleicht auch sehr viele Kostenfunktionen. Damit Sie eine Kostenfunktion aufstellen können, müssen Sie die Kosten in variable und fixe Kosten trennen. Und das für jede Kostenstelle oder für jeden Kostenträger. Für die Kostenauflösung gibt es drei Methoden:

- buchtechnische Kostenauflösung
- mathematische Kostenauflösung
- planmäßige Kostenauflösung

Alle drei Methoden finden Sie ausführlich in Kapitel 3 bei der Auflösung von Mischkosten beschrieben.

Aufgabe 12.3

Beschreiben Sie die drei Verfahren der Kostenauflösung jeweils in wenigen Sätzen.

Die Planung der Beschäftigung und der Kosten

Nun geht es an die Ermittlung der Planwerte. Am Anfang werden für jede Kostenart die Plankosten ermittelt. Da sich die Plankosten nun mal aus den Planmengen und Planpreisen zusammensetzen, müssen Sie in jeder Kostenstelle für jede Kostenart den Mengenbedarf und die dazugehörigen Preise ermitteln.

Die Planbeschäftigung ermitteln

Der Mengenbedarf hängt immer vom geplanten Beschäftigungsgrad ab. Die Beschäftigung können Sie wahlweise mit folgenden Varianten ermitteln:

✓ **Kapazitätsplanung:** Schauen Sie, wie viele Mengeneinheiten in der gerade betrachteten Kostenstelle maximal hergestellt werden können.

✓ **Engpassplanung:** Hier wird die Wertschöpfungs- beziehungsweise Prozesskette auf mögliche Engpässe untersucht. Sind solche Flaschenhälse vorhanden, ergibt sich die Planbeschäftigung aus der eigenen Kapazität unter der Berücksichtigung möglicher Engpässe bei anderen im Prozess vor- oder nachgelagerten Kostenstellen.

✓ **Absatzplanung:** Hier wird die Planbeschäftigung nachfrageorientiert festgelegt. Wie viel muss produziert werden, damit die voraussichtliche Nachfrage befriedigt werden kann? Das alles natürlich unter Berücksichtigung möglicher Produktionsengpässe.

Mit einer dieser Varianten legen Sie die Planbeschäftigung für jede einzelne Kostenstelle fest. In jeder Kostenstelle muss anschließend die Planbeschäftigung auf deren Bezugsgrößen übersetzt werden. Das können Fertigungsstunden, Maschinenstunden oder Stückzahlen sein.

Die Materialkosten planen

Für die geplante Beschäftigung müssen nun die erforderlichen Mengen der Ressourcen wie etwa Material oder Personalkapazitäten ermittelt werden. Die Materialkosten planen Sie wie gewohnt, indem Sie die benötigten Mengen von den herstellenden Bereichen erfragen; die Informationen über die zugehörigen Einkaufspreise erhalten Sie vom Einkauf. Die benötigten Materialmengen werden Ihnen die herstellenden Bereiche anhand von Stücklisten oder Rezepturen mitteilen können. Falls dies jemals nicht der Fall sein sollte, müssen diese notfalls eine Schätzung abgeben.

Die Personalkosten planen

Die Informationen zur Personalkostenplanung erhalten Sie ebenfalls vom betreffenden Kostenstellenleiter. Er weiß hoffentlich, wie viel Mitarbeiterstunden im Plan benötigt werden. Dabei berücksichtigen Sie noch die Abschätzungen über die nächsten Tarifsteigerungen und die Entwicklung der Sozialabgaben.

Die Planung der sonstigen Sachkosten

Ähnlich wie das Weihnachtsfest bietet die jährliche Planung Raum für Besinnliches wie zum Beispiel die intensive Beschäftigung mit den sonstigen Kostenarten. Da gibt es etwa die seit Wochen oder gar Monaten vernachlässigten Raum- und Energiekosten oder die Weiterbildungskosten.

Bei der Planung dieser Kostenarten gehen Sie am einfachsten immer nach dem gleichen Schema vor: Istkosten einfach fortschreiben oder müssen größere Änderungen berücksichtigt werden?

Den Plankostensatz ermitteln

Nun können Sie den jeweiligen Plankostensatz ermitteln. Die Plankostensatz je Kostenstelle ermitteln Sie, indem Sie die gesamten Plankosten einer Kostenstelle durch deren Planbeschäftigung teilen. Wird auf einer Kostenstelle nicht nur für ein Produkt oder Kostenträger gearbeitet, müssen Sie mehrere Plankostensätze ermitteln.

$$\text{Plankostensatz} = \frac{\text{Plankosten}}{\text{Planbeschäftigung}}$$

Das Kostenverhalten bei Beschäftigungsänderung

Das Kostenverhalten muss bei Beschäftigungsschwankungen bekannt sein. Nur so können die Sollkosten für die unterschiedlichen Beschäftigungsgrade ermittelt werden. Das Kostenverhalten kann grundsätzlich auf zwei unterschiedliche Arten ermittelt werden:

- ✓ mithilfe der Variatormethode: bei linearen Kostenfunktionen
- ✓ durch Stufenpläne: bei komplexeren Kostenstrukturen

Sollkostenermittlung mit der Variatormethode

Mit etwas Glück liegt manchmal auch eine lineare Kostenfunktion vor, sodass die Variatormethode angewendet werden kann.

Der *Variator* gibt an, um wie viel Prozent sich die Gesamtkosten bei einer zehnprozentigen Änderung des Beschäftigungsgrades verändern.

Der Variator verrät Ihnen also, welchen Anteil die variablen Kosten an den Gesamtkosten bei einer Planbeschäftigung von 100 Prozent haben.

Aufgabe 12.4

Die Ritzeburg KG hat sich auf die Herstellung von Futtermitteln für Zooelefanten spezialisiert. Bei einem Beschäftigungsgrad von 100 Prozent sollen bei der Ritzeburg KG für die Herstellung des Elefantenfutters Plankosten in Höhe von monatlich 75.000 Euro entstehen. Diese Plankosten setzen sich aus 20.000 Euro Fixkosten für den Overhead und 55.000 Euro variablen Kosten für die Futtermittel zusammen.

Was für ein Variator ergibt sich hieraus und welche Sollkosten entstünden, wenn der Beschäftigungsgrad im Ist nur bei 80 Prozent liegt? Und die Zusatzfrage: Für den Fall, dass den Zooelefanten die Futtermittel der Ritzeburg KG plötzlich überhaupt nicht mehr schmecken und der Beschäftigungsgrad deshalb auf 0 Prozent absinkt: Welche Kosten fallen dann noch an?

Aufgabe 12.5

Der Batterienhersteller Berta AG stellt unter anderem auch AA-Batterien mit 1,5 Volt her. Für den Monat September wurden hierfür bei einer Planbeschäftigung von 100 Prozent Plankosten in Höhe von monatlich 120.000 Euro angesetzt. Diese Plankosten setzen sich aus 30.000 Euro Fixkosten und 90.000 Euro variablen Kosten zusammen.

Was für ein Variator ergibt sich hieraus und welche Sollkosten entstünden, wenn der Beschäftigungsgrad im Ist bei 105 Prozent liegt?

Sollkostenermittlung mit Stufenplänen

Für alle etwas komplexeren Fälle kann die Variatormethode nicht angewendet werden. Hier helfen Stufenpläne weiter. Bei dieser Methode planen Sie mehrere Beschäftigungsgrade. Starten Sie mit einer gewünschten Planbeschäftigung und variieren Sie danach den Beschäftigungsgrad zum Beispiel um 10 Prozent nach unten und ermitteln Sie hierfür die Kosten. Im nächsten Schritt reduzieren Sie den Beschäftigungsgrad um weitere 10 Prozent und so weiter. Sie können dies natürlich auch genauso mit Kostenerhöhungen durchführen. Diese ständige Wiederholung der Kostenplanung in Stufen bezeichnet man als Stufenplanung.

Liegt die tatsächliche Beschäftigung später einmal nicht genau auf einem solchen 10-Prozent-Intervall, können Sie mithilfe einfacher Interpolation die Sollkosten ermitteln.

Aufgabe 12.6

Nun können Sie bei dem Garagentorhersteller Mommsen GmbH die Sollkosten per Stufenplan ermitteln. Natürlich nicht gleich für das gesamte Unternehmen, sondern erst einmal nur für eine Kostenstelle. Die Kostenstelle Plastikteilezubereitung hat bei einem Beschäftigungsgrad von 100 Prozent Plankosten in Höhe von 280.000 Euro. Bei einem Beschäftigungsgrad von 90 Prozent betragen die Plankosten 270.000 Euro.

Beim Beschäftigungsgrad von 100 Prozent können 25.000 Einheiten bearbeitet werden und bei einem Beschäftigungsgrad von 90 Prozent sind es 22.500 Einheiten.

Nun die Frage: Im Ist gab es einen Beschäftigungsgrad von 92 Prozent. Wie hoch sind die Sollkosten bei diesem Beschäftigungsgrad?

Aufgabe 12.7

Bei der Julienne GmbH sollen Sie die Sollkosten per Stufenplan ermitteln. Die Julienne GmbH stellt fein geschnittene Dosenbohnen her und ging im Wirtschaftsplan für das nächste Geschäftsjahr bei einem Beschäftigungsgrad von 100 Prozent von Plankosten in Höhe von 1.230.000 Euro aus. Bei einem Beschäftigungsgrad von 90 Prozent wurden Plankosten in Höhe von 1.150.000 Euro geplant. Beim Beschäftigungsgrad von 100 Prozent könnten 2.500.000 Dosen fein geschnittene Bohnen hergestellt werden und bei einem Beschäftigungsgrad von 90 Prozent sind es 2.250.000 Dosen.

Im Ist gab es einen Beschäftigungsgrad von 96 Prozent. Wie hoch sind die Sollkosten bei diesem Beschäftigungsgrad?

Die Kostenkontrolle

Die Kostenkontrolle besteht aus zwei Schritten:

- ✓ dem Abgleich der Istkosten mit den Sollkosten und
- ✓ der Ursachenerforschung für eine vorgefundene Abweichung.

Es kann zwei Abweichungsarten geben: Mengen- und Preisabweichungen.

Die Abweichungsanalyse

Wenn der tatsächliche Preis vom geplanten Einkaufspreis abweicht, handelt es sich um eine Preisabweichung. Bei der Mengenabweichung wird zwischen zwei Abweichungsarten unterschieden:

- ✓ Beschäftigungsabweichung
- ✓ Verbrauchsabweichung

Die erste Abweichung entsteht bei Beschäftigungsabweichungen. Diese ermitteln Sie, indem Sie von den Sollkosten die verrechneten Plankosten abziehen. Zur Erinnerung: Die verrechneten Plankosten erhalten Sie, indem Sie den Plankostensatz mit der Istmenge multiplizieren. Und die Sollkosten erhalten Sie, indem Sie in die Kostenfunktion die Istmenge einfügen. Alternativ können Sie die Sollkosten auch so ermitteln:

$$\text{Sollkosten} = K_{\text{fix}} + \left(\frac{K_{\text{var(Planmenge)}}}{\text{Planmenge}} * \text{Istmenge}\right)$$

Bei der zweiten Abweichungsart, der Verbrauchsabweichung, muss nach dem Grund für den Mehr- oder Minderverbrauch bei gleichbleibender Beschäftigung gesucht werden.

Bei der flexiblen Plankostenrechnung auf Vollkostenbasis können Sie bei verschiedenen Beschäftigungsgraden eine recht gute Kostenkontrolle durchführen, da bei der Mengenabweichung mithilfe der Sollkosten zwischen der Beschäftigungs- und der Verbrauchsabweichung unterschieden werden kann.

Aufgabe 12.8

Beim Instantkaffeeproduzenten DeCafe AG will es in letzter Zeit einfach nicht rund laufen: Kein Wirtschaftsplan konnte eingehalten werden. Jetzt greift der Finanzchef zu härteren Bandagen: Seit dem letzten Wirtschaftsplan wird die flexible Plankostenrechnung eingesetzt, damit die Verursacher der Abweichungen eindeutig benannt werden können.

Im Wirtschaftsplan wurde eine Planbeschäftigung von 6.000.000 Packungen Instantkaffee festgelegt. Die Plankosten dazu sollen bei 4.000.000 Schweizer Franken liegen. 30 Prozent dieser Kosten sind fix. Die Istbeschäftigung lag im Planjahr dann bei 5.400.000 Packungen Instantkaffee. Die Istkosten lagen bei 5.900.000 Schweizer Franken.

Ermitteln Sie die Verbrauchs- und die Beschäftigungsabweichung.

Aufgabe 12.9

Beim Elektrogroßhändler Electron GmbH sollen die Kostenabweichungen gegenüber Plan mithilfe der flexiblen Plankostenrechnung analysiert werden. Im Wirtschaftsplan wurde eine Planbeschäftigung von 50.000 Einheiten festgelegt. Die Plankosten dazu betragen 800.000 Euro. Bei 10 Prozent dieser Kosten handelt es sich um Fixkosten.

Die Istbeschäftigung lag im Planjahr dann bei 53.000 Einheiten und die Istkosten bei 950.000 Euro.

Ermitteln Sie die Verbrauchs- und die Beschäftigungsabweichung.

Aufgabe 12.10

Das Schotterwerk Steinmüller KG ging im Wirtschaftsplan von einer Planbeschäftigung von 40.000 Tonnen aus. Dafür wurden im Plan Fixkosten in Höhe von 320.000 Euro veranschlagt. Der Plankostensatz liegt im Plan bei 22 Euro die Tonne.

Tatsächlich sah das Ganze dann ein klein wenig anders aus. Die Fixkosten fielen zwar in geplanter Höhe an, die Gesamtkosten fielen jedoch mit 840.000 Euro anders als im Plankostensatz berechnet an. Die Istbeschäftigung lag etwas niedriger als geplant bei 36.000 Tonnen.

Herr Steinmüller möchte Klarheit und bittet Sie um die Ermittlung der Verbrauchs- und der Beschäftigungsabweichung.

In dieser Aufgabe gibt es auch eine kleine Zusatzfrage mit einem Ausflug in die Welt der Wechselkursabweichungen: Das Schotterwerk hat im Wirtschaftsplan auch 1.000 Tonnen Schotter für den Export in den US-amerikanischen Markt eingeplant. Im Wirtschaftsplan wurde ein Verkaufspreis in Höhe von 33,80 US-Dollar und ein Wechselkurs zum US-Dollar in Höhe von 1,30 angenommen. Das bedeutet, dass der Wirtschaftsplan Umsätze in den Dollarraum enthält. Bewertet in Euro geht dieser Teil mit Verkaufserlösen in Höhe von 26.000 Euro in den Wirtschaftsplan ein. Zum Verkaufszeitpunkt galt weiterhin der Verkaufspreis in Höhe von 33,90 US-Dollar, der Wechselkurs lag jedoch bei 1,40. Welche Abweichungen gegenüber Plan entstanden durch den Wechselkurs?

Aufgabe 12.11

Die Gigaindustries AG fertigt Motherboards für die PC-Industrie. Für die Kostenstelle Fertigungslinie II, die auf drei Maschinen Motherboards bestückt, wurde der in Tabelle 12.1 gezeigte Kostenstellenplan für den Wirtschaftsplan erstellt.

Kostenart	Plankosten	davon fix	davon variabel
Entgelte der Fertigung	82.000	90 %	10 %
Praktikantenvergütungen	6.000	60 %	40 %
Maintenance & Support	14.000	50 %	50 %
Abschreibungen	28.000	100 %	0 %
Kalkulatorische Zinsen	2.200	100 %	0 %
Gesamt	132.200		

Tabelle 12.1: Kostenstellenplan bei der Gigaindustries AG

- ✓ Bei den Entgelten werden im Wirtschaftsplan aus Erfahrung 90 Prozent der Kosten als fix veranschlagt. Die restlichen 10 Prozent rühren aus Mehrarbeitsvergütungen, die bei Produktionsspitzen anfallen und eindeutig variablen Charakter haben.
- ✓ Die Praktikanten bekommen ein gewisses Grundentgelt. Darüber hinaus können sie durch Wochenend- oder Nachtschichten bei Auftragsspitzen etwas hinzuverdienen. 60 Prozent der Praktikantenvergütungen wird vom Controlling als fix eingestuft.
- ✓ Bei der Wartung und dem Support fallen 50 Prozent der Kosten durch turnusmäßige Wartungen an. Die andere Hälfte ist abhängig vom Beschäftigungsgrad und der Komplexität der gerade produzierten Boards.
- ✓ Die Abschreibungen fallen für die drei Maschinen der Fertigungslinie an und werden zeitabhängig durchgeführt.
- ✓ Die kalkulatorischen Zinsen fallen für das eingesetzte Kapital an.

Im Wirtschaftsplan wurde als Bezugsgröße die Fertigungsstunde ausgewählt. Die angegebenen Kosten beziehen sich auf 4.000 Fertigungsstunden. Die Istbeschäftigung der Kostenstelle lag bei 4.400 Fertigungsstunden und die Istkosten bei 140.000 Euro.

Nun die Fragen: Wie hoch ist die Beschäftigungsabweichung und wie hoch ist die Verbrauchsabweichung? Wie verändern sich die Abweichungen, wenn die Abschreibungen nicht mehr zeitabhängig, sondern fertigungsabhängig durchgeführt werden, also zu 100 Prozent variabel werden? Und die dritte Frage: Wie schätzen Sie die Kostenstruktur der Kostenstelle im Hinblick auf massive Beschäftigungsschwankungen ein?

Aufgabe 12.12

Beim Spiegelhersteller Lein GmbH wurde im Wirtschaftsplan eine Planbeschäftigung von 9.000 Fertigungsstunden festgelegt. Der Plankostensatz soll 180 Euro betragen. Proportional sind davon 100 Euro. Die Istkosten lagen bei 1.880.000 Euro, die Istbeschäftigung lag bei 10.000 Stunden. Berechnen Sie die Verbrauchs- und die Beschäftigungsabweichung.

Aufgabe 12.13

Die Müller AG ist ein mittelständisches Unternehmen, das die flexible Plankostenrechnung auf Vollkostenbasis anwendet. So werden im Wirtschaftsplan alle Kostenstellen zunächst einmal beplant. In Tabelle 12.2 finden Sie den Plan der Kostenstelle 27 für den Monat Mai.

Kostenart	fixe Plankosten	variable Plankosten	Plankosten gesamt
Personalkosten	25.000	150.000	175.000
Reisekosten	0	10.000	10.000
Energiekosten	2.000	6.000	8.000
Raumkosten	24.000	0	24.000
Instandhaltungskosten	12.000	8.000	20.000
Kalkulatorische Abschreibungen	64.000	0	64.000
Kalkulatorische Zinsen	6.400	0	6.400
Anteil an Fertigungsgemeinkosten	44.000	0	44.000
Anteil an Materialgemeinkosten	18.000	0	18.000
Anteil an Verwaltungs- und Vertriebsgemeinkosten	78.000	0	78.000
Summe	273.400	174.000	447.400

Tabelle 12.2: Plan der Kostenstelle 27

Die Planbeschäftigung liegt bei 400 Einheiten.

Der erste Fragenblock: Ermitteln Sie aus den Planwerten der Kostenstelle 27 den Plankostensatz. Wie würde sich der Plankostensatz verändern, wenn die Planbeschäftigung bei 420 beziehungsweise 380 Einheiten liegen würde? Was geschieht bei der flexiblen Plankostenrechnung durch den Plankostensatz?

Der zweite Fragenblock: Im Mai war die Kostenstelle im Ist nur zu 90 Prozent der Planbeschäftigung ausgelastet. Die Istkosten beliefen sich dabei auf 290.000 Euro. Ermitteln Sie die Beschäftigungs- und die Verbrauchsabweichung.

Der dritte Fragenblock: Kurz nach Erstellung des Wirtschaftsplans beschließt die Geschäftsführung der Müller AG noch im Dezember eine einschneidende Investition bei der Kostenstelle 27. Gleich am 2. Januar soll eine weitere Maschine gekauft werden, die die Produktivität der Kostenstelle steigern soll. Die Maschine kostet 6.000.000 Euro und soll über zehn Jahre abgeschrieben werden. Der kalkulatorische Zins beträgt 5 Prozent pro anno. Für diese Maschine werden im ersten Jahr laut Wartungsvertrag Instandhaltungskosten in Höhe von 12.000 Euro fällig. Die Planbeschäftigung der Kostenstelle kann so um 100 Einheiten gesteigert werden.

Erstellen Sie mit diesen neuen Informationen den aktualisierten Plan der Kostenstelle 27 für den Monat Mai. Wie hoch ist nun der Plankostensatz? Zu Ihrer Unterstützung der leere Kostenstellenplan in Tabelle 12.3.

Kostenart	fixe Plankosten	variable Plankosten	Plankosten gesamt
Personalkosten			
Reisekosten			
Energiekosten			
Raumkosten			
Instandhaltungskosten			
Kalkulatorische Abschreibungen			
Kalkulatorische Zinsen			
Anteil an Fertigungsgemeinkosten			
Anteil an Materialgemeinkosten			
Anteil an Verwaltungs- und Vertriebsgemeinkosten			
Summe			

Tabelle 12.3: Plan der Kostenstelle 27

Aufgabe 12.14

Bei den Flugzeugwerken Albatros AG stimmt das Ist nicht mit dem Plan überein. Zumindest nicht auf der Kostenstelle Turbinenbau IV von Frau Meier. Das Fingerpointing ist bereits im vollen Gange, bevor der zuständige Kostenrechner und Controller die Abweichungen analysieren konnte. Zunächst die Fakten:

Auf der Kostenstelle wurden im Wirtschaftsplan folgende Werte geplant:

✓ Fixkosten: 54.000 Euro

✓ variable Kosten je Fertigungsstunde: 1.200 Euro

✓ Planbeschäftigung: 3.000 Fertigungsstunden

Im Ist beliefen sich die Fixkosten auf 69.000 Euro und die variablen Kosten je Fertigungsstunde auf 1.950 Euro. Die Istbeschäftigung lag bei 1.800 Fertigungsstunden.

Die Fixkosten erhöhten sich aufgrund einer so nicht eingeplanten Entgelterhöhung und höheren Einkaufspreisen beim Anlagevermögen, was entsprechend auf die Abschreibungen durchgeschlagen hat. Bei den variablen Kosten wurden 450 Euro durch Preiserhöhungen verursacht.

Ermitteln Sie die Preis-, Verbrauchs- und Beschäftigungsabweichung. Für welche Abweichungen ist Frau Meier verantwortlich, für welche das Controlling und der Einkauf?

Lösungen zu den Übungsaufgaben

Aufgabe 12.1

Bei der Standardkostenrechnung dienen die Kosten als Vorgabe. Da nur die vom Kostenstellenverantwortlichen beeinflussbaren Abweichungen betrachtet werden sollen, arbeitet die Standardkostenrechnung mit Festpreisen. Marktpreisschwankungen auf Einkaufs- und Verkaufsseite sollen außen vor bleiben.

Aufgabe 12.2

In der Standardkostenrechnung wird wahlweise die Optimalbeschäftigung oder die Normalbeschäftigung als Planbeschäftigung angenommen. Die *Optimalbeschäftigung* ist die kostengünstigste Beschäftigung. Sie entspricht nicht unbedingt der maximalen Kapazitätsauslastung, da es dort auch zu überproportionalen Kostensteigerungen kommen kann. Die *Normalbeschäftigung* ist die durchschnittliche Kapazitätsauslastung.

Aufgabe 12.3

Beim buchtechnischen Verfahren werden die Istkosten über einen bestimmten Zeitraum auf ihr Verhalten bei Beschäftigungsschwankungen hin beobachtet. Alle Kosten, die trotz Beschäftigungsschwankungen unverändert bleiben, sind fixe Kosten.

Bei der mathematischen Methode werden zwei Beschäftigungspunkte herausgegriffen und untersucht. Wenn sich die Kosten bei einem Produktionszuwachs von zehn Einheiten um 100 Euro erhöhen, betragen die proportionalen Kosten pro Einheit 10 Euro. Anschließend wenden Sie Ihren Blick den Gesamtkosten zu. Von diesen ziehen Sie die variablen Kosten ab und schon haben Sie die fixen Kosten ermittelt.

Bei der planmäßigen Kostenauflösung untersuchen Sie, wie sich die geplanten Kosten bei Beschäftigungsänderungen verhalten würden. Kosten, die sich dabei nicht verändern, sind fixe Kosten, beim Rest handelt es sich um variable Kosten.

Aufgabe 12.4

Die Plankosten in Höhe von 80.000 Euro setzen sich aus 20.000 Euro Fixkosten und 60.000 Euro variablen Kosten zusammen. Den Variator berechnen Sie, indem Sie die variablen Kosten der Planbeschäftigung durch die Gesamtkosten der Planbeschäftigung teilen und diesen Betrag anschließend mit 10 multiplizieren. Bei der Ritzburg KG ergibt dies einen Variator von 7,5. Bei einem um 20 Prozent niedrigeren Beschäftigungsgrad verringern sich die Sollkosten somit um 15 Prozent auf 68.000 Euro.

Sollte das Ritzeburg-Futtermittel bei den Elefanten völlig in Verruf geraten und die Istbeschäftigung auf null absinken, fallen zunächst nur noch die Fixkosten an. Das wären in diesem Fall 20.000 Euro.

Aufgabe 12.5

Die Plankosten setzen sich aus 30.000 Euro Fixkosten und 90.000 Euro variablen Kosten zusammen. Den Variator berechnen Sie, indem Sie die variablen Kosten der Planbeschäftigung durch die Gesamtkosten der Planbeschäftigung teilen und diesen Betrag anschließend mit 10 multiplizieren. Bei der Berta AG ergibt dies einen Variator von 7,5. Bei einem 5 Prozent höheren Beschäftigungsgrad erhöhen sich die Sollkosten somit um 3,75 Prozent auf 124.500 Euro.

Aufgabe 12.6

Zuerst wird die Produktionsmenge bei einem Beschäftigungsgrad von 92 Prozent ermittelt. Das sind 23.000 Einheiten. Danach geht es an die Ermittlung der Sollkosten. Die Formel dazu sieht so aus:

$$\text{Sollkosten} = \text{Plankosten}_{BG90} + \frac{\text{Plankosten}_{BG100} - \text{Plankosten}_{BG90}}{\text{Menge}_{BG100} - \text{Menge}_{BG90}} * (\text{Menge}_{BG92} - \text{Menge}_{BG90})$$

Jetzt noch die Werte der Kostenstelle Plastikteilezubereitung in die Formel eingesetzt:

$$\text{Sollkosten} = 270.000 + \frac{280.000 - 270.000}{25.000 - 22.500} * (23.000 - 22.500) = 272.000\,€$$

Aufgabe 12.7

Zunächst ermitteln Sie die Produktionsmenge für den Beschäftigungsgrad von 96 Prozent. Das sind 2.400.000 Dosen. Danach geht es an die Ermittlung der Sollkosten. Die Formel dazu:

$$\text{Sollkosten} = \text{Plankosten}_{\text{BG90}} + \frac{\text{Plankosten}_{\text{BG100}} - \text{Plankosten}_{\text{BG90}}}{\text{Menge}_{\text{BG100}} - \text{Menge}_{\text{BG90}}} * (\text{Menge}_{\text{BG96}} - \text{Menge}_{\text{BG90}})$$

Nun werden die Werte in die Formel eingesetzt:

$$\text{Sollkosten} = 1.150.000 + \frac{1.230.000 - 1.150.000}{2.500.000 - 2.250.000} * (2.400.000 - 2.250.000) = 1.198.000\,€$$

Aufgabe 12.8

Zunächst ermitteln Sie die Sollkosten. Diese können Sie auf zwei Arten ermitteln. Entweder setzen Sie die Istmenge in die Kostenfunktion ein oder Sie verwenden folgende Formel:

$$\text{Sollkosten} = K_{\text{fix}} + \left(\frac{K_{\text{var(Planmenge)}}}{\text{Planmenge}} * \text{Istmenge}\right)$$

Zuerst die Variante mit der Kostenfunktion:

$$K = K_{\text{fix}} + K_{\text{var}} = 1.200.000 + 0,467x = 1.200.000 + 2.520.000 = 3.720.000\,\text{CHF}$$

Nun die Variante mit der Formel:

$$\begin{aligned}\text{Sollkosten} &= K_{\text{fix}} + \left(\frac{K_{\text{var}}}{\text{Planmenge}} * \text{Istmenge}\right)\\ &= 1.200.000 + \left(\frac{2.800.000}{6.000.000} * 5.400.000\right) = 3.720.000\end{aligned}$$

Die Verbrauchsabweichung erhalten Sie, indem Sie von den Istkosten die Sollkosten der Istbeschäftigung abziehen: 5.900.000 Euro abzüglich 3.720.000 Euro ergibt eine Verbrauchsabweichung von 2.180.000 Euro.

Nun die Beschäftigungsabweichung: Diese erhalten Sie, indem Sie von den Sollkosten die verrechneten Plankosten abziehen. Dazu muss noch der Plankostensatz ermittelt werden: 4 Millionen Schweizer Franken geteilt durch 6 Millionen Packungen Instantkaffee ergibt einen Plankostensatz von 0,67 Schweizer Franken. Mit diesem Plankostensatz wurden die 5,4 Millionen Packungen verrechnet, das ergibt 3.600.000 Schweizer Franken. Somit kommt man auf eine Beschäftigungsabweichung von 120.000 Schweizer Franken.

Aufgabe 12.9

Zuerst ermitteln Sie die Sollkosten. Diese ergeben sich aus den Fixkosten plus den variablen Stückkosten multipliziert mit der Istmenge. Das wären in diesem Fall 80.000 Euro Fixkosten plus 763.000 Euro variable Kosten, in Summe 843.200 Euro.

Die variablen Stückkosten erhalten Sie übrigens, indem Sie die variablen Plankosten in Höhe von 720.000 Euro durch die Planmenge von 50.000 Einheiten teilen: 14,40 Euro. Diese multiplizieren Sie dann mit der Istmenge von 53.000 Einheiten.

Nachdem Sie die Sollkosten haben, können Sie die beiden Abweichungsarten ermitteln.

Zuerst die Verbrauchsabweichung: Istkosten minus Sollkosten: 106.800 Euro. Dann die Beschäftigungsabweichung: Sollkosten minus verrechnete Plankosten: 843.200 minus 848.000 ergibt minus 4.500 Euro.

Die verrechneten Plankosten erhalten Sie übrigens, indem Sie den Plankostensatz berechnen und diesen anschließend mit der Istmenge multiplizieren.

Aufgabe 12.10

Zuerst müssen Sie die variablen Kosten ermitteln. Dazu liefern die Angaben zu den Fixkosten und zum Plankostensatz eindeutige Hinweise. Bei 40.000 geplanten Tonnen und einem Plankostensatz von 22 Euro ergibt das nach Adam Riese Gesamtkosten in Höhe von 880.000 Euro. Davon ziehen Sie die Fixkosten ab und schon haben Sie die variablen Kosten: 880.000 minus 320.000 ergibt 560.000 Euro variable Kosten. Die variablen Stückkosten belaufen sich somit auf 14 Euro je Tonne. Mit diesem Erkenntnisgewinn lassen sich die Sollkosten ermitteln:

Diese ergeben sich aus den Fixkosten plus den variablen Stückkosten multipliziert mit der Istmenge. Das sind bei der Steinmüller KG 320.000 Euro Fixkosten plus 504.000 Euro variable Kosten, in Summe 824.000 Euro.

Nachdem das geschafft ist, können Sie die beiden Abweichungsarten berechnen.

Zuerst die Verbrauchsabweichung: Istkosten minus Sollkosten: 16.000 Euro.

Dann die Beschäftigungsabweichung: Sollkosten minus verrechnete Plankosten: 824.000 minus 792.000 ergibt 32.000 Euro.

Und hier die Antwort auf die Zusatzfrage zu der Wechselkursabweichung: Im Plan waren Verkaufserlöse in Höhe von 26.000 Euro vorgesehen. Da der Verkaufspreis in US-Dollar gegenüber dem Plan unverändert blieb, der Wechselkurs sich jedoch verändert hat, entstand folgender Effekt:

Der Kunde hat je Tonne 33,80 US-Dollar gezahlt. Das macht bei 1.000 Tonnen Schotter 33.800 US-Dollar. Umgerechnet in Euro sind dies bei einem Wechselkurs von 1,40 nur noch 24.142,86 Euro. Gegenüber den geplanten Erlösen in Höhe von 26.000 Euro also eine Wechselkursabweichung in Höhe von 1.857,14 Euro.

Aufgabe 12.11

Hier die Antwort zur ersten Frage nach der Beschäftigungs- und Verbrauchsabweichung. Dazu ermitteln Sie zuerst die Sollkosten. Diese ergeben sich aus den Fixkosten plus den variablen Stückkosten multipliziert mit der Istmenge. Bei der Kostenstelle Fertigungslinie II sind dies 114.600 Euro an Fixkosten und 19.360 Euro variable Kosten, in Summe 133.960 Euro Sollkosten bei 4.400 Fertigungsstunden.

Nun können Sie die beiden Abweichungsarten ermitteln. Zuerst die Beschäftigungsabweichung: Sollkosten minus verrechnete Plankosten: 133.960 minus 145.420 ergibt minus 11.460 Euro.

Die Verbrauchsabweichung errechnen Sie folgendermaßen: Istkosten minus Sollkosten: 6.040 Euro.

Zur zweiten Frage, wie die beiden Abweichungen ausfallen, wenn die Abschreibungen zu 100 Prozent variabel wären: Dazu müssen die Sollkosten neu berechnet werden. Nun sind dies 86.600 Euro an Fixkosten und 50.160 Euro variable Kosten, in Summe 136.760 Euro Sollkosten bei 4.400 Fertigungsstunden.

Die beiden Abweichungsarten sehen dann so aus: Beschäftigungsabweichung: Sollkosten minus verrechnete Plankosten: 136.760 minus 145.420 ergibt minus 8.660 Euro. Die Verbrauchsabweichung erhalten Sie, indem Sie von den Istkosten die Sollkosten subtrahieren: 3.240 Euro.

Zur dritten Frage: Die Kostenstruktur der Kostenstelle ist deutlich von Fixkosten dominiert. Bei starken Beschäftigungsschwankungen werden die meisten Kosten weiter unverändert anfallen.

Aufgabe 12.12

Bevor es richtig losgeht, müssen zuerst die Fixkosten berechnet werden. Im Plankostensatz sind 100 Euro variable Kosten enthalten, bei den restlichen 80 Euro handelt es sich um Fixkosten. Somit wurde im Plan von 720.000 Euro (80 Euro multipliziert mit 9.000 Fertigungsstunden) Fixkosten ausgegangen.

Die Sollkosten: 720.000 Euro Fixkosten plus die variablen Kosten der Istbeschäftigung (100 Euro multipliziert mit 10.000 Stunden) ergibt 1.720.000 Euro.

Die verrechneten Plankosten: 180 Euro multipliziert mit 10.000 Stunden ergibt 1.800.000 Euro.

Die Beschäftigungsabweichung: Sollkosten minus verrechnete Plankosten: minus 80.000 Euro.

Die Verbrauchsabweichung: Istkosten minus Sollkosten: 160.000 Euro.

Aufgabe 12.13

Zum ersten Fragenblock: Der Plankostensatz beträgt bei 400 Einheiten 1.118,50 Euro (Plankosten geteilt durch die Planbeschäftigung). Bei 420 Einheiten würde er bei 1.065,24 Euro liegen und bei 380 Einheiten würde er bei 1.177,37 Euro liegen.

Bei der flexiblen Plankostenrechnung werden die Fixkosten durch den Plankostensatz proportionalisiert. Bei einer Mengensteigerung werden automatisch zu viele Kosten verrechnet, da die Fixkosten im Ist bei einer Mengensteigerung natürlich nicht mit ansteigen.

Zum zweiten Fragenblock: 90 Prozent der Planbeschäftigung entspricht 360 Einheiten.

Die Sollkosten: 273.400 Euro Fixkosten plus die variablen Kosten der Istbeschäftigung (174.000 Euro geteilt durch 400 Einheiten multipliziert mit 360 Einheiten) ergibt 430.000 Euro.

Die verrechneten Plankosten: 1.118,50 Euro multipliziert mit 360 Einheiten ergibt 402.660 Euro.

Die Beschäftigungsabweichung: Sollkosten minus verrechnete Plankosten: minus 27.340 Euro.

Die Verbrauchsabweichung: Istkosten minus Sollkosten: minus 140.000 Euro.

Zum dritten Fragenblock: Damit verändern sich folgende Positionen im Kostenstellenplan für den Monat Mai:

- ✓ Instandhaltungskosten: Die Kosten steigen um 1.000 Euro monatlich.
- ✓ Kalkulatorische Abschreibungen: Die Maschine verursacht jährliche Abschreibungen in Höhe von 600.000 Euro. Monatliche Zusatzkosten damit: 50.000 Euro.
- ✓ Kalkulatorische Zinsen: 5 Prozent auf die Abschreibungen ergibt monatlich 2.500 Euro.

Der Plankostensatz beläuft sich nun auf 1.001,80 Euro. Tabelle 12.4 zeigt den Kostenstellenplan.

Aufgabe 12.14

Die Preisabweichung wird ermittelt, indem von den Istkosten die preisbereinigten Istkosten abgezogen werden. Die Istkosten setzen sich aus 69.000 Euro Fixkosten und variablen Kosten in Höhe von 3.510.000 Euro (1.800 × 1.950 Euro) zusammen: 3.579.000 Euro.

Die preisbereinigten Istkosten setzen sich aus den ursprünglich geplanten Fixkosten in Höhe von 54.000 Euro und variablen Kosten in Höhe von 2.700.000 Euro (1.800 × 1.500 Euro) zusammen: 2.754.000 Euro. Die Preisabweichung beträgt damit 825.000 Euro.

Kostenart	fixe Plankosten	variable Plankosten	Plankosten gesamt
Personalkosten	25.000	150.000	175.000
Reisekosten	0	10.000	10.000
Energiekosten	2.000	6.000	8.000
Raumkosten	24.000	0	24.000
Instandhaltungskosten	*13.000*	8.000	*21.000*
Kalkulatorische Abschreibungen	*114.000*	0	*114.000*
Kalkulatorische Zinsen	*8.900*	0	*8.900*
Anteil an Fertigungsgemeinkosten	44.000	0	44.000
Anteil an Materialgemeinkosten	18.000	0	18.000
Anteil an Verwaltungs- und Vertriebsgemeinkosten	78.000	0	78.000
Summe	**326.900**	**174.000**	**500.900**

Tabelle 12.4: Plan der Kostenstelle 27

Die Verbrauchsabweichung ermitteln Sie, indem Sie von den preisbereinigten Istkosten die Sollkosten abziehen.

Dazu schnell die Sollkosten berechnen: Fixkosten plus die variablen Kosten der Istbeschäftigung: 2.214.000 Euro.

Die Verbrauchsabweichung beträgt damit 540.000 Euro.

Dann die verrechneten Plankosten: Bei einem Plankostensatz von 1.218 Euro sind das 2.192.400 Euro.

Nun noch die Beschäftigungsabweichung: Sollkosten minus verrechnete Plankosten: 21.600 Euro.

Für die Verbrauchsabweichung wird Frau Meier verantwortlich sein, sofern die äußeren Rahmenbedingungen sie nicht dazu gezwungen haben, diese Abweichung entstehen zu lassen. Das könnten zum Beispiel unausgereifte Produktionspläne oder mangelhaftes Material sein, was die Ausschussquote in die Höhe schießen lassen kann. Für den Rest muss Frau Meier geradestehen.

Das Controlling und der Einkauf sind für die Preisabweichung verantwortlich, da die Tarifsteigerungen und die Änderungen der Einkaufspreise nicht richtig abgeschätzt wurden beziehungsweise Letztere nicht wie gewünscht verhandelt wurden.

13 Grenzplankostenrechnung oder Direct Costing

In diesem Kapitel ...

- Übungen rund um die Teilkostenrechnung
- Die einstufige Deckungsbeitragsrechnung durchführen
- Portfolioentscheidungen treffen und Preisuntergrenzen ermitteln
- Profi für Break-even-Analysen werden

In diesem Kapitel treffen Sie Portfolioentscheidungen mithilfe der Grenzplankostenrechnung. Dabei üben Sie die Deckungsbeitragsrechnung und führen Break-even-Analysen durch. Die hier gezeigte Teilkostenrechnung will die beiden Fehler der Vollkostenrechnung, also die

- ✓ oftmals willkürlichen Zuordnung der Fixkosten auf die Kostenträger per Schlüsselung und
- ✓ die Proportionalisierung der Fixkosten

verhindern, indem sie nur die variablen Kosten den Kostenträgern zurechnet.

Und nun Applaus, Applaus – Vorhang auf für den wohl bekanntesten Vertreter der Teilkostenrechnung: die Grenzplankostenrechnung mit der Deckungsbeitragsrechnung.

Die Grenzplankostenrechnung

Die beiden Hauptaufgaben der Grenzplankostenrechnung sind

- ✓ die Kostenplanung und -kontrolle sowie
- ✓ die Unterstützung bei der kurzfristigen Unternehmenssteuerung.

Die Grenzplankostenrechnung verrechnet nur die variablen Kosten auf die Kostenträger. Interne Verrechnungspreise und Kalkulationen basieren bei der Grenzplankostenrechnung daher nur auf den variablen Kosten. Die fixen Kosten werden aber auch berücksichtigt, indem sie in der Erfolgsrechnung vom Deckungsbeitrag, das ist die Differenz zwischen den Erlösen und den Grenzkosten der einzelnen Produkte, abgezogen werden.

Die Grenzplankostenrechnung geht übrigens davon aus, dass es nur lineare Kostenfunktionen gibt.

So ganz können Sie sich bei der Grenzplankostenrechnung jedoch nicht von der Vollkostenrechnung verabschieden. Sie müssen nebenher stets auch eine Vollkostenrechnung erstellen. Nur so kann die Kostenrechnung als Dienstleister für das externe Rechnungswesen die Warenbestände bewerten oder rechtseinheitenübergreifende konzerninterne Verrechnungen OECD-konform durchführen.

Die OECD (Organisation for Economic Co-operation and Development) hat aktuell 34 Mitgliedsländer. Ziele der Organisation sind unter anderem die Förderung des Welthandels und eines nachhaltigen Wirtschaftswachstums.

Die Mechanik der Grenzplankostenrechnung für Sie im Schnelldurchlauf: In der Kostenartenrechnung werden die Kosten in fixe und variable Kosten getrennt. Danach werden in der Kostenstellenrechnung die Plankostensätze auf Basis der proportionalen Kosten ermittelt. In der Kostenträgerstückrechnung wird kalkuliert und in der Trägerzeitrechnung können Sie wie gewohnt das Gesamt- oder das Umsatzkostenverfahren anwenden. Hier können Sie entweder die gesamten Fixkosten en bloc von der Summe aller Deckungsbeiträge abziehen. Dies entspricht dem Direct Costing. Soll differenziert werden, können Sie die Fixkosten auch entsprechend ihrer Zurechenbarkeit hierarchisch gestuft abziehen. Dann spricht man von der mehrstufigen Deckungsbeitragsrechnung beziehungsweise Fixkostendeckungsrechnung.

Aufgabe 13.1

Frei nach einer Schweizer Hustenbonbonwerbung die Frage zur Grenzplankostenrechnung: Wer hat's erfunden?

Aufgabe 13.2

Was hat die Grenzplankostenrechnung mit der OECD zu tun?

Aufgabe 13.3

Wie berechnet sich der Deckungsbeitrag?

Die Kostenplanung in der Grenzplankostenrechnung

Bei der Grenzplankostenrechnung wird wie bei den handelsüblichen Kostenrechnungssystemen auf Vollkostenbasis auch kostenartenweise geplant. Da jetzt aber nur die variablen Kosten auf die Kostenträger verrechnet werden, müssen Sie bereits während der Kostenartenplanung die Kostenauflösung vornehmen, um die fixen von den variablen Kosten zu trennen. So können Sie später die Sollkosten der jeweiligen Istbeschäftigung ermitteln. Für die Kostenauflösung stehen Ihnen dieselben Methoden wie in der Vollkostenrechnung zur Verfügung:

- ✓ die buchtechnische Kostenauflösung,
- ✓ die mathematische Kostenauflösung und
- ✓ die planmäßige Kostenauflösung.

Die Entwickler der Grenzplankostenrechnung empfahlen die planmäßige, analytische Kostenauflösung. Wenn irgend möglich soll nicht auf Basis von Istkosten geplant werden, da diese bekanntlich immer die Gefahr bergen Schlendrian mit Schlendrian zu vergleichen.

Der Betriebsabrechnungsbogen in der Grenzplankostenrechnung

Soll-Ist-Vergleiche beziehungsweise Kostenkontrollen sind nur dann möglich, wenn zuvor geplant wurde. Bei der Grenzplankostenrechnung spielen die beiden Kostenkomponenten Preis und Menge wie bei der Vollkostenrechnung eine wichtige Rolle. Die Beschäftigung ist dabei weiterhin die wichtigste Einflussgröße der Preise und Mengen.

Die gesamte Kostenplanung beginnt auf Kostenartenebene und landet in Kostenstellenplänen. Dort werden alle Kostenarten der Kostenstelle getrennt nach fixen und variablen Kosten untereinander aufgelistet.

Kostenstellen / Kostenarten	Vorkostenstellen						Endkostenstellen											
	V 1			V 2			E 1 Material			E 2 Fertigung			E 3 Verwaltung			E 4 Vertrieb		
	Σ	f	v	Σ	f	v	Σ	f	v	Σ	f	v	Σ	f	v	Σ	f	v
KOA 1																		
KOA 2																		
KOA 3																		
KOA 4																		
KOA 5																		
Summe primäre Kosten																		
Verteilung der sekundären Kostenstellenkosten																		
Umlage V 1																		
Umlage V 2																		
Summe primäre und sekundäre Kosten																		

Abbildung 13.1: Betriebsabrechnungsbogen in der Grenzplankostenrechnung

Der Betriebsabrechnungsbogen (BAB) wurde in der Grenzplankostenrechnung im Vergleich zur Vollkostenrechnung ein wenig erweitert. Für jede Kostenstelle gibt es statt einer nun drei Spalten: für die variablen, für die fixen und für die Gesamtkosten. In Abbildung 13.1 finden Sie den Aufbau eines solchen Betriebsabrechnungsbogens. Das griechische Sigma steht für die Gesamtkosten, f für die Fixkosten und v für die variablen Kosten.

Bei der Umlage der Kosten werden ja nur die variablen Kosten berücksichtigt. Deshalb bleiben die fixen Kosten auf den jeweiligen Kostenstellen stehen.

Für jede Kostenstelle werden in der Grenzplankostenrechnung Plankostensätze ermittelt. Diese setzen sich aus den variablen, geplanten Gesamtkosten und der Planbeschäftigung zusammen.

Aufgabe 13.4

Wie unterscheidet sich ein Betriebsabrechnungsbogen der Grenzplankostenrechnung von einem Betriebsabrechnungsbogen der Vollkostenrechnung?

Aufgabe 13.5

Eine Frage zu den Gemeinkostenzuschlagssätzen: Unterscheiden sich diese von denen der Vollkostenrechnung oder sind sie im Prinzip identisch?

Aufgabe 13.6

Die Fischräucherei Hering KG auf der Insel Hiddensee geht mit der Zeit: Das Betriebsergebnis soll nicht mehr mit den Mitteln der Vollkostenrechnung, sondern im Rahmen der Teilkosten- beziehungsweise Deckungsbeitragsrechnung ermittelt werden.

Im vergangenen Monat gab es folgende Zahlen: Es wurden 5.000 Heringe geräuchert und zu 2 Euro je Hälfte verkauft. Die variablen Kosten je Fisch betragen 2,80 Euro. Dazu kommen noch Fixkosten in Höhe von 10.000 Euro. Berechnen Sie den Betriebserfolg der Fischräucherei.

Die Kostenträgerrechnung mit Teilkosten

Nun geht es um die Kostenträgerstückrechnung und die Kostenträgerzeitrechnung in der Grenzplankostenrechnung.

Aufgabe 13.7

Je zwei Begriffe haben dieselbe Bedeutung; Sie dürfen zuordnen:

✓ Kostenträgerstückrechnung

✓ Erfolgsrechnung

- ✓ Kalkulation
- ✓ Kostenträgerzeitrechnung

Die Kostenträgerstückrechnung

In der Kostenträgerstückrechnung, besser bekannt unter der Bezeichnung Kalkulation, werden die proportionalen Stückkosten der jeweiligen Kostenträger kalkuliert. Wenn Sie dann von den Erlösen der Kostenträger beziehungsweise Produkten die proportionalen Kosten abziehen, erhalten Sie als Ergebnis den sogenannten Stückdeckungsbeitrag. Zur Ermittlung der proportionalen Kosten können Sie alle bekannten Kalkulationsverfahren anwenden.

Prinzipiell stehen zur Verfügung:

- ✓ Divisionskalkulation
- ✓ Äquivalenzziffernkalkulation
- ✓ Zuschlagskalkulation
- ✓ Maschinensatzkalkulation
- ✓ Kalkulation von Kuppelprodukten mit der Restwertmethode und der Verteilmethode

Die Kostenträgerzeitrechnung

In zwei Punkten unterscheidet sich die Erfolgsrechnung in der Grenzplankostenrechnung von der Erfolgsrechnung der Vollkostenrechnung:

- ✓ Fixe Kosten werden gesondert behandelt.
- ✓ Bestandsveränderungen werden nur mit den proportionalen Kosten bewertet.

Beim Direct Costing ziehen Sie alle Fixkosten en bloc von allen Deckungsbeiträgen der jeweiligen Produkte ab. So sehen Sie, wie das Unternehmensergebnis ausfällt, ob Gewinn oder Verlust gemacht wurde.

Das Gesamtkostenverfahren in der Grenzplankostenrechnung

Das Gesamtkostenverfahren funktioniert bei der Grenzplankostenrechnung im Prinzip wie bei der Vollkostenrechnung. Sie ziehen von den erzielten Erlösen die mit den Herstellkosten bewerteten Bestandsveränderungen ab oder zählen sie hinzu; je nachdem ob ein Lagerabbau oder Lageraufbau stattgefunden hat. Danach werden die proportionalen Gesamtkosten der gesamten hergestellten Menge und die Fixkosten abgezogen und schon haben Sie das Betriebsergebnis ermittelt. Tabelle 13.1 zeigt das Verfahren im Überblick.

Erlöse der verkauften Mengen
+ variable Herstellkosten für Bestandserhöhungen
– variable Herstellkosten für Bestandsminderungen
– variable Herstellkosten für die gesamte produzierte Menge
– variable Verwaltungs- und Vertriebsgemeinkosten für die verkaufte Menge
– Fixkosten
= Betriebsergebnis

Tabelle 13.1: Gesamtkostenverfahren in der Grenzplankostenrechnung

Das Umsatzkostenverfahren in der Grenzplankostenrechnung

Beim Umsatzkostenverfahren werden den Erlösen aus verkauften Produkten die dafür entstandenen variablen Selbstkosten gegenübergestellt. Tabelle 13.2 zeigt das Verfahren.

Erlöse
– variable Selbstkosten der verkauften Produkte
– Fixkosten
= Betriebsergebnis

Tabelle 13.2: Umsatzkostenverfahren in der Grenzplankostenrechnung

Aufgabe 13.8

Welche Verfahren stehen bei der Kostenträgerstückrechnung zur Ermittlung der proportionalen Kosten generell zur Verfügung?

Aufgabe 13.9

Welches Verfahren sollte man bei der Grenzplanrechnung innerhalb der Kostenträgerstückrechnung anwenden: das Gesamtkostenverfahren oder das Umsatzkostenverfahren?

Aufgabe 13.10

Clara Bonville hatte die Idee: Sie produziert und verkauft verzierte Computermäuse. Die Kunden können zwischen einer ziemlich großen Zahl an möglichen Verzierungen wählen. Clara Bonville bietet dabei drei unterschiedliche Grundkonfigurationen an:

- ✓ das Basismodell mit klassischem Scrollrad in robuster Plastikhülle
- ✓ das Mittelklassemodell mit einem hochwertigeren Scrollrad und leichteren Materialien
- ✓ das federleichte High-End-Modell mit Bewegungssensoren

Bei der Wahl der Erfolgsrechnung zaudert Clara Bonville noch ein wenig. Deshalb möchte sie gerne im ersten Jahr die Erfolgsrechnung mit beiden möglichen Varianten, dem Gesamt- und dem Umsatzkostenverfahren, durchführen.

Damit Frau Bonville ungestört weitere geniale Produkte entwerfen kann, können Sie jetzt auf Basis der in Tabelle 13.3 enthaltenen Werte für den Monat September die Erfolgsrechnung innerhalb der Grenzplankostenrechnung einmal mit dem Gesamtkostenverfahren und einmal mit dem Umsatzkostenverfahren durchführen.

	Basismodell	Mittelklassemodell	High-End-Modell
Variable Herstellkosten	7	10	15
Stückpreis	25	35	55
Produzierte Mengen	280	560	180
Verkaufte Mengen	270	600	240

Tabelle 13.3: Daten für das Mausgeschäft

Im Monat September fielen auch Fixkosten in Höhe von 6.000 Euro und variable Verwaltungsgemeinkosten in Höhe von 513 Euro an.

Ein kleiner Tipp zum Schluss: Auch in der Grenzplankostenrechnung sollte bei beiden Verfahren am Ende dasselbe Ergebnis herauskommen.

Kosten- und Erlöskontrolle und Abweichungsanalyse

Auch bei der Grenzplankostenrechnung geht es letztlich neben der Kalkulation und der Erfolgsrechnung um die Kosten- und Erlöskontrolle und um die Abweichungsanalyse.

Die Kostenkontrolle

Die Sollkosten entsprechen bei der Grenzplankostenrechnung stets den Plankosten. Deshalb können Sie sich hier die Ermittlung der Beschäftigungsabweichung schenken. Ihre Energie können Sie nun voll auf die Analyse der anderen Abweichungsarten, die Verbrauchsabweichungen, konzentrieren. Dazu steht Ihnen ein bunter Strauß wild wuchernder Abweichungen zur Auswahl:

- Preisabweichungen
- Verfahrensabweichungen
- Unwirtschaftlichkeiten

Die Verbrauchsabweichung wird in der Teilkostenrechnung so berechnet: proportionale Istkosten minus proportionale Sollkosten.

Die Erlöskontrolle

Ohne Erlöse keine Kosten; zumindest nicht dauerhaft. Ansonsten droht die Insolvenz. Bei den Erlösen gibt es wie bei den Kosten zwei Komponenten, die Sie im Auge behalten sollten: die Menge und den Preis.

Aufgabe 13.11

Warum kann es in der Grenzplankostenrechnung zu keiner Beschäftigungsabweichung kommen?

Aufgabe 13.12

Gemeinkosten sind Ihnen ja bereits mehrfach hier im Buch über den Weg gelaufen. Gibt es eigentlich auch negative Gemeinerlöse? Falls ja, was wäre der Unterschied zwischen Gemeinkosten und negativen Gemeinerlösen?

Aufgabe 13.13

Die Gymba AG stellt Schutzhüllen für Smartphones her. Für das neue Ramsung Smartphone »Mini-Milchstraße 7.8« soll eine Polycarbonathülle auf den Markt gebracht werden. Die Kostenabschätzung für die neue Hülle:

- Materialeinzelkosten: 1,90 Euro
- Fertigungseinzelkosten: 0,79 Euro

Neben den Einzelkosten fallen auch noch variable Gemeinosten an. Die Zuschlagssätze dafür:

- Materialgemeinkostenzuschlag: 20 Prozent
- Fertigungsgemeinkostenzuschlag: 10 Prozent
- Vertriebs- und Verwaltungsgemeinkostenzuschlagssatz: 80 Prozent

Berechnen Sie mithilfe der differenzierenden Zuschlagskalkulation auf Basis der Teilkosten die Selbstkosten der neuen Schutzhülle. Die Schutzhülle soll für 29 Euro verkauft werden. Wie hoch ist der Deckungsbeitrag der neuen Schutzhülle?

Aufgabe 13.14

Die Gymba AG stellt verschiedene Schutzhüllen für Smartphones her. Um genau zu sein, sind es aktuell drei Produkte: Schutzhüllen für das Ramsung Smartphone »Mini-Milchstraße 7.5«, für das Birne 6.0 und für das Fenster-Finnen Beta 1.0.

In Tabelle 13.4 finden Sie die Planung zu den variablen Stückkosten, den Stückerlösen und den Stückzahlen der drei Produkte. Bei der Gymba AG wird im Plan auch mit Fixkosten in Höhe von 7.800.000 Euro gerechnet. Berechnen Sie aus den Werten die Stückdeckungsbeiträge, die Deckungsbeiträge und das Ergebnis der Gymba AG im Wirtschaftsplan.

	Hülle Ramsung	Hülle Birne	Hülle Fenster-Finnen
Variable Stückkosten	5	6	5
Stückerlöse	29	29	29
Stückzahlen	400.000	600.000	2.000

Tabelle 13.4: Planwerte der Gymba AG

Aufgabe 13.15

Der Fahrradhelmproduzent Vuelta GmbH stellt einen Fahrradhelm her, den Vuelta Air 3.0. Hier die nicht so schönen Daten für den Monat Mai:

- ✓ Produktionsmenge: 4.000 Helme
- ✓ Verkaufsmenge: 320 Helme
- ✓ Verkaufspreis: 160 Euro
- ✓ variable Herstellkosten: 40 Euro
- ✓ variable Vertriebskosten je verkauftem Helm: 25 Euro
- ✓ fixe Herstellkosten: 30.000 Euro
- ✓ fixe Verwaltungs- und Vertriebskosten: 8.000 Euro

Berechnen Sie nun in vier Varianten das Betriebsergebnis der Vuelta GmbH: zunächst mit dem Gesamt- und Umsatzkostenverfahren auf Teilkostenbasis und anschließend auf Vollkostenbasis. Wenn sich die Ergebnisse unterscheiden sollten, müssen Sie die Gründe hierfür erläutern. Eine fehlerhafte Berechnung gilt aber nicht als Begründung!

Break-even-Analysen, Preispolitik und Portfolioentscheidungen

Mithilfe der Grenzplankostenrechnung können Sie Portfolioentscheidungen treffen, Break-even-Analysen durchführen und Preisuntergrenzen ermitteln.

Portfolioentscheidungen treffen

Für die Beantwortung der Fragen nach dem optimalen Produktprogramm und welche Aufträge angenommen werden sollen oder nicht bietet sich die Grenzplankostenrechnung an. Anhand von Fertigungs- oder Absatzengpässen oder Stückdeckungsbeiträgen kann das optimale Produktionsprogramm ermittelt werden. Bei Fertigungsengpässen spielt dabei der Produktionskoeffizient eine gewichtige Rolle. Er besagt, wie viele Mengeneinheiten eines Einsatzguts für die Herstellung eines Produkts benötigt werden. Anders ausgedrückt gibt er das Verhältnis von Einsatzmenge zu Ausbringungsmenge an.

Aufgabe 13.16

Der Fruchtsafthersteller Sudmann GmbH hat drei Fruchtsäfte im Sortiment:

✓ Apfel-Sanddorn,

✓ Orange-Sanddorn und

✓ Orange-Mango-Sanddorn.

In Tabelle 13.5 finden Sie die maximal möglichen Absatzmengen und die Stückdeckungsbeiträge der drei Produkte. Zusätzlich finden Sie in dieser Tabelle auch noch die jeweils benötigte Menge an Sanddornmuttersaft je Saftflasche. Die Sudmann GmbH kann pro Saison maximal 15.000 Liter Sanddornmuttersaft beziehen. Orangen, Äpfel und Mangos können dagegen unbegrenzt je nach Bedarf eingekauft werden. Und jetzt die Preisfrage: Ermitteln Sie das optimale Produktionsprogramm für die Sudmann GmbH. Beurteilen Sie das Ergebnis auch qualitativ und geben Sie anschließend eine Empfehlung ab.

Produkt	Apfel-Sanddorn	Orange-Sanddorn	Orange-Mango-Sanddorn
Maximale Absatzmenge in Literflaschen	200.000	200.000	100.000
Stückdeckungsbeitrag	0,80	0,90	0,70
Liter Sanddornmuttersaft je Literflasche Saft	0,15	0,10	0,05

Tabelle 13.5: Daten der Sudmann GmbH

Preisuntergrenzen ermitteln

Eine oft gestellte Frage kann mit der Grenzplankostenrechnung beantwortet werden – die Frage nach der Bestimmung von Preisuntergrenzen. Deckt ein Produkt gerade noch die variablen Kosten, ist die absolute Preisuntergrenze erreicht.

Aufgabe 13.17

Die Marzipanmanufaktur Papendick GmbH hat drei verschiedene Produkte im Sortiment:

- ✓ Marzipanbrot
- ✓ Schoko-Marzipan
- ✓ Marzipan geflammt

In Tabelle 13.6 finden Sie die maximal möglichen Absatzmengen und die Stückdeckungsbeiträge der drei Produkte. Zusätzlich finden Sie in dieser Tabelle auch noch die jeweils benötigte Menge an Rosenöl je Produkteinheit, das die Firma Papendick nach alter Tradition in jeder Marzipanrezeptur verwendet. Die Papendick GmbH besitzt Rahmenverträge, die eine maximale Liefermenge des Rosenöls enthalten. Demnach könnte die Papendick GmbH bis zu 6.000 Einheiten Rosenöl beziehen. Für die anderen benötigten Rohstoffe bestehen keine Lieferbeschränkungen.

Produkt	Marzipanbrot	Schoko-Marzipan	Marzipan geflammt
Maximale Absatzmenge in Stückeinheiten	45.000	75.000	25.000
Stückdeckungsbeitrag	1,10	0,80	1,00
Einheiten Rosenöl	0,04	0,02	0,06

Tabelle 13.6: Daten der Papendick GmbH

Herr Papendick erhielt einen Anruf von Frau Leuze-Gabelschmidt. Sie ist die Leiterin des Süßwareneinkaufs der europaweit dominierenden Supermarktkette Pappsatt. In diesem Telefonat ging es zunächst um die langjährigen, guten Geschäftsbeziehungen und den leider immer härter werdenden Wettbewerb. Danach kam Frau Leuze-Gabelschmidt auf ihr Anliegen zu sprechen: Eine von der Pappsatt beauftragte Untersuchung ergab, dass die Kunden diesen Herbst wahnsinnig gerne Chili-Marzipan kaufen würden. Sie bat Herrn Papendick eindringlich um eine kurzfristige Bereitstellung von 50.000 Einheiten Chili-Marzipan. Sollte er deshalb die Produktion der drei anderen Produkte etwas drosseln müssen, sei das kein Problem, da die Kundschaft wohl lieber zum Chili-Marzipan greifen würde. Da es sich um einen einmaligen Zusatzauftrag handelt, der auch bei der Pappsatt mit erheblichen Aufwendungen verbunden sei, konnte Frau Leuze-Gabelschmidt lediglich einen Preis anbieten, der bei der Papendick gerade noch zu einem positiven Stückdeckungsbeitrag in Höhe von 0,10 Euro führt.

Herr Papendick würde übrigens 0,04 Einheiten Rosenöl je Stückeinheit Chili-Marzipan benötigen.

Soll Herr Papendick den Auftrag exakt so annehmen oder nachverhandeln?

Die Break-even-Analyse

Die zukünftigen Umsätze eines Unternehmens lassen sich meist nicht exakt prognostizieren. Viel zu viele äußere Einflüsse können die schönsten Prognosen über den Haufen werfen. Trotzdem versuchen Unternehmen immer wieder, möglichst gute Umsatzprognosen abzugeben. Dies geschieht nicht just for fun; es ist vielmehr getrieben von einer Vielzahl von Motivationen. Die stärkste Motivation ist dabei die Planungssicherheit bezüglich der zum Umsatz passenden Kapazitäten, Ressourcen und damit Kostenstrukturen.

Stellen Sie sich nur einmal vor, Sie wären der Gründer eines Start-ups, dessen Ideen am Markt förmlich aufgesogen werden – Ihre Umsätze explodieren. An allen Ecken und Enden knirscht es in Ihrem Unternehmen. Die Mitarbeiter arbeiten Tag und Nacht, auch an den Wochenenden, die Produktionskapazitäten müssen dringend erweitert werden, damit die steigende Nachfrage befriedigt werden kann. Am liebsten würden Sie sofort zehn neue Mitarbeiter einstellen und mit der Produktion aus der Garage raus in die benachbarte, leer stehende Halle einziehen. Noch am gleichen Tag machen Sie Nägel mit Köpfen und stellen zehn Mitarbeiter ein und mieten die Halle an. In der darauffolgenden Nacht schlafen Sie nicht wirklich gut – was ist, wenn die Nachfrage nach Ihren Produkten ab nächste Woche plötzlich stagniert? Dann sitzen Sie auf den Kosten für zehn neue Mitarbeiter und die Halle. Und können diese nicht mehr bezahlen …

Jetzt kommt es darauf an, dass die Umsatzprognosen und die künftigen Kostenstrukturen exakt zueinander passen. Ab welchem Umsatz schaffen Sie den Break-even und können ruhig schlafen?

Die Break-even-Analyse sucht genau den Beschäftigungsgrad, bei dem das Betriebsergebnis gleich null ist. Diesen Punkt bezeichnet man als Break-even-Point. Ab hier geht es aufwärts in die Gewinnzone, deshalb wird der Break-even-Point manchmal auch Gewinnschwelle genannt. Mit der Break-even-Analyse können Sie also untersuchen, wie Beschäftigungsschwankungen auf das Ergebnis wirken und Aussagen darüber treffen, ab welchem Umsatzniveau das Unternehmen in die roten Zahlen rutschen würde. Oder andersrum: Ab welchem Umsatzniveau Gewinn erwirtschaftet wird.

Die Ermittlung des Break-even-Points ist bei Ein-Produkt-Unternehmen beinah ein Kinderspiel, bei Unternehmen mit mehreren Produkten aber auch kein Hexenwerk.

Break-even-Analyse mit einem Produkt

Die Formel zur Berechnung des Break-even-Points, kurz BEP, sieht wie folgt aus:

$$x(BEP) = \frac{K_{\text{fix}}}{p - k_{\text{var}}}$$

Die Erläuterung der in der Formel verwendeten Symbole: x(BEP) steht für die Menge des Break-even-Points, p für den Verkaufspreis und K für Kosten; einmal für die fixen Gesamtkosten und einmal für die variablen Stückkosten. Mit dieser tollen Formel können Sie genau berechnen, ab welcher Menge Gewinn erwirtschaftet wird.

Aufgabe 13.18

Die Willi Sahnig GmbH konzentriert sich auf ein Produkt: Erdbeersahnetorten. Im Monat März konnten 30.000 Erdbeersahnetorten produziert und verkauft werden. Die Fixkosten beliefen sich in diesem Monat auf 10.000 Euro, die variablen Kosten auf 120.000 Euro. Eine Erdbeersahnetorte wird für 4,90 Euro verkauft.

Nun die Fragen:

✓ Wie hoch waren der Gesamt- und der Stückgewinn im Monat März?

✓ Wo liegt der Break-even-Point?

✓ Würde es sich rentieren, den Preis der Erdbeersahnetorte von 4,90 auf 3,90 zu senken, wenn dadurch monatlich 10.000 Torten mehr verkauft werden könnten?

Aufgabe 13.19

Helfen Sie der Bademantelproduzentin Inge Frotteeberg bei der Beantwortung der Frage, welchen Mindestumsatz sie mit dem neuen Bademantel Flausch 2.0 machen muss, um Gewinne zu machen. Für den neuen Bademantel gibt es folgende Planwerte:

✓ Fixkosten: 6.000 Euro

✓ variable Stückkosten: 29 Euro

✓ Verkaufspreis je Bademantel: 59 Euro

Break-even-Analyse mit mehreren Produkten

Unternehmen mit mehreren Produkten stellen sich natürlich auch die Frage nach dem Break-even-Point. Bei Mehr-Produkt-Unternehmen wird nicht die Stückzahl, sondern jener Erlös ermittelt, der benötigt wird, um die Fixkosten zu decken. Dazu gibt es nachfolgende Formel. E(BEP) steht hier übrigens für Erlös des Break-even-Points.

$$E(BEP) = \frac{K_{\text{fix}}}{1 - \frac{K_{\text{var}}}{E}}$$

Aufgabe 13.20

Der Vorstand des Herstellers von Besteck, Kochtöpfen, Schneidemessern und Tafelgeschirr, die Badische Küchenwarenfabrik BKF AG, möchte wissen, wie tief der Umsatz bei der nächsten Wirtschaftskrise fallen darf, bis das Unternehmen in die Verlustzone gerät.

Aus den einzelnen Unternehmensbereichen liegen folgende Planwerte für das Folgejahr vor: Im Unternehmensbereich Bestecke wird im nächsten Jahr mit Fixkosten in Höhe von 2.450.000 Euro gerechnet, da das Marketing deutlich ausgebaut werden soll. Bei einem Erlösniveau von 7.500.000 Euro wird mit variablen Kosten in Höhe von 4.500.000 Euro gerechnet.

Die Planwerte der restlichen Unternehmensbereiche finden Sie fein übersichtlich in Tabelle 13.7 zusammengestellt.

Unternehmensbereich	Fixkosten	Variable Kosten	Erlöse
Kochtöpfe	6.400.000	7.600.000	16.200.000
Schneidemesser	750.000	940.000	1.800.000
Tafelgeschirr	5.600.000	4.600.000	12.900.000

Tabelle 13.7: Planwerte der BKF AG

Aufgabe 13.21

Vier mittelständische Unternehmen aus einer Branche wollen sich frisches Kapital über den Anleihemarkt besorgen. Alle vier Unternehmen bieten 5,9 Prozent Zinsen bei einer Laufzeit von fünf Jahren an und machen ordentliche Gewinne, die in etwa gleich hoch sind. Momentan brummt die Konjunktur in dieser Branche. Es ist jedoch absehbar, dass die Branche in spätestens drei Jahren in schweres Fahrwasser geraten wird. Es wird mit Umsatzeinbrüchen von bis zu 15 Prozent gerechnet. Von welchen der vier Unternehmen würden Sie Anleihen kaufen? Tabelle 13.8 zeigt ein paar aktuelle Zahlen aus den Geschäftsberichten der Unternehmen in Millionen Euro.

Unternehmen	Erlöse	Fixkosten	Variable Kosten	Ergebnis
Areda AG	230	88	124	18
Bereda AG	260	135	110	15
Cereda AG	220	86	120	14
Dereda AG	225	90	118	17

Tabelle 13.8: Unternehmenszahlen

Lösungen zu den Übungsaufgaben

Aufgabe 13.1

Herr Hans-Georg Plaut, geboren im Jahre 1918 in Hannover, gestorben 1992 in Zermatt, ärgerte sich immer wieder darüber, dass ihm die Vollkostenrechnung bei kurzfristigen Entscheidungen keine sinnvollen Informationen bereitstellen konnte. Deshalb forschte und entwickelte er, bis er 1953 der Öffentlichkeit eine Plankostenrechnung auf Teilkostenbasis vorstellen konnte: die Grenzplankostenrechnung.

Aufgabe 13.2

Die OECD schreibt in ihren Richtlinien zu den Verrechnungspreisen vor, dass Konzerne rechtseinheitenübergreifend auf Vollkostenbasis verrechnen müssen. Diese Richtlinien bilden in vielen Ländern die Grundlage der nationalen Gesetzgebung zum Thema Verrechnung. Dies bedeutet, dass neben einer Grenzplankostenrechnung stets auch eine Vollkostenrechnung durchgeführt werden muss, sofern es sich um einen international aufgestellten Konzern handelt.

Aufgabe 13.3

Der Deckungsbeitrag ist die Differenz zwischen den Erlösen und den Grenzkosten des jeweiligen Produkts.

Aufgabe 13.4

Im Betriebsabrechnungsbogen, dem BAB, der Grenzplankostenrechnung werden die Kostenarten im Unterschied zum BAB der Vollkostenrechnung getrennt nach fixen und variablen Kosten erfasst.

Aufgabe 13.5

Da in der Grenzplankostenrechnung nur die variablen beziehungsweise proportionalen Gemeinkosten auf die Kostenstellen verteilt werden, enthalten die Zuschlagssätze hier im Gegensatz zur Vollkostenrechnung auch nur die variablen beziehungsweise proportionalen Gemeinkosten.

Aufgabe 13.6

Die Verkaufserlöse der Fischräucherei betragen 40.000 Euro und errechnen sich aus 10.000 verkauften Räucherhälften zu je 2 Euro. Davon müssen die variablen Kosten abgezogen werden: 5.000 Heringe zu je 2,80 Euro macht 14.000 Euro; das ergibt einen Deckungsbeitrag von 26.000 Euro. Dieser Deckungsbeitrag hat unter anderem die Aufgabe, die Fixkosten abzudecken. Bei der Fischräucherei sind dies 10.000 Euro. Damit verbleibt ein Betriebserfolg in Höhe von 16.000 Euro.

Aufgabe 13.7

Die Kostenträgerstückrechnung wird meistens als Kalkulation bezeichnet, und die Kostenträgerzeitrechnung ist eigentlich eher bekannt als Erfolgsrechnung.

Aufgabe 13.8

Zur Durchführung der Kostenträgerstückrechnung stehen Ihnen prinzipiell folgende Verfahren zur Verfügung:

- ✓ Divisionskalkulation
- ✓ Äquivalenzziffernkalkulation
- ✓ Zuschlagskalkulation
- ✓ Maschinensatzkalkulation
- ✓ Kalkulation von Kuppelprodukten mit der Restwertmethode und der Verteilmethode

Erlöse Basismodell	270 × 25	6.750
Erlöse Mittelklassemodell	600 × 35	21.000
Erlöse High-End-Modell	240 × 55	13.200
+ variable Herstellkosten für Bestandserhöhungen Basismodell	10 × 7	70
– variable Herstellkosten für Bestandsminderungen Mittelklassemodell	40 × 10	–400
– variable Herstellkosten für Bestandsminderungen High-End-Modell	60 × 15	–900
– variable Herstellkosten Basismodell	280 × 7	–1.960
– variable Herstellkosten Mittelklassemodell	560 × 10	–5.600
– variable Herstellkosten High-End-Modell	180 × 15	–2.700
– variable Verwaltungsgemeinkosten		–513
– Fixkosten		–6.000
Betriebsergebnis (Gewinn)		= 22.947

Tabelle 13.9: Gesamtkostenverfahren bei Clara Bonville

Aufgabe 13.9

Bei der Kostenträgerstückrechnung haben diese beiden Verfahren nichts verloren. Das Gesamtkostenverfahren und das Umsatzkostenverfahren können Sie wahlweise bei der Kostenträgerzeitrechnung verwenden.

Aufgabe 13.10

Tabelle 13.9 zeigt die Erfolgsrechnung mit dem Gesamtkostenverfahren.

Tabelle 13.10 zeigt die Erfolgsrechnung mit dem Umsatzkostenverfahren.

Erlöse Basismodell	270 × 25	6.750
Erlöse Mittelklassemodell	600 × 35	21.000
Erlöse High-End-Modell	240 × 55	13.200
– variable Herstellkosten Basismodell	270 × 7	–1.890
– variable Herstellkosten Mittelklassemodell	600 × 10	–6.000
– variable Herstellkosten High-End-Modell	240 × 15	–3.600
– variable VVGK: 5 %		–513
– Fixkosten		–6.000
Betriebsergebnis (Gewinn)		= 22.947

Tabelle 13.10: Umsatzkostenverfahren bei Clara Bonville

Aufgabe 13.11

Da die Fixkosten in der Grenzplankostenrechnung nicht wie in der Vollkostenrechnung proportionalisiert werden, entsprechen die Sollkosten immer den Plankosten. Letztlich werden die geplanten proportionalen Stückkosten gegenübergestellt.

Aufgabe 13.12

Bei Gemeinkosten handelt es sich um Kosten, die nicht direkt einem Produkt zugeordnet werden können. Ein klassisches Beispiel hierfür sind die Verwaltungsgemeinkosten. Negative Gemeinerlöse stellen dagegen keine Kosten, sondern Erlösschmälerungen dar. Erhält beispielsweise eine Vertriebslinie Boni auf Basis des Umsatzes für alle Produkte und Leistungen, handelt es sich um so einen *negativen Gemeinerlös*, der keinem Produkt direkt zugeordnet werden kann.

Aufgabe 13.13

Tabelle 13.11 zeigt die Kalkulation der Selbstkosten.

Schutzhülle Mini-Milchstraße 7.8	Euro
Materialeinzelkosten	1,90
Materialgemeinkostenzuschlag	0,38
Variable Materialkosten	**2,28**
Fertigungseinzelkosten	0,79
Fertigungsgemeinkostenzuschlag	0,08
Variable Fertigungskosten	**0,87**
Variable Herstellkosten	**3,15**
Vertriebs- und Verwaltungsgemeinkostenzuschlagssatz	2,52
Variable Selbstkosten	**5,67**

Tabelle 13.11: Zuschlagskalkulation der neuen Schutzhülle

Der Deckungsbeitrag der neuen Schutzhülle ist ziemlich ordentlich; er beträgt 23,33 Euro.

Aufgabe 13.14

In Tabelle 13.12 werden die Stückdeckungsbeiträge, Deckungsbeiträge und das Ergebnis ermittelt.

	Hülle Ramsung	Hülle Birne	Hülle Fenster-Finnen
Variable Stückkosten	5	6	5
Stückerlöse	29	29	29
Stückdeckungsbeitrag	24	23	24
Stückzahlen	400.000	600.000	2.000
Deckungsbeiträge	9.600.000	13.800.000	48.000
Fixkosten	7.800.000		
Ergebnis	15.648.000		

Tabelle 13.12: Ergebnis der Gymba AG

Aufgabe 13.15

Hier die Ermittlung des Betriebsergebnisses der Vuelta GmbH mit allen vier möglichen Varianten:

Variante 1: das Betriebsergebnis auf Basis des Gesamtkostenverfahrens mit der Teilkostenrechnung wie in Tabelle 13.13.

Erlöse	320 × 160	51.200
+ Herstellkosten für Bestandserhöhung	3.680 × 40	147.200
– variable Herstellkosten der Produktionsmenge	4.000 × 40	–160.000
– variable Vertriebskosten je verkauften Helm	320 × 25	–8.000
– fixe Herstellkosten		–30.000
– fixe Verwaltungs- und Vertriebskosten		–8.000
Betriebsergebnis		–7.600

Tabelle 13.13: Gesamtkostenverfahren auf Teilkostenbasis

Variante 2: das Betriebsergebnis auf Basis des Umsatzkostenverfahrens mit der Teilkostenrechnung wie in Tabelle 13.14.

Erlöse	320 × 160	51.200
– variable Herstellkosten der Verkaufsmenge	320 × 40	–12.800
– variable Vertriebskosten je verkauften Helm	320 × 40	–8.000
– fixe Herstellkosten		–30.000
– fixe Verwaltungs- und Vertriebskosten		–8.000
Betriebsergebnis		–7.600

Tabelle 13.14: Umsatzkostenverfahren auf Teilkostenbasis

Variante 3: das Betriebsergebnis auf Basis des Gesamtkostenverfahrens mit der Vollkostenrechnung wie in Tabelle 13.15.

Erlöse	320 × 160	51.200
+ Herstellkosten der Bestandserhöhung	3.680 × (40 +7,50)	174.800
– variable Herstellkosten der Produktionsmenge	4.000 × 40	–160.000
– variable Vertriebskosten je verkauften Helm	320 × 40	–8.000
– fixe Herstellkosten		–30.000
– fixe Verwaltungs- und Vertriebskosten		–8.000
Betriebsergebnis		20.000

Tabelle 13.15: Gesamtkostenverfahren auf Vollkostenbasis

Variante 4: das Betriebsergebnis auf Basis des Umsatzkostenverfahrens mit der Vollkostenrechnung wie in Tabelle 13.16.

Erlöse	320 × 160	51.200
– variable Herstellkosten der Verkaufsmenge	320 × 40	–12.800
– variable Vertriebskosten je verkauften Helm	320 × 40	–8.000
– fixe Herstellkosten der Verkaufsmenge	30.000/4.000 × 320	–2.400
– fixe Verwaltungs- und Vertriebskosten		–8.000
Betriebsergebnis		20.000

Tabelle 13.16: Umsatzkostenverfahren auf Vollkostenbasis

Im Gegensatz zu dem auf Basis der Teilkostenrechnung ermittelten Betriebsverlust weisen die beiden Verfahren auf Basis der Vollkostenrechnung einen Betriebsgewinn aus. Dies liegt daran, dass die massive Bestandserhöhung auf Vollkostenbasis ausgewiesen wird. Der Unterschied zwischen dem ermittelten Gewinn auf Vollkostenbasis und dem ermittelten Verlust auf Teilkostenbasis beläuft sich auf 27.600 Euro. Dieser Betrag setzt sich aus der nicht verkauften Menge von 3.680 Helmen multipliziert mit den proportionalisierten fixen Herstellkosten zusammen (30.000 Euro geteilt durch 4.000 produzierte Helme ergibt 7,50 Euro).

Aufgabe 13.16

Zunächst muss geprüft werden, ob die maximale Absatzmenge mit 15.000 Litern Sanddorn produziert werden kann. Wenn alle drei Produkte bis zur maximalen Absatzmenge produziert werden, würde man 55.000 Liter Sanddornmuttersaft benötigen. Dummerweise stehen aber nur 15.000 Liter zur Verfügung. Somit besteht ein Fertigungsengpass. In Tabelle 13.17 wird das optimale Produktionsprogramm mithilfe des Produktionskoeffizienten und des Deckungsbeitrags je Liter Sanddornmuttersaft ermittelt.

Produkt	Apfel-Sanddorn	Orange-Sanddorn	Orange-Mango-Sanddorn
Stückdeckungsbeitrag	0,80	0,90	0,70
Absatzhöchstmenge	200.000	200.000	100.000
Benötigte Liter Sanddornmuttersaft pro Ein-Liter-Saftflasche	0,15	0,10	0,05
Deckungsbeitrag je Liter Sanddornsaft	5,33	9,00	14,00
Rangfolge	**3**	**2**	**1**

Tabelle 13.17: Ermittlung der Portfoliorangfolge

Somit sollten mit den 15.000 Litern Sanddorn 100.000 Flaschen Orange-Mango-Sanddorn und 100.000 Flaschen Orange-Sanddorn produziert werden: 0,05 Liter Sanddorn mal 100.000 Flaschen = 5.000 Liter Sanddorn plus 0,10 Liter Sanddorn mal 100.000 Flaschen = 10.000 Liter Sanddorn. Das Produkt Apfel-Sanddorn könnte somit nicht hergestellt und angeboten werden. Insgesamt könnte so ein gesamter Deckungsbeitrag in Höhe von 160.000 Euro erzielt werden.

Bei der qualitativen Beurteilung des Ergebnisses stellt sich die Frage, ob es nachhaltig ist, das Produkt Apfel-Sanddorn überhaupt nicht anzubieten. Eventuell kann die Einschränkung des Produktsortiments auf nur noch zwei Produkte einige Kunden komplett zum Wettbewerb abwandern lassen, falls diese zur Abwechslung auch gerne mal Apfel-Sanddorn einkaufen wollen. Sollte dies drohen, wird die Sudmann GmbH wohl zulasten der beiden anderen Produkte auch Apfel-Sanddorn-Saft verkaufen müssen.

Aufgabe 13.17

Da der Zusatzauftrag einen positiven Stückdeckungsbeitrag mitbringt, muss er ernsthaft geprüft werden. Die Produktion der Papendick GmbH unterliegt einem Fertigungsengpass: Es können maximal 6.000 Einheiten Rosenöl bezogen werden. Zunächst müssen Sie die Situation vor dem möglichen Zusatzauftrag beleuchten.

In Tabelle 13.18 wird geprüft, ob mit dem bestehenden Rahmenvertrag bis zur maximalen Absatzmenge der drei Produkte produziert werden könnte und wie hoch der Gesamtdeckungsbeitrag dann wäre.

Insgesamt werden maximal 4.800 Einheiten Rosenöl benötigt. Damit ist der Rahmenvertrag noch lange nicht ausgeschöpft. Mit den drei Produkten kann somit ein Deckungsbeitrag in Höhe von 134.500 Euro erwirtschaftet werden.

Nun kommt der Zusatzauftrag ins Spiel: Für den Zusatzauftrag würden 2.000 Einheiten Rosenöl benötigt. Da aber nur maximal 6.000 Einheiten bezogen werden können, muss die Herstellung eines anderen Produkts gedrosselt werden.

	Marzipanbrot	Schoko-Marzipan	Marzipan geflammt
Maximale Absatzmenge in Stückeinheiten	45.000	75.000	25.000
Benötigte Einheiten Rosenöl je Stückeinheit	0,04	0,02	0,06
Benötigte Gesamtmenge Rosenöl	1.800	1.500	1.500
Stückdeckungsbeitrag	1,10	0,80	1,00
Gesamtdeckungsbeitrag	49.500	60.000	25.000

Tabelle 13.18: Überprüfung des Fertigungsengpasses

In Tabelle 13.19 ermitteln Sie das Produkt mit dem niedrigsten Deckungsbeitrag je Einheit Rosenöl mithilfe des Produktionskoeffizienten.

Produkt	Marzipanbrot	Schoko-Marzipan	Marzipan geflammt
Stückdeckungsbeitrag	1,10	0,80	1,00
Benötigte Einheiten Rosenöl je Stück	0,04	0,02	0,06
Deckungsbeitrag je Einheit Rosenöl	27,50	40,00	16,67
Rangfolge	**2**	**1**	**3**

Tabelle 13.19: Ermittlung der Portfoliorangfolge

Somit muss die Produktion des geflammten Marzipans so reduziert werden, dass 800 Einheiten Rosenöl weniger verbraucht werden. Dies bedeutet, dass statt 25.000 Einheiten nur noch 11.667 Einheiten produziert werden können. Stattdessen können Sie jedoch 50.000 Einheiten Chili-Marzipan produzieren. In Tabelle 13.20 wird der Deckungsbeitrag mit diesem neuen Produktionsprogramm berechnet.

	Marzipanbrot	Schoko-Marzipan	Marzipan geflammt	Chili-Marzipan
Maximale Absatzmenge in Stück	45.000	75.000	11.667	50.000
Benötigte Einheiten Rosenöl je Stück	0,04	0,02	0,06	0,04
Benötigte Gesamtmenge Rosenöl	1.800	1.500	700	2.000
Stückdeckungsbeitrag	1,10	0,80	1,00	0,10
Gesamtdeckungsbeitrag	49.500	60.000	11.667	5.000

Tabelle 13.20: Errechnung des neuen Deckungsbeitrags

Mit dem neuen Produktionsprogramm würde ein Deckungsbeitrag in Höhe von 126.167 Euro erwirtschaftet werden. Die Annahme des Zusatzauftrags in der bestehenden Form ist damit unwirtschaftlich. Herr Papendick muss nachverhandeln. Dabei sollte der Stückdeckungsbeitrag des Zusatzauftrags verbessert oder dessen Menge deutlich reduziert werden.

Aufgabe 13.18

Den Gesamtgewinn ermitteln Sie, indem Sie von den Erlösen die Kosten abziehen. Im Monat März lagen die Erlöse bei: 4,90 Euro multipliziert mit 30.000 Erdbeersahnetorten = 147.000 Euro.

Die Kosten setzen sich zusammen aus den Fixkosten in Höhe von 10.000 Euro und den variablen Kosten in Höhe von 120.000 Euro. Der Gesamtgewinn beläuft sich damit auf 17.000 Euro, je Erdbeersahnetorte also 0,57 Euro.

Der Break-even-Point (BEP) liegt bei: 10.000 Euro geteilt durch 0,90 Euro = 11.111 Erdbeersahnetorten.

Die Probe aufs Exempel: 11.111,11 verkaufte Erdbeersahnetorten würden einen Erlös von 54.443,90 Euro erbringen. Dem würden entgegenstehen:

- ✓ Fixkosten in Höhe von 10.000 Euro
- ✓ variable Kosten in Höhe von 4 Euro × 11.111 Torten = 44.444 Euro

Lohnt sich die Preissenkung?

Der Gesamtgewinn würde bei einem Preis von 3,90 und einer Verkaufsmenge von 40.000 Erdbeersahnetorten so aussehen: Erlöse: 3,90 Euro multipliziert mit 40.000 Erdbeersahnetorten = 156.000 Euro.

Die Kosten setzen sich zusammen aus den Fixkosten in Höhe von 10.000 Euro und den variablen Kosten in Höhe von 4 Euro je Torte: 170.000 Euro. Das Unternehmen würde bei einem Verkaufspreis von 3,90 Euro in die Verlustzone geraten.

Aufgabe 13.19

Um diese Frage beantworten zu können, müssen Sie die Fixkosten durch den Stückdeckungsbeitrag des neuen Bademantels teilen:

Stückdeckungsbeitrag: 59 Euro minus 29 Euro = 30 Euro

Break-even-Point: 6.000 Euro geteilt durch 30 Euro = 200 Bademäntel

Frau Inge Frotteeberg muss also mindestens 200 Bademäntel verkaufen, um die Gewinnzone zu erreichen.

Aufgabe 13.20

Der Vorstand hat mit seiner Frage, wie tief der Umsatz bei der nächsten Wirtschaftskrise fallen darf, bis das Unternehmen in die Verlustzone gerät, nach dem Break-even-Point gefragt. Dieser berechnet sich mit folgender Formel:

$$E(BEP) = \frac{K_{\text{fix}}}{1 - \frac{K_{\text{var}}}{E}}$$

Setzt man die Summenwerte der einzelnen Unternehmensbereiche in diese Formel ein, erhält man folgenden Umsatzwert: 28.115.607 Euro. Würde der Umsatz unter diese 28,1 Millionen Euro sinken, gerät das Unternehmen in die Verlustzone.

Aufgabe 13.21

Da der Branche ein Umsatzeinbruch von bis zu 15 Prozent prognostiziert wird, prüfen Sie, welche der vier Unternehmen ihren Break-even-Point unterhalb der 85 Prozent-Umsatzschwelle liegen haben. Nur von diesen Unternehmen sollten Sie Anleihen kaufen. Zur Berechnung verwenden Sie die folgende Formel:

$$E(BEP) = \frac{K_{\text{fix}}}{1 - \frac{K_{\text{var}}}{E}}$$

Das Ergebnis für die vier Unternehmen:

✓ Bei der Areda AG liegt der Break-even-Point bei 190,9 Millionen Euro Umsatz. Dies entspricht 83 Prozent des aktuellen Umsatzes. Ein Umsatzeinbruch in Höhe von 15 Prozent bringt dieses Unternehmen noch nicht in die Verlustzone.

✓ Bei der Bereda AG liegt der Break-even-Point bei 234 Millionen Euro Umsatz. Dies entspricht 90 Prozent des aktuellen Umsatzes. Ein Umsatzeinbruch in Höhe von 15 Prozent bringt dieses Unternehmen tief in die Verlustzone.

✓ Bei der Cereda AG liegt der Break-even-Point bei 189,2 Millionen Euro Umsatz. Dies entspricht 86 Prozent des aktuellen Umsatzes. Ein Umsatzeinbruch in Höhe von 15 Prozent bringt dieses Unternehmen leider in die Verlustzone.

✓ Bei der Dereda AG liegt der Break-even-Point bei 189,3 Millionen Euro Umsatz. Dies entspricht 84 Prozent des aktuellen Umsatzes. Ein Umsatzeinbruch in Höhe von 15 Prozent bringt dieses Unternehmen noch nicht in die Verlustzone.

Demnach könnten Sie Anleihen der Areda AG und der Dereda AG kaufen.

Die Fixkostendeckungsrechnung

14

In diesem Kapitel …

- Erfolgsrechnung in der Deckungsbeitragsrechnung
- Nachkalkulation: den Stückerfolg rückwärtsgewandt kalkulieren
- Progressiv mit dem Tragfähigkeitsprinzip kalkulieren

Hier üben Sie die mehrstufige Deckungsbeitragsrechnung, führen Nachkalkulationen durch und ermitteln Stückkosten mit der progressiven Kalkulation. Das Werkzeug dazu ist die Fixkostendeckungsrechnung beziehungsweise mehrstufige Deckungsbeitragsrechnung. Sie ist eine Erweiterung der Grenzplankostenrechnung.

Erfolgsrechnung in der mehrstufigen Deckungsbeitragsrechnung

Hier werden alle Fixkosten nicht en bloc behandelt, sondern nacheinander vom Deckungsbeitrag entsprechend der Zurechenbarkeit abgezogen. Können Fixkosten einer Produktart zugerechnet werden, sammelt man diese im Töpfchen Produktartfixkosten. Kann man Fixkosten dagegen nur einer bestimmten Produktgruppe zuordnen, sammelt man diese im Topf Produktgruppenfixkosten. Dies kann man immer weiter betreiben, bis man am Ende bei den Unternehmensfixkosten ankommt. In der mehrstufigen Deckungsbeitragsrechnung gibt es deshalb mehrere Deckungsbeiträge.

Aufgabe 14.1

Die Molkerei Hohenlohe stellt vier Produkte her: Milch, Butter, Hartkäse und Streichkäse. Die vier Produkte werden in zwei Kostenstellen produziert: In Kostenstelle 1 werden Milch und Butter, in Kostenstelle 2 Hart- und Weichkäse produziert. In der Kostenstelle 1 sind im vergangenen Jahr Fixkosten in Höhe von 45.000 Euro angefallen, bei Kostenstelle 2 waren es 60.000 Euro. Darüber hinaus sind weitere Fixkosten für die Produktion in Höhe von 80.000 Euro angefallen, die den beiden Kostenstellen jedoch nicht direkt zugeordnet werden können. Die Unternehmensleitung hat auch Fixkosten in Höhe von 90.000 Euro verursacht. Die weiteren Daten finden Sie in Tabelle 14.1.

Jetzt sind Sie gefragt: Ermitteln Sie für die Molkerei Hohenlohe das Betriebsergebnis auf Basis der mehrstufigen Deckungsbeitragsrechnung. Zu Ihrer Unterstützung gibt es in Tabelle 14.2 noch eine kleine Vorlage, die Sie nur noch ausfüllen müssen.

Produkt	Milch	Butter	Hartkäse	Streichkäse
Menge	300.000	150.000	80.000	100.000
Verkaufspreis	0,55	0,80	1,50	0,90
Variable Herstellkosten	30.000	25.000	60.000	45.000
Fixe Herstellkosten	12.000	8.000	18.000	11.000

Tabelle 14.1: Daten der Molkerei Hohenlohe

Produktgruppe	I		II	
Produkte	**Milch**	**Butter**	**Hartkäse**	**Streichkäse**

Tabelle 14.2: Vorlage für Aufgabe 14.1

Aufgabe 14.2

Die Jahn AG stellt Schalter und Rauchmelder her. Im Produktprogramm gibt es aktuell zwei verschiedene Schalter und zwei verschiedene Typen von Rauchmeldern: die Schalter Alpha und Klardesign sowie die Rauchmelder Existenz und SafetyFirst. Diese vier Produkte werden in zwei Kostenstellen produziert: In Kostenstelle 1 werden die beiden Schalter, in Kostenstelle 2 die Rauchmelder produziert.

Auf diesen beiden Kostenstellen sind vergangenes Jahr folgende Fixkosten angefallen:

✓ Kostenstelle 1: 280.000 Euro

✓ Kostenstelle 2: 120.000 Euro

Darüber hinaus sind weitere Fixkosten für die Produktion in Höhe von 1 Million Euro angefallen, die den beiden Kostenstellen jedoch nicht direkt zugeordnet werden können. Der Vorstand hat ebenfalls Fixkosten verursacht: 1,5 Millionen Euro. Die weiteren Daten finden Sie in Tabelle 14.3.

Produkt	Alpha	Klardesign	Existenz	SafetyFirst
Menge	38.000	25.000	40.000	10.000
Verkaufspreis	80	40	20	60
Variable Herstellkosten	400.000	300.000	100.000	110.000
Fixe Herstellkosten	300.000	300.000	100.000	50.000

Tabelle 14.3: Daten der Jahn AG

Jetzt sind Sie dran: Ermitteln Sie für die Jahn AG bitte das Betriebsergebnis auf Basis der mehrstufigen Deckungsbeitragsrechnung. Zu Ihrer Unterstützung gibt es in Tabelle 14.4 noch eine kleine Vorlage, die Sie nur noch ausfüllen müssen.

Produktgruppe	I		II	
Produkte	**Alpha**	**Klardesign**	**Existenz**	**SafetyFirst**

Tabelle 14.4: Vorlage für Aufgabe 14.2

Aufgabe 14.3

Der Sportgerätehersteller Topfit GmbH aus München stellt vier Produkte her, den Ergometer Standbike, das Laufband Joggy und die Therabänder leicht und schwer. Diese vier Produkte werden in zwei unterschiedlichen Kostenstellen hergestellt: In der Kostenstelle Geräte werden der Ergometer und das Laufband hergestellt. In der Kostenstelle Thera werden die beiden Therabänder hergestellt.

Auf diesen beiden Kostenstellen sind vergangenes Jahr folgende Fixkosten angefallen:

- ✓ Kostenstelle Geräte: 75.000 Euro
- ✓ Kostenstelle Thera: 12.000 Euro

Darüber hinaus sind weitere Fixkosten für die Herstellung der vier Produkte in Höhe von 40.000 Euro angefallen, die den beiden Kostenstellen nicht direkt zugeordnet werden können. Die Geschäftsleitung der Topfit GmbH hat ebenfalls Fixkosten verursacht: 250.000 Euro. Die weiteren Daten finden Sie in Tabelle 14.5.

Produkt	Standbike	Joggy	Thera leicht	Thera schwer
Menge	5.800	4.800	22.000	17.600
Verkaufspreis	160	150	3	3
Entgelte der Fertigung je Stück	45	40	0,4	0,4
Materialkosten je Stück	60	55	0,7	0,8
Variable Gemeinkosten je Stück	20	18	0,3	0,35
Fixe Herstellkosten	40.000	35.000	1.200	1.200

Tabelle 14.5: Daten der Topfit GmbH

Ermitteln Sie die absoluten Preisuntergrenzen für die vier Produkte und berechnen Sie anschließend das Betriebsergebnis der Topfit GmbH mittels der mehrstufigen Deckungsbeitragsrechnung. Zu Ihrer Unterstützung gibt es in Tabelle 14.6 noch eine Vorlage für die mehrstufige Deckungsbeitragsrechnung, die Sie nur noch ausfüllen müssen.

Retrograd und progressiv kalkulieren

Mit der Fixkostendeckungsrechnung können Sie natürlich auch Kalkulationen durchführen. Verursachungsgerecht geht dies leider nicht, hier muss das Tragfähigkeitsprinzip angewendet werden.

Produktgruppe	I		II	
Produkte	**Standbike**	**Joggy**	**Thera leicht**	**Thera schwer**

Tabelle 14.6: Vorlage für Aufgabe 14.3

In der Fixkostendeckungsrechnung gibt es zwei Arten der Kalkulation:

- ✓ die rückwärtsgewandte beziehungsweise retrograde Kalkulation zur Ermittlung des Stückerfolgs eines Produkts
- ✓ die vorwärtsgewandte beziehungsweise progressive Kalkulation zur Ermittlung der Stückkosten

Nachkalkulation: Die retrograde Kalkulation

Bei der retrograden Kalkulation gehen Sie von den Erlösen aus und ermitteln durch den stufenweisen Abzug der Fixkosten den Stückerfolg. Die Fixkosten werden dabei jeweils entsprechend der Tragfähigkeit zugeordnet. In Tabelle 14.7 können Sie das Kalkulationsschema sehen.

Und hier für Sie noch die Bedienungsanleitung zur Tabelle: Vom Stückerlös ziehen Sie die variablen Stückkosten ab, um den DB I zu ermitteln. Hiervon ziehen Sie nun die Produktartfixkosten mithilfe eines Zuschlagssatzes ab. Die Daten dazu erhalten Sie aus der Erfolgsrechnung. Die Formel des Zuschlagssatzes sieht wie folgt aus:

$$\text{Zuschlagssatz Produktartfixkosten} = \frac{\text{Produktartfixkosten}}{\text{DBI}}$$

Stückerlös
– variable beziehungsweise proportionale Stückkosten
= Stückdeckungsbeitrag I
– Produktartfixkosten in Prozent vom DB I des Produkts
= Stückdeckungsbeitrag II
– Produktgruppenfixkosten in Prozent von allen DB II der Produktgruppe
= Stückdeckungsbeitrag III
– Unternehmensfixkosten in Prozent von allen DB III
= Stückerfolg des Produkts

Tabelle 14.7: Retrograde Ermittlung des Stückerfolgs

Die Formel für den zweiten Zuschlagssatz:

$$\text{Zuschlagssatz Produktgruppenfixkosten} = \frac{\text{Produktgruppenfixkosten}}{\text{DBII}}$$

Nun der letzte Zuschlagssatz für die Unternehmensfixkosten:

$$\text{Zuschlagssatz Unternehmensfixkosten} = \frac{\text{Unternehmensfixkosten}}{\text{DBIII}}$$

Aufgabe 14.4

Bei der Bendigs GmbH können Sie nun den Stückerfolg des Zoomfernglases Spezialweit mithilfe der retrograden Kalkulation ermitteln. Dazu stehen Ihnen die folgenden Informationen zur Verfügung:

- ✓ Stückerlös: 60 Euro
- ✓ proportionale Stückkosten: 38 Euro
- ✓ Zuschlagssatz Produktartfixkosten: 16 Prozent
- ✓ Zuschlagssatz Produktgruppenfixkosten: 19 Prozent
- ✓ Zuschlagssatz Unternehmensfixkosten: 6 Prozent

Aufgabe 14.5

Die Juschus KG stellt Teichsauger her. Solche Teichsauger werden gerne von privaten Teichbesitzern nachgefragt. Der Teichsauger Schlammweg Classic ist bereits seit über zehn Jahren im Sortiment der Juschus KG. Niemand hat sich die letzten Jahre jedoch die Frage gestellt, ob der Vertrieb dieses Teichsaugers für das Unternehmen noch wirtschaftlich ist. Helfen Sie der Juschus KG, indem Sie nun den Stückerfolg des Teichsaugers Schlammweg Classic mithilfe der retrograden Kalkulation ermitteln. Dazu stehen Ihnen die folgenden Informationen zur Verfügung:

- ✓ Stückerlös: 80 Euro
- ✓ proportionale Stückkosten: 69 Euro
- ✓ Zuschlagssatz Produktartfixkosten: 20 Prozent
- ✓ Zuschlagssatz Produktgruppenfixkosten: 18 Prozent
- ✓ Zuschlagssatz Unternehmensfixkosten: 4 Prozent

Stückkosten ermitteln mit der progressiven Kalkulation

Bei der progressiven Kalkulation werden die Fixkosten entsprechend der Tragfähigkeit verteilt. Tabelle 14.8 zeigt Ihnen das Kalkulationsschema.

Variable beziehungsweise proportionale Stückkosten
+ Produktartfixkosten in % der proportionalen Kosten des Produkts
+ Produktgruppenfixkosten in % der proportionalen Kosten der Produktgruppe
+ Unternehmensfixkosten in % der proportionalen Kosten des Unternehmens
= Selbstkosten

Tabelle 14.8: Progressive Ermittlung der Stückselbstkosten

Um die Stückkosten mit dieser Methode ermitteln zu können, benötigen Sie noch die folgenden Zuschlagssätze:

- ✓ den Zuschlagssatz für die Produktartfixkosten:

$$\text{Zuschlagssatz Produktartfixkosten} = \frac{\text{Produktartfixkosten}}{\text{proportionale Kosten Produkt}}$$

- ✓ den Zuschlagssatz für die Produktgruppenfixkosten:

$$\text{Zuschlagssatz Produktgruppenfixkosten} = \frac{\text{Produktgruppenfixkosten}}{\text{proportionale Kosten Produkt}}$$

- ✓ den Zuschlagssatz für die Unternehmensfixkosten:

$$\text{Zuschlagssatz Unternehmensfixkosten} = \frac{\text{Unternehmensfixkosten}}{\text{proportionale Kosten Unternehmen}}$$

Aufgabe 14.6

Die Dittkuhn GmbH stellt Mikrowellengeräte her. Berechnen Sie die Stückkosten der Mikrowelle MW 3200 mithilfe der progressiven Kalkulation.

Folgende Informationen stehen zur Verfügung:

- ✓ proportionale Stückkosten: 55 Euro
- ✓ Zuschlagssatz Produktartfixkosten: 9 Prozent
- ✓ Zuschlagssatz Produktgruppenfixkosten: 7 Prozent
- ✓ Zuschlagssatz Unternehmensfixkosten: 5 Prozent

Aufgabe 14.7

Die Didlapp AG stellt Kühlgeräte her. Berechnen Sie die Stückkosten der Kühl-Gefrier-Kombination Cooler 21 mithilfe der progressiven Kalkulation.

Folgende Informationen stehen zur Verfügung:

- ✓ proportionale Stückkosten: 450 Euro
- ✓ Zuschlagssatz Produktartfixkosten: 14 Prozent
- ✓ Zuschlagssatz Produktgruppenfixkosten: 17 Prozent
- ✓ Zuschlagssatz Unternehmensfixkosten: 9 Prozent

Lösungen zu den Übungsaufgaben

Aufgabe 14.1

In Tabelle 14.9 wird das Betriebsergebnis der Molkerei Hohenlohe mit der mehrstufigen Deckungsbeitragsrechnung ermittelt.

Aufgabe 14.2

In Tabelle 14.10 wird das Betriebsergebnis der Jahn AG mit der mehrstufigen Deckungsbeitragsrechnung ermittelt. Alle Angaben sind übrigens in Tausend Euro.

Aufgabe 14.3

Die absolute Preisuntergrenze bilden die variablen Stückkosten. In Tabelle 14.11 werden diese ermittelt.

Produktgruppe	I		II	
Produkte	**Milch**	**Butter**	**Hartkäse**	**Streichkäse**
Erlöse	165.000	120.000	120.000	90.000
abzüglich variable Kosten	30.000	25.000	60.000	45.000
= DB I	135.000	95.000	60.000	45.000
abzüglich Produktartfixkosten	12.000	8.000	18.000	11.000
= DB II	123.000	87.000	42.000	34.000
abzüglich Produktgruppenfixkosten	45.000			60.000
= DB III	165.000			16.000
abzüglich Produktfixkosten	80.000			
= DB IV	101.000			
abzüglich Unternehmensfixkosten	90.000			
Betriebsergebnis	11.000			

Tabelle 14.9: Betriebsergebnis der Molkerei Hohenlohe mit mehrstufiger Deckungsbeitragsrechnung

Produktgruppe	I		II	
Produkte	**Alpha**	**Klardesign**	**Existenz**	**SafetyFirst**
Erlöse	3.040	1.000	800	600
abzüglich variable Kosten	400	300	100	110
= DB I	2.640	700	700	490
abzüglich Produktartfixkosten	300	300	100	50
= DB II	2.340	400	600	440
abzüglich Produktgruppenfixkosten	280		120	
= DB III	2.460		920	
abzüglich Produktfixkosten	1.000			
= DB IV	2.380			
abzüglich Unternehmensfixkosten	1.500			
Betriebsergebnis	880			

Tabelle 14.10: Betriebsergebnis der Jahn AG mit mehrstufiger Deckungsbeitragsrechnung

	Standbike	Joggy	Thera leicht	Thera schwer
Entgelte der Fertigung je Stück	45	40	0,4	0,4
Materialkosten je Stück	60	55	0,7	0,8
Variable Gemeinkosten je Stück	20	18	0,3	0,35
Summe variable Kosten	**125**	**113**	**1,40**	**1,55**

Tabelle 14.11: Ermittlung Preisuntergrenze

Damit liegen alle Preisuntergrenzen unterhalb der aktuellen Verkaufspreise. Ob dies ausreicht, ein positives Betriebsergebnis zu erzielen, wird die mehrstufige Deckungsbeitragsrechnung in Tabelle 14.12 zeigen.

Produktgruppe	I		II	
Produkte	**Standbike**	**Joggy**	**Thera leicht**	**Thera schwer**
Erlöse	928.000	720.000	66.000	52.800
abzüglich variable Kosten	725.000	542.400	30.800	27.280
= DB I	203.000	177.600	35.200	25.520
abzüglich Produktartfixkosten	40.000	35.000	1.200	1.200
= DB II	163.000	142.600	34.000	24.320
abzüglich Produktgruppenfixkosten	75.000			12.000
= DB III	230.600		46.320	
abzüglich Produktfixkosten	40.000			
= DB IV	190.600			
abzüglich Unternehmensfixkosten	250.000			
Betriebsergebnis	–59.400			

Tabelle 14.12: Betriebsergebnis der Topfit GmbH mit mehrstufiger Deckungsbeitragsrechnung

Die Produktpreise reichen nicht aus, die Gesamtkosten zu tragen; das Unternehmen erzielt einen Verlust über 59.400 Euro.

Aufgabe 14.4

In Tabelle 14.13 wird der Stückerfolg des Zoomfernglases ermittelt.

Stückerlös	60,00
– proportionale Stückkosten	38,00
= Stückdeckungsbeitrag I	22,00
– Produktartfixkosten in Prozent vom DB I des Produkts: 16 %	3,52
= Stückdeckungsbeitrag II	18,48
– Produktgruppenfixkosten in Prozent von allen DB II der Produktgruppe: 19 %	3,51
= Stückdeckungsbeitrag III	14,97
– Unternehmensfixkosten in Prozent von allen DB III: 6 %	0,90
= Stückerfolg des Produkts	14,07

Tabelle 14.13: Fernglas-Stückerfolg

Aufgabe 14.5

In Tabelle 14.14 wird der Stückerfolg des Teichsaugers Schlammweg Classic ermittelt.

Stückerlös	80,00
– proportionale Stückkosten	69,00
= Stückdeckungsbeitrag I	11,00
– Produktartfixkosten in Prozent vom DB I des Produkts: 20 %	2,20
= Stückdeckungsbeitrag II	8,80
– Produktgruppenfixkosten in Prozent von allen DB II der Produktgruppe: 18 %	1,59
= Stückdeckungsbeitrag III	7,21
– Unternehmensfixkosten in Prozent von allen DB III: 4 %	0,29
= Stückerfolg des Produkts	6,92

Tabelle 14.14: Teichsauger-Stückerfolg

Der Stückerfolg des Produkts ist positiv. Damit ist der Vertrieb des Klassikers weiterhin sinnvoll.

Aufgabe 14.6

Die Selbstkosten der Mikrowelle werden wie in Tabelle 14.15 gezeigt ermittelt.

Proportionale Stückkosten	55,00
+ Produktartfixkosten in % der proportionalen Kosten des Produkts	4,95
+ Produktgruppenfixkosten in % der proportionalen Kosten der Produktgruppe	3,85
+ Unternehmensfixkosten in % der proportionalen Kosten des Unternehmens	2,75
= Selbstkosten	66,55

Tabelle 14.15: Selbstkosten der Mikrowelle

Aufgabe 14.7

Die Selbstkosten der Kühl-Gefrier-Kombination Cooler 21 werden wie in Tabelle 14.16 gezeigt ermittelt.

Proportionale Stückkosten	450,00
+ Produktartfixkosten in % der proportionalen Kosten des Produkts	63,00
+ Produktgruppenfixkosten in % der proportionalen Kosten der Produktgruppe	76,50
+ Unternehmensfixkosten in % der proportionalen Kosten des Unternehmens	40,50
= Selbstkosten	630,00

Tabelle 14.16: Selbstkosten der Kühl-Gefrier-Kombination Cooler 21

Die relative Einzelkostenrechnung

15

In diesem Kapitel ...

- Mit Bezugsobjekten und Kostenkategorien üben
- Die Grundrechnung der Einzelkostenrechnung beherrschen
- Portfolioentscheidungen mit der Einzelkostenrechnung treffen

Die relative Einzelkostenrechnung ist ein wenig anders als alle anderen Kostenrechnungssysteme. Paul Riebel, der Entwickler dieses Systems, zweifelte daran, dass mit den vorhandenen Kostenrechnungssystemen eine verursachungsgerechte Verteilung der beschäftigungsabhängigen Gemeinkosten auf die Kostenträger überhaupt möglich ist.

Sämtliche Kosten werden hier als Einzelkosten erfasst und verteilt. Konsequent angewendet, kennt die relative Einzelkostenrechnung keine Gemeinkosten.

Das neue Konzept

Die relative Einzelkostenrechnung kennt keine herkömmliche Kostenarten-, Kostenstellen- und Kostenträgerrechnung; sie basiert auf einem anderen Grundprinzip und verwendet auch manchen Begriff völlig anders.

Das Identitätsprinzip

Kosten und Erlöse sind der relativen Einzelkostenrechnung zufolge ein Ergebnis vorheriger Entscheidungen. Folglich dürfen nur jene Kosten und Erlöse einem Objekt zugerechnet werden, die auf ein und dieselbe Entscheidung zurückgehen. Dies entspricht dem Identitätsprinzip. Hiernach dürfen die Kosten und Erlöse nur dann einem Kostenträger zugeordnet werden, wenn sowohl Kosten und Erlöse als auch die Entstehung der Kostenträger auf ein und dieselbe Entscheidung zurückgeführt werden können.

Aufgabe 15.1

Hat der Erfinder der relativen Einzelkostenrechnung neben den Teilkostenrechnungssystemen auch Kostenrechnungssysteme auf Vollkostenbasis kritisiert? Falls ja, warum?

Aufgabe 15.2

In welchen Punkten unterscheidet sich der Kostenbegriff bei Riebel vom herkömmlichen Kostenbegriff?

Die Bezugsobjekte

Vergessen Sie die Einzelkosten und auch die Gemeinkosten! Damit der Abschiedsschmerz nicht allzu groß wird, noch ein kurzer Blick zurück: In den traditionellen Kostenrechnungssystemen wurde zwischen Einzel- und Gemeinkosten durch die Zurechenbarkeit auf die Kostenträger unterschieden.

Bezugsobjekt ist in den traditionellen Systemen der Kostenträger. So ein Kostenträger kann Ihnen dabei in Form eines Produkts, einer innerbetrieblichen Leistung oder einer Dienstleistung über den Weg laufen.

In der relativen Einzelkosten- und Deckungsbeitragsrechnung ist das Bezugsobjekt zwar weiterhin das Unterscheidungskriterium für die Einzel- und Gemeinkosten; der Begriff Bezugsobjekt wird hier aber etwas anders definiert. Bezugsobjekte können hier zum Beispiel auch Aufträge, Kostenstellen oder Vertriebslinien sein.

Sie können eine Kostenart immer dann einem Bezugsobjekt als Einzelkosten zuordnen, wenn Sie diese dort auch direkt erfassen können. Die Unterscheidung in Einzel- und Gemeinkosten ist deshalb abhängig vom gewählten Bezugsobjekt.

Wenn Sie dies entsprechend der klassischen Unternehmenshierarchie abbilden würden, ergäbe dies beispielsweise folgende Bezugsobjektehierarchie (von unten nach oben):

- ✓ Produkt
- ✓ Produktgruppe
- ✓ Produktbereich
- ✓ Unternehmen

Die Kosten werden immer so weit unten wie möglich zugeordnet. Kosten, die einem Produkt direkt zugeordnet werden können, sind dessen Einzelkosten. Kosten, die nicht einem Produkt, aber der Produktgruppe direkt zugeordnet werden können, sind aus Produktgruppensicht Einzelkosten und aus Produktsicht Gemeinkosten. Je nach Blickwinkel ändert sich die Unterscheidung zwischen Einzel- und Gemeinkosten, sie ist also relativ. Und nun wissen Sie auch, woher die relative Einzelkostenrechnung ihren Namen hat.

Aufgabe 15.3

Was ist der Unterschied zwischen einem Kostenträger in der konventionellen Kostenrechnung und einem Bezugsobjekt in der relativen Einzelkostenrechnung?

Die Grundrechnung

Konventionelle Kostenrechnungssysteme bestehen aus drei Blöcken: Kostenartenrechnung, Kostenstellenrechnung und Kostenträgerrechnung.

Bei der relativen Einzelkostenrechnung ist dies etwas anders, sie besteht aus einem Block: der Grundrechnung. Sie ist so etwas wie eine kombinierte Kostenarten-, Kostenstellen- und Kostenträgerrechnung. Die Grundrechnung ist trotzdem so ähnlich wie ein Betriebsabrechnungsbogen aufgebaut. Nur die Inhalte sind etwas anders. In den Spalten stehen die Bezugsobjekte und in den Zeilen die Kostenkategorien beziehungsweise die Kostenarten.

Die Kostenkategorien

- ✓ Hier werden die Kostenarten unterteilt nach
- ✓ Leistungskosten: Sie hängen vom Leistungsprogramm ab; sie verändern sich in Abhängigkeit von der Leistungsmenge.
- ✓ Bereitschaftskosten: Sie bilden die Voraussetzung für das Leistungsprogramm. Der Aufbau von Produktionskapazitäten lässt Bereitschaftskosten entstehen.
- ✓ Mischkosten: Sie können weder den Leistungs- noch den Bereitschaftskosten eindeutig zugeordnet werden.

Aufgabe 15.4

Wie kann man Leistungskosten unterteilen?

Aufgabe 15.5

Wie können Bereitschaftskosten entstehen?

Aufgabe 15.6

Wie werden die Bereitschaftskosten unterschieden?

Aufgabe 15.7

Wann handelt es sich um Bereitschaftskosten geschlossener Perioden?

Aufgabe 15.8

Wann liegen Bereitschaftskosten offener Perioden vor?

Die Grundrechnung mit dem Kostensammelbogen

Der Kostensammelbogen ist die zentrale Datenbasis der relativen Einzelkosten- und Deckungsbeitragsrechnung. In Tabelle 15.1 können Sie einen vereinfachten Kostensammelbogen sehen.

Bezugsobjekte			**Kostenstellen**						**Kostenträger**					**Σ**
Kostenkategorien			**Bereich 1**		**Bereich 2**		**Zentrale**	**Σ**	**Produktgruppe I**		**Produktgruppe II**		**Σ**	
			KST 1	**KST 2**	**KST 3**	**KST 4**	**KST 5**		**Produkt A**	**Produkt B**	**Produkt C**	**Produkt D**		
Leistungskosten	Absatzabhängig	Kostenart 1												
		Kostenart 2												
	Produktionsprogrammabhängig	Kostenart 3												
		Kostenart 4												
	Beschaffungsabhängig	Kostenart 5												
Bereitschaftskosten	Geschlossene Perioden	Kostenart 6												
		Kostenart 7												
	Offene Perioden	Kostenart 8												
		Kostenart 9												
Gesamtkosten														
Innerbetriebliche Verrechnung														
Gesamtkosten														

Tabelle 15.1: Kostensammelbogen

Aufgabe 15.9

Welche Bezugsobjektarten enthält der in Tabelle 15.1 gezeigte Kostensammelbogen?

Aufgabe 15.10

Bei der Abbildung der Verrechnung innerbetrieblicher Leistungen gibt es bei der relativen Einzelkostenrechnung gegenüber herkömmlichen Kostenrechnungssystemen Unterschiede: Es werden nicht alle innerbetrieblichen Leistungen umverteilt. Welche werden umverteilt und welche nicht?

Die Auswertungsrechnungen

Mit der relativen Einzelkostenrechnung sollen auch Deckungsbeiträge ermittelt werden und Portfolioentscheidungen getroffen werden. Eine Erfolgsrechnung hat dieses Kostenrechnungssystem selbstverständlich auch im Angebot.

Deckungsbeiträge und Portfolioentscheidungen

Um optimale Produktportfolios zusammenzustellen, ermitteln Sie auch hier die jeweiligen Deckungsbeiträge der betrachteten Produkte.

In Tabelle 15.2 können Sie sehen, wie hier Stückdeckungsbeiträge ermittelt werden können.

Produkte	Produkt A	Produkt B	Produkt C	Produkt D
Verkaufspreis				
Erlösschmälerungen				
Nettoverkaufspreis				
Absatzabhängige Kosten				
Produktionsprogrammabhängige Kosten				
Beschaffungsabhängige Kosten				
Stückdeckungsbeitrag				

Tabelle 15.2: Stückdeckungsbeiträge mit der relativen Einzelkosten- und Deckungsbeitragsrechnung

Gemäß dem Identitätsprinzip ergeben sich die Deckungsbeiträge aus der Differenz der relativen Kosten und Erlöse der entscheidungsrelevanten betrachteten Bezugsobjekte.

Die Ermittlung der Stückdeckungsbeiträge erfolgt ähnlich wie in der Grenzplankostenrechnung. Der Unterschied liegt bei den verwendeten relativen Kosten und Erlösen.

Gibt es einen Fertigungsengpass, werden wie in der Grenzplankostenrechnung mithilfe des Produktionskoeffizienten, also dem Verhältnis von Einsatzmenge zu Ausbringungsmenge, die Deckungsbeiträge je Engpasseinheit ermittelt. Damit können Sie dann die Rangfolge der Produkte ermitteln.

Aufgabe 15.11

Die Rudat AG stellt vier verschiedene Produkte her:

- ✓ Instanttee mit Zitronengeschmack
- ✓ Instanttee mit Erdbeergeschmack
- ✓ Ingwer-Kaltgetränkepulver
- ✓ Chili-Pepper-Kaltgetränkepulver

Die Instanttees werden zu je 1,90 Euro, die Kaltgetränkepulver zu je 2,90 Euro verkauft. Der Instanttee mit Zitronengeschmack wird ausschließlich über die Bahnhofskioskkette Seeger KG vertrieben. Für jede verkaufte Einheit erhält die Zentrale der Seeger KG einen Bonus von 0,20 Euro.

Der Instanttee mit Erdbeergeschmack wird ausschließlich über die Flughafencateringgesellschaft Szallies AG vertrieben. Für jede verkaufte Einheit erhält die Zentrale der Szallies AG einen Bonus von 0,50 Euro.

Das Ingwer-Kaltgetränkepulver wird nur von der Supermarktkette Bendigs GmbH & Co. KG nachgefragt. Für jede verkaufte Packung erhält die Zentrale der Bendigs GmbH & Co. KG einen Bonus von 0,80 Euro.

Das Chili-Pepper-Kaltgetränkepulver verkauft sich wie geschnitten Brot. Da die Rudat AG mit der Produktion nicht mehr hinterherkam, hat es den Vertrieb dieses Produkts vor drei Monaten neu aufgestellt. Das Produkt darf exklusiv nur noch von der Fromas GmbH, einer Online-Lebensmittelplattform, vertrieben werden. Die Fromas GmbH hat die Exklusivrechte natürlich nicht umsonst erhalten, sie muss für jede verkaufte Packung 0,30 Euro an die Rudat AG bezahlen. Der Vertrag sieht eine Laufzeit von 24 Monaten vor.

In Tabelle 15.3 finden Sie die weiteren Kosten der vier Produkte.

Produkt	Zitrone	Erdbeere	Ingwer	Chili-Pepper
Absatzabhängige Kosten	0,40	0,40	0,60	0,60
Produktionsprogrammabhängige Kosten	0,70	0,70	0,50	0,60
Beschaffungsabhängige Kosten	0,20	0,20	0,20	0,20

Tabelle 15.3: Kosten der vier Produkte

Die Rudat AG kann die vier Produkte nicht in unbegrenzten Mengen produzieren – es bestehen Fertigungsengpässe. Die Kapazität der Pulverisierungsmaschine ist begrenzt. Die vier Produkte beanspruchen die Pulverisierungsmaschine je produzierter Einheit in Minuten wie folgt:

- ✓ Instanttee mit Zitronengeschmack: 0,3
- ✓ Instanttee mit Erdbeergeschmack: 0,4
- ✓ Ingwer-Kaltgetränkepulver: 0,4
- ✓ Chili-Pepper-Kaltgetränkepulver: 0,5

Ermitteln Sie die Stückdeckungsbeiträge und die Produktrangfolge, die sich aufgrund des Fertigungsengpasses ergibt. Zu Ihrer Unterstützung anbei in Tabelle 15.4 eine vorbereitete Tabelle zur Ermittlung des Stückdeckungsbeitrags.

Produkte	Zitrone	Erdbeere	Ingwer	Chili-Pepper

Tabelle 15.4: Stückdeckungsbeiträge bei der Rudat AG

Erfolgsrechnung und Kontrolle

In der relativen Einzelkosten- und Deckungsbeitragsrechnung werden im Plan-Ist-Vergleich nur die beeinflussbaren Kosten analysiert. Also nur die Kosten, die durch Entscheidungen entstanden sind oder entstehen werden. Damit muss man später bei einer Abweichungsanalyse nicht noch jene Kosten herausfiltern, auf die der Kostenstellenverantwortliche sowieso keinen Einfluss hat. Zusätzlich müssen die Kosten in Beziehung zu einer sinnvollen Größe in Beziehung gesetzt werden. In der Produktion kann es der mengenmäßige Output sein und im Servicecenter die Zahl der bearbeiteten Fälle. Ein wenig ähnelt dies der Ermittlung einer Kostenfunktion.

Am Ende eines Geschäftsjahrs erfolgt die Erfolgskontrolle für das gesamte Unternehmen auch bei der relativen Einzelkostenrechnung im Rahmen der Erfolgsrechnung. Diese ähnelt der Erfolgsrechnung der mehrstufigen Deckungsbeitragsrechnung. In Tabelle 15.5 können Sie ein Beispiel sehen.

Produktgruppe	A		B	
Produkte	**Produkt I**	**Produkt II**	**Produkt III**	**Produkt IV**
Umsatzerlöse netto				
Abzüglich Einzelkosten der Produkte				
= DB der Produkte				
Abzüglich Einzelkosten der Produktgruppen				
= DB der Produktgruppen				
Abzüglich Einzelkosten der Unternehmung				
Betriebsergebnis				

Tabelle 15.5: Ermittlung Betriebsergebnis mit der relativen Einzelkosten- und Deckungsbeitragsrechnung

Der große Unterschied zu einer Erfolgsrechnung der mehrstufigen Deckungsbeitragsrechnung: Es werden jeweils nur die eindeutig zurechenbaren Kosten und Erlöse berücksichtigt.

Aufgabe 15.12

Die Bertulis AG ist Marktführer bei kalt gepressten und raffinierten Sonnenblumenölen. Der Leiter des Rechnungswesens hat bereits vor Jahren neben einer kompletten Vollkostenrechnung parallel eine voll automatisierte Grenzplankostenrechnung eingeführt. Die Mitarbeiter seiner Abteilung zeigen neuerdings deutliche Anzeichen eines Boreouts. Bevor die ersten Mitarbeiter vor Langeweile sterben, hat er beschlossen, zusätzlich als drittes Kostenrechnungssystem die relative Einzelkostenrechnung einzuführen. Der Titel des Projekts lautet »DWADS«, was wohl »Der Wahrheit auf der Spur« heißen soll. Einige kolportieren auch, dass es in Wahrheit »Das wahre Aufmerksamkeitsdefizitsyndrom« bedeuten könnte.

An dieser Stelle herzlichen Glückwunsch zu Ihrer Mitarbeit am Projekt. Sie haben die Aufgabe erhalten, übers Wochenende die in Tabelle 15.6 vorhandenen Daten zu den beiden Produkten in einen Kostensammelbogen der relativen Einzelkostenrechnung zu überführen. Ein kleiner Trost vom Projektleiter: Dieses Wochenende soll das Wetter eh schlecht werden.

Produkt	Kalt gepresstes Sonnenblumenöl	Raffiniertes Sonnenblumenöl
Produktionsmenge	5.000 Flaschen	9.000 Flaschen
Materialkosten je Flasche	0,80	0,50
Kosten je Glasflasche	0,05	0,05
Verkaufspreis je Flasche	1,40	0,90
Umsatzprovision je Flasche	0,10	0,08

Tabelle 15.6: Daten je Produkt

Des Weiteren gibt es noch Kosteninformationen aus den drei Kostenstellen der Bertulis AG in Tabelle 15.7, die Sie auch im Kostensammelbogen verarbeiten sollen.

	Kostenstelle A	Kostenstelle B	Kostenstelle C
Absatzabhängige Betriebs- und Hilfsstoffe	2.500	3.500	3.000
Absatzabhängige Stromkosten	600	800	900
Produktionsprogrammunabhängige Stromkosten	400	300	200
Produktionsabhängige Entgelte	5.000	6.000	7.000
Produktionsunabhängige Entgelte	3.000	4.000	240.000
Produktionsunabhängige Mietkosten	3.200	4.600	2.800

Tabelle 15.7: Kosten auf den Kostenstellen der Bertulis AG

Zu Ihrer Unterstützung anbei ein leerer Kostensammelbogen, den Sie nur noch mit diesen Informationen befüllen müssen.

Bezugsobjekt	Kostenträger		Kostenstelle		
	Kalt gepresstes Sonnenblumenöl	Raffiniertes Sonnenblumenöl	KST A	KST B	KST C
Absatzabhängige Kosten					
Produktionsprogrammabhängige Kosten					
Bereitschaftskosten					

Tabelle 15.8: Vorlage Kostensammelbogen der Bertulis AG

Lösungen zu den Übungsaufgaben

Aufgabe 15.1

Paul Riebel kritisierte bei den Vollkostenrechnungssystemen die nicht realitätsgetreue Proportionalisierung der Fixkosten.

Aufgabe 15.2

Bei Riebel sind Kosten alle durch eine Entscheidung ausgelösten Ausgaben. Nicht ausgabewirksame Kosten wie die kalkulatorischen Zinsen oder der kalkulatorische Unternehmerlohn werden nicht berücksichtigt.

Aufgabe 15.3

In der herkömmlichen Kostenrechnung bilden Produkte oder Dienstleistungen, also Kostenträger, die Bezugsobjekte für die Zurechenbarkeit von Kosten. In der relativen Einzelkostenrechnung können neben Produkten und Dienstleistungen auch noch andere Objekte als Bezugsobjekte fungieren, zum Beispiel Aufträge, Vertriebslinien oder Kostenstellen.

Aufgabe 15.4

Leistungskosten können vom Absatz- und Produktionsprogramm und von der jeweiligen Beschaffungssituation abhängen. Gibt es eine Absatzsteigerung oder einen Absatzschwund, verändern sich auch die Leistungskosten. Es wird ja mehr oder weniger mengenmäßiger Input benötigt. Dasselbe passiert bei einer Veränderung des Produktionsverfahrens und -programms.

Sie können die Leistungskosten also unterteilen in

- ✓ absatzabhängige Leistungskosten,
- ✓ produktionsprogrammabhängige Leistungskosten und
- ✓ beschaffungsabhängige Leistungskosten.

Aufgabe 15.5

Bereitschaftskosten sind die Folge von Entscheidungen. Wenn in einem Unternehmen eine Entscheidung über den Aufbau einer weiteren Fertigungslinie oder über die Einstellung weiterer Mitarbeiter getroffen wurde, damit die Produktion erweitert werden kann, entstehen durch die Umsetzung der Entscheidung Kosten in Form von Bereitschaftskosten.

Aufgabe 15.6

Die Bereitschaftskosten werden unterschieden in

- ✓ Bereitschaftskosten geschlossener Perioden und
- ✓ Bereitschaftskosten offener Perioden.

Aufgabe 15.7

Wenn die Bereitschaftskosten ganz klar bestimmten Abrechnungsperioden zugeordnet werden können, handelt es sich um Bereitschaftskosten geschlossener Perioden. Das ist zum Beispiel das Weihnachtsgeld. Dieses wird nicht in jeder Abrechnungsperiode, also jeden Monat, ausbezahlt, sondern zum Beispiel einmal jährlich im Monat Dezember. Die Kosten sind eindeutig dem entsprechenden Geschäftsjahr zuordenbar.

Aufgabe 15.8

Wenn die Nutzungsdauer eines Anlageguts ungewiss ist, handelt es sich bei den durch den Kauf entstandenen Kosten um Bereitschaftskosten offener Perioden.

Aufgabe 15.9

Der Kostensammelbogen enthält zwei Arten von Bezugsobjekten: Kostenstellen und Kostenträger.

Aufgabe 15.10

Es werden nur die innerbetrieblichen Leistungen auf die empfangenden Kostenstellen umverteilt, die durch die Leistungen dieser Kostenstellen entstehen. Anders gesagt: Erbringt eine Kostenstelle eine Vorleistung, die bei der empfangenden Kostenstelle in das Endprodukt einfließt, wird verrechnet. Aber auch nur dann, wenn die Leistung im Endprodukt messbar ist, was bedeutet, dass nur direkt eingeflossene Materialien und Leistungen verrechnet werden. Das können einzelne Bauteile sein. Nicht verrechnet werden dagegen nicht in dieser Art messbare innerbetriebliche Leistungen wie Abschreibungsanteile an Maschinen.

Aufgabe 15.11

In Tabelle 15.9 werden die Stückdeckungsbeiträge ermittelt.

Produkte	Zitrone	Erdbeere	Ingwer	Chili-Pepper
Verkaufspreis	**1,90**	**1,90**	**2,90**	**2,90**
Erlösschmälerungen	0,20	0,50	0,80	–0,30
Nettoverkaufspreis	**1,70**	**1,40**	**2,10**	**3,20**
Absatzabhängige Kosten	0,40	0,40	0,60	0,60
Produktionsprogrammabhängige Kosten	0,70	0,70	0,50	0,60
Beschaffungsabhängige Kosten	0,20	0,20	0,20	0,20
Stückdeckungsbeitrag	**0,40**	**0,10**	**0,80**	**1,80**

Tabelle 15.9: Stückdeckungsbeiträge bei der Rudat AG

Mit diesen Werten können Sie nun in Tabelle 15.10 die Produktrangfolge ermitteln.

Produkte	Zitrone	Erdbeere	Ingwer	Chili-Pepper
Stückdeckungsbeitrag	**0,40**	**0,10**	**0,80**	**1,80**
Benötigte Minuten	0,3	0,4	0,4	0,5
Deckungsbeitrag je Minute	1,33	0,25	2,00	3,60
Rangfolge	3	4	2	1

Tabelle 15.10: Rangfolge ermitteln

Aufgabe 15.12

In Tabelle 15.11 finden Sie den ausgefüllten Kostensammelbogen.

Bezugsobjekt		Kostenträger		Kostenstelle		
		Kalt gepresstes Sonnenblumenöl	Raffiniertes Sonnenblumenöl	KST A	KST B	KST C
Absatzabhängige Kosten	Umsatzprovision	500	720			
Produktionsprogrammabhängige Kosten	Materialkosten	4.000	4.500			
	Verpackungskosten	250	450			
	Betriebs- und Hilfsstoffe			2.500	3.500	3.000
	Stromkosten			600	800	900
	Entgelte			5.000	6.000	7.000
Bereitschaftskosten	Stromkosten			400	300	200
	Entgelte			3.000	4.000	240.000
	Miete			3.200	4.600	2.800

Tabelle 15.11: Ausgefüllter Kostensammelbogen der Bertulis AG

Activity Based Costing: Die Prozesskostenrechnung

16

In diesem Kapitel …

- Prozesse suchen und bilden
- Kostenprozessrechnungen durchführen
- Verteilung von Prozesskosten auf Produkte

Manche Unternehmen setzen die Prozesskostenrechnung ein. Hier werden Sie fit gemacht, um eine Prozesskostenrechnung aufbauen und anwenden zu können.

Die herkömmlichen Kostenrechnungssysteme sind für einen Einsatz in klassischen Industriebetrieben gemacht. Dummerweise hat sich die Welt seitdem verändert, neben klassischen Industriebetrieben gibt es Dienstleistungsunternehmen oder gar Mischkonzerne, die beides beinhalten. Eine Weiterentwicklung der Kostenrechnungssysteme berücksichtigt dies im besonderen Maße: die Prozesskostenrechnung.

Der Zeitpuls fliegt – die Prozesskostenrechnung folgt

Die meisten Kostenrechnungssysteme sind aufgrund der mittlerweile recht hohen Gemeinkostenanteile nicht mehr sinnvoll anwendbar. Ein wesentlicher Grund hierfür ist, dass die Beschäftigung nicht mehr als einzige Bezugsgröße verwendet werden kann, da die Gemeinkosten nicht mehr nur durch die Produktionsmenge, sondern viel eher durch eine Vielzahl von unterschiedlichen Prozessen verursacht werden.

Die Kostenprozessrechnung

Wenn die Gemeinkosten überwiegen, ist es nicht sinnvoll, die Gemeinkosten auf Basis der Einzelkosten auf Kostenstellen und Kostenträger zu verteilen. Spätestens jetzt sollten Sie sich Gedanken darüber machen, wer oder was die Gemeinkosten eigentlich verursacht. Ist es nicht mehr die klassische Produktion, sind es eher andere Aktivitäten? Können diese Aktivitäten für die Kostenverrechnung herhalten? Haben Sie dies herausgefunden, sind Sie einen großen Schritt vorangekommen. Wenn Sie nun die Aktivitäten als Prozesse bezeichnen, befinden Sie sich bereits mitten in den Tiefen der Prozesskostenrechnung.

Die Prozesskostenrechnung ist wie die klassische Kostenrechnung in drei Teile gegliedert. Der erste Teil, die Kostenartenrechnung, bleibt unverändert. Beim zweiten Teil ändert sich dagegen so einiges. Vergessen Sie die Kostenstellenrechnung. Da der letzte Satz eine gewisse Tragweite besitzt, wiederhole ich ihn: Vergessen Sie die Kostenstellenrechnung! Der Grund:

Die Kosten für das einzelne Produkt entstehen nicht in Kostenstellen, sondern in den übergreifenden Prozessen. Deshalb gibt es hier statt der Kostenstellenrechnung die Kostenprozessrechnung.

Aufgabe 16.1

Kostenrechnungssysteme sind üblicherweise in drei Bausteine unterteilt. Wie sind die klassischen Kostenrechnungssysteme unterteilt und wie die Prozesskostenrechnung?

Prozesse suchen und bilden

Die erste große Aufgabe ist die Bildung von Prozessen. Danach erfolgt

- ✓ die Kostenzuordnung und
- ✓ die Ermittlung der Prozesskostensätze.

Ein Prozess besteht aus immer wiederkehrenden Tätigkeiten. Das Verpacken der fertigen Produkte ist beispielsweise ein solcher Prozess. Prozesse, die innerhalb einer einzigen Kostenstelle stattfinden, heißen Teilprozesse. Die Teilprozesse werden dann zu Hauptprozessen zusammengefasst. Diese Hauptprozesse können Teilprozesse aus unterschiedlichen Kostenstellen beinhalten. Wichtig ist, dass sich die Teilprozesse innerhalb eines Hauptprozesses auf dieselben Maßeinheiten beziehungsweise Volumina beziehen.

Aufgabe 16.2

Kann ein Teilprozess über mehrere Kostenstellen verteilt sein?

Kostentreiber suchen

Nachdem Sie die Prozesse definiert haben, geht es auf die Suche nach den Sachverhalten, auf die Sie die Kosten je Prozess herunterbrechen können. Diese heißen in der Prozesskostenrechnung Kostentreiber. Beispiele für Prozesse mit den jeweiligen Kostentreibern zeigt Tabelle 16.1.

Nachdem Sie die Kostentreiber gefunden haben, müssen Sie ermitteln, was die einmalige Ausführung eines Prozesses kostet. Dazu benötigen Sie die Prozessmenge, das heißt die Angabe, wie oft ein bestimmter Prozess pro Monat ausgeführt wurde.

Nun kommt eine Formel ins Spiel:

$$\text{Kosten je Kostentreiber} = \frac{\text{monatliche Kosten eines Prozesses}}{\text{Prozessmenge}}$$

Dies nennt man auch Prozesskostensatz. So viel kostet also eine einmalige Durchführung.

Prozess	Kostentreiber
Betreuung von Lieferanten	Anzahl Lieferanten
Materialbeschaffung	Anzahl Bestellungen
Produktion	Produzierte Stückzahl
Kundenbetreuung	Anzahl Kunden
Auftragsabwicklung	Anzahl Aufträge
Betreuung des Personals	Anzahl Mitarbeiter

Tabelle 16.1: Kostentreiber

Wenn für Prozesse keine Kostentreiber gefunden wurden, kann man die Kosten auf nichts beziehen. Hier spricht man von *leistungsmengenneutralen Kosten*. Manche lassen sie in der Gemeinkostenverrechnung außen vor und berücksichtigen nur das, wofür sich ein Kostentreiber finden lässt, die sogenannten *leistungsmengeninduzierten Kosten*.

Die Kostenträgerrechnung

Mit den Prozesskostensätzen können Sie nun mit der Kostenträgerrechnung loslegen.

Die Einzelkosten werden den Kostenträgern auch in der Prozesskostenrechnung direkt zugeordnet.

Durch die Kostenprozessrechnung wissen Sie, wie viel die Durchführung eines Prozesses kostet. Jetzt müssen Sie noch herausfinden, wie oft der Prozess ablaufen muss, bis ein Produkt fertig ist. Die Anzahl der jeweils notwendigen Durchführungen der Prozesse für ein fertiges Produkt nennt man Verbrauchskoeffizient.

Jetzt haben Sie alle Angaben, um einem jeweiligen Produkt die Kosten zuzuweisen:

- ✓ die Einzelkosten des Produkts
- ✓ die Prozesskostensätze, das heißt, was es kostet, den Prozess einmal auszuführen
- ✓ die Verbrauchskoeffizienten, die besagen, wie oft ein Prozess für die Erstellung eines Produkts ausgeführt werden muss

Die Einzelkosten plus die Prozesskostensätze multipliziert mit dem Verbrauchskoeffizienten ergeben die dem Produkt zuzurechnenden Kosten.

Aufgabe 16.3

Die Gintaut GmbH stellt Entsafter und neuerdings auch Smoothie-Maker her. Im Produktportfolio gibt es derzeit zwei Smoothie-Maker, den SMT 560 und den SMT 660. Für die Geräte liegen die in Tabelle 16.2 notierten Werte vor.

	SMT 560	SMT 660
Materialeinzelkosten je Stück in Euro	12	18
Materialgemeinkostenzuschlagssatz in %	30	30
Fertigungseinzelkosten je Stück in Euro	8	10
Fertigungsgemeinkostenzuschlagssatz in %	150	150
Verwaltungsgemeinkostenzuschlagssatz in %	8	8
Vertriebsgemeinkostenzuschlagssatz in %	30	30

Tabelle 16.2: Werte der Gintaut GmbH

Die Materialgemeinkosten stammen aus zwei Bereichen, aus dem Materialeinkauf und dem Materiallager. Für beide Bereiche konnte je ein Prozess definiert werden. Für den Materialeinkaufsprozess ergaben sich monatliche Kosten von 1.200 Euro. Der Prozess wird jeden Monat 1.200-mal durchgeführt. Für den Materiallagerprozess konnte ein Prozesskostensatz von 0,80 Euro ermittelt werden.

Für den SMT 560 und den SMT 660 gelten die in Tabelle 16.3 gezeigten Verbrauchskoeffizienten.

	SMT 560	SMT 660
Materialeinkaufsprozess	2	3
Materiallagerprozess	2	2

Tabelle 16.3: Verbrauchskoeffizienten

In der Fertigung konnten betreffend der Fertigungsgemeinkosten ebenfalls Prozesse identifiziert werden. Tabelle 16.4 zeigt die Prozesskostensätze und die Prozessmenge je Stück.

	Prozesskostensatz	Prozessmenge für SMT 560	Prozessmenge für SMT 660
Fertigungsvorbereitungsprozess	2	4	6
Qualitätsprüfungsprozess	3	2	4

Tabelle 16.4: Fertigungsprozesse

Die Vertriebsgemeinkosten lassen sich ebenfalls in Prozesse zerlegen. Tabelle 16.5 zeigt die Prozesskostensätze und die Prozessmenge je Stück.

	Prozesskostensatz	Prozessmenge für SMT 560	Prozessmenge für SMT 660
Kundenkontaktprozess	35	1	1
Versandprozess	5	1	1

Tabelle 16.5: Vertriebsprozesse

Ermitteln Sie für die beiden Produkte die Selbstkosten – einmal mithilfe der differenzierenden Zuschlagskalkulation und einmal auf Basis der Prozesskostenrechnung.

Zu Ihrer Unterstützung finden Sie zwei leere Tabellen, die Sie nur noch befüllen müssen:

✓ Tabelle 16.6 für die Ermittlung der Selbstkosten auf Basis der differenzierenden Zuschlagskalkulation

	SMT 560	SMT 660
Summe Herstellkosten		
Summe Selbstkosten		

Tabelle 16.6: Ermittlung der Selbstkosten auf Basis der differenzierenden Zuschlagskalkulation

- Tabelle 16.7 für die Ermittlung der Selbstkosten auf Basis der Prozesskostenrechnung

	SMT 560	SMT 660
Summe Herstellkosten		
Summe Selbstkosten		

Tabelle 16.7: Ermittlung der Selbstkosten auf Basis der Prozesskostenrechnung

Runden Sie jede Position kaufmännisch auf zwei Nachkommastellen.

Aufgabe 16.4

Die Espressotassenmanufaktur Lupert KG stellt Espressotassen in zwei Modellreihen her. Über die Modellreihe Classic gab es zuletzt massive Diskussionen, da sie sich angeblich für das Unternehmen nicht mehr rentieren würde. Die Modellreihe Futura sei dagegen die Cashcow des Unternehmens. Anlässlich der Anfrage einer Tankstellenkette nach einer Sonderedition der Modellreihe Classic über 20.000 Tassen entbrennt die Diskussion von Neuem. Einige Entscheider sind der Meinung, dass sich der Zusatzauftrag nicht rentiert und abgelehnt werden sollte. Stimmt dies?

In Tabelle 16.8 und Tabelle 16.9 finden Sie die benötigten Informationen, um zunächst eine klassische Deckungsbeitragsrechnung durchzuführen und anschließend mithilfe der Prozesskostenrechnung den Deckungsbeitrag des Zusatzauftrags zu ermitteln.

	Classic	Futura
Menge	200.000	160.000
Verkaufspreis je Tasse	1,90	2,60
Materialeinzelkosten	0,60	0,90
Materialgemeinkostenzuschlagssatz in Prozent	40	40
Fertigungseinzelkosten	0,70	0,70
Fertigungsgemeinkostenzuschlagssatz in Prozent	57,14	57,14
Vertriebs- und Verwaltungsgemeinkosten	24.000	

Tabelle 16.8: Grunddaten zu den Espressotassen

Die Material- und Fertigungsgemeinkostenblöcke der Modellreihe Classic wurden im Rahmen des Projekts Einführung einer Prozesskostenrechnung genauer beleuchtet. In Tabelle 16.9 finden Sie diese beiden Blöcke nun als Prozesse dargestellt.

	Prozesskostensatz	Verbrauchskoeffizient
Prozess Materialorganisation	4	2.000
Prozess Fertigungsorganisation	3	600

Tabelle 16.9: Prozessdaten

Zu Ihrer Unterstützung zwei leere Templates in Tabelle 16.10 und Tabelle 16.11, damit Sie die Lösung nur noch eintragen müssen:

✓ Tabelle 16.10 für die klassische Deckungsbeitragsrechnung

	Classic	Futura
Deckungsbeitrag		
Ergebnis		

Tabelle 16.10: Deckungsbeitragsrechnung

- Tabelle 16.11 für die Bewertung des Zusatzauftrags mithilfe der Prozesskostenrechnung

	Classic
Deckungsbeitrag	

Tabelle 16.11: Bewertung Zusatzauftrag

Lösungen zu den Übungsaufgaben

Aufgabe 16.1

Klassische Kostenrechnungssysteme bestehen aus den drei Teilen Kostenartenrechnung, Kostenstellenrechnung und Kostenträgerrechnung. Bei der Prozesskostenrechnung tritt an die Stelle der Kostenstellenrechnung die Kostenprozessrechnung.

Aufgabe 16.2

Nein, ein Teilprozess findet immer innerhalb einer Kostenstelle statt. Wenn ein Prozess über mehrere Kostenstellen verteilt ist, handelt es sich um einen Hauptprozess, der aus mehreren Teilprozessen besteht.

Aufgabe 16.3

In Tabelle 16.12 finden Sie die Ermittlung der Selbstkosten auf Basis der differenzierenden Zuschlagskalkulation.

	SMT 560	SMT 660
Materialeinzelkosten	12,00	18,00
Materialgemeinkosten (Zuschlag 30 %)	3,60	5,40
Fertigungseinzelkosten	8,00	10,00
Fertigungsgemeinkosten (Zuschlag 150 %)	12,00	15,00
Summe Herstellkosten	35,60	48,40
Verwaltungsgemeinkosten (Zuschlag 8 %)	2,85	3,87
Vertriebsgemeinkosten (Zuschlag 30 %)	10,68	14,52
Summe Selbstkosten	49,13	66,79

Tabelle 16.12: Ermittlung der Selbstkosten auf Basis der differenzierenden Zuschlagskalkulation

In Tabelle 16.13 finden Sie die Ermittlung der Selbstkosten auf Basis der Prozesskostenrechnung.

	SMT 560	SMT 660
Materialeinzelkosten	12,00	18,00
Materialeinkaufsprozess	2,00	3,00
Materiallagerprozess	1,60	1,60
Fertigungseinzelkosten	8,00	10,00
Fertigungsvorbereitungsprozess	8,00	12,00
Qualitätsprüfungsprozess	6,00	12,00
Summe Herstellkosten	37,60	56,60
Verwaltungsgemeinkosten (Zuschlag 8 %)	3,01	4,53
Kundenkontaktprozess	3,50	3,50
Versandprozess	5,00	5,00
Summe Selbstkosten	49,11	69,63

Tabelle 16.13: Ermittlung der Selbstkosten auf Basis der Prozesskostenrechnung

Aufgabe 16.4

Zuerst die geforderte Deckungsbeitragsrechnung in Tabelle 16.14.

	Classic	Futura
Verkaufserlöse	380.000	416.000
Materialeinzelkosten	120.000	144.000
Materialgemeinkosten	48.000	57.600
Fertigungseinzelkosten	140.000	112.000
Fertigungsgemeinkosten	80.000	64.000
Deckungsbeitrag	–8.000	38.400
Vertriebs- und Verwaltungsgemeinkosten	24.000	
Ergebnis	6.400	

Tabelle 16.14: Deckungsbeitragsrechnung

Und dann die Bewertung des Zusatzauftrags mithilfe der Prozesskostenrechnung in Tabelle 16.15.

	Classic
Verkaufserlöse	38.000
Materialeinzelkosten	12.000
Prozess Materialorganisation	1.800
Fertigungseinzelkosten	14.000
Prozess Fertigungsorganisation	8.000
Deckungsbeitrag	2.200

Tabelle 16.15: Bewertung Zusatzauftrag

Die Annahme des Zusatzauftrags ist gemäß der Prozesskostenrechnung vorteilhaft.

	Kubus	Minibox
Verkaufserlöse	1.450.000	1.160.000
Materialeinzelkosten	900.000	680.000
Materialgemeinkosten	91.271	69.036
Fertigungseinzelkosten	300.000	360.000
Fertigungsgemeinkosten	52.174	62.609
Deckungsbeitrag	106.456	–11.644
Vertriebs- und Verwaltungsgemeinkosten	18.000	
Ergebnis	76.811	

Tabelle 16.16: Deckungsbeitragsrechnung

Teil IV
Noch mehr Systeme und Methoden

In diesem Teil ...

Nun geht es um die verhaltensorientierte Kostenrechnung und um Prinzipal-Agent-Modelle. Damit nicht genug: Danach üben Sie Fälle zum Target Costing und führen komplette Lebenszyklusrechnungen durch. Zuletzt geht es um das Gemeinkostenmanagement und um einige Budgetierungsmethoden.

Kostenmanagement mit Behavioral Accounting

17

In diesem Kapitel ...

- Wie Kostenvorgaben auf Mitarbeiter und Manager wirken
- Stille Reserven aufdecken
- Prima Klima für Innovation schützen

In diesem Kapitel geht es um die Verhaltenswirkung von Informationen und Vorgaben und das Verhalten der Beteiligten. Das Behavioral Accounting befasst sich damit.

Verhaltenswirkungen von Informationen und Vorgaben

Damit eine Vorgabe motiviert statt frustriert, sollte sie einige Grundvoraussetzungen erfüllen:

- ✓ Die Vorgabe muss umsetzbar sein.
- ✓ Die Umsetzung muss belohnt werden.
- ✓ Die Einhaltung der Vorgabe sollte objektiv messbar sein.

Aufgabe 17.1

Welche der nachfolgenden Ziele erfüllen die Grundvoraussetzungen von Zielvorgaben. Begründen Sie dies bitte.

- ✓ Die Vertriebsabteilung erhält das Ziel, den Umsatz im nächsten Jahr um drei Prozent zu steigern. Bei Zielerreichung gibt es eine Erfolgsprämie.
- ✓ Die Einkaufsabteilung soll im nächsten Jahr eine Einkaufsratio von fünf Prozent erzielen. Bei Zielerreichung soll die Einkaufsratio für das übernächste Jahr um weitere fünf Prozent erhöht werden.
- ✓ Die Produktionsabteilung soll im nächsten Jahr die Fehlerquote um zehn Prozent reduzieren und die Reinvestitionen um zwanzig Prozent reduzieren. Bei Zielerreichung erhalten die Mitarbeiter eine Prämie.
- ✓ Die Personalabteilung soll die Höhe der Sozialabgaben je Mitarbeiter im nächsten Jahr um drei Prozent reduzieren.
- ✓ Der Leiter der Forschungsabteilung soll im nächsten Jahr die Zahl der Patentanmeldungen verdoppeln. Dafür erhält die Abteilung drei zusätzliche Praktikantenstellen. Sollte es

bei der bisherigen Zahl der Patentanmeldungen (35 Anmeldungen) bleiben, wird den zwanzig Mitarbeitern der Forschungsabteilung die bisher gezahlte Prämie von 200 Euro pro Monat und Mitarbeiter gestrichen.

- ✓ Bei Unterschreitung des geplanten Budgets wird der betreffenden Kostenstelle das Budget für das Folgejahr entsprechend gekürzt.

Aufgabe 17.2

Erläutern Sie die Begriffe intrinsische und extrinsische Motivation.

Slacks – stille Reserven

Slacks sind unwirtschaftliche Ressourcenplanungen und -verbräuche. Es werden unnötig viel Ressourcen geplant und später möglicherweise auch verbraucht. Es herrscht ein Überschusszustand.

Aufgabe 17.3

Erläutern Sie die Begriffe Organizational Slack und Budgetary Slack.

Aufgabe 17.4

Bei welchen der nachfolgenden Fälle gibt es Hinweise auf das eventuelle Bestehen von Slacks?

- ✓ Nachdem die Müller AG das Insolvenzverfahren letzten Monat erfolgreich beendet hat, wurde sie heute an die Meier AG verkauft. Der Käufer versprach, die nun für die Zukunft fit gemachte Müller AG fortführen zu wollen.
- ✓ Die Maxberg AG verliert seit drei Jahren kontinuierlich Marktanteile. Eine Anpassung der Produktionskapazitäten fand dennoch nicht statt.
- ✓ Bei der Hallsee AG hat die Poststelle seit zehn Jahren zwanzig Mitarbeiter. Vor drei Jahren wurde ein Vertrag mit einem externen Dienstleister geschlossen, um den gesamten Posteingang von diesen einscannen zu lassen und auf elektronischem Wege an die Empfänger weiterzuleiten.

Indizien und Indikatoren für stille Reserven

Alles, was leicht messbar ist, kann als Indikator für die Höhe der Slack-Bildung dienen. Als Indikator kann zum Beispiel die Höhe der Gewinnrücklage herhalten.

Aufgabe 17.5

Nennen Sie mindestens zwei mögliche Indikatoren für Slacks.

Verhalten kontrollieren

Die Kontrolle ist ein wesentlicher Bestandteil jeder Kostenrechnung. Dabei können Kontrollen zu unterschiedlichen Reaktionen führen. Die einen fühlen sich durch die banalsten Plan-Ist-Vergleiche fürchterlich bedroht und reagieren aggressiv oder wie gelähmt, andere Manager fühlen sich dagegen angespornt, künftig noch besser zu arbeiten.

Wirksame Kontrollen durchführen

Bei der Kostenkontrolle werden Plan- oder Sollwerte mit den Istwerten verglichen. Manchmal wird auch mit Ist-Ist-Vergleichen gearbeitet. Um die Verantwortlichen bei der Budgeteinhaltung unterstützen zu können, müssen einige Verhaltensregeln beachtet werden.

Aufgabe 17.6

Ist es wichtig, dass Informationen zur Kostenkontrolle den Verantwortlichen zeitnah zur Verfügung stehen, oder genügt es, diese alle paar Monate zur Verfügung zu stellen?

Lösungen zu den Übungsaufgaben

Aufgabe 17.1

- ✓ Das Ziel für die Vertriebsabteilung: Alle drei Voraussetzungen sind erfüllt. Das Ziel ist messbar, eventuell erfüllbar und im Erfolgsfall gibt es eine Prämie.
- ✓ Das zweite Ziel ist messbar und womöglich sogar erreichbar. Nur bei der Belohnung hapert es ein wenig: Zur Belohnung werden die Daumenschrauben noch weiter angespannt.
- ✓ Das Ziel für die Produktionsabteilung: Die Abteilung erhielt widersprüchliche Ziele. Eine geringere Fehlerquote wird mit immer älteren Maschinen nicht zu erreichen sein.
- ✓ Das Ziel für die Personalabteilung ist unrealistisch. Die Personalabteilung hat keinen Einfluss auf die Höhe der Sozialabgaben, sofern die Bemessungsbasis, die Entgelte der Mitarbeiter, nicht verändert wird.
- ✓ Das Ziel für die Forschungsabteilung ist messbar. Das Zielausmaß erscheint jedoch unrealistisch hoch, da die Abteilung keine entsprechenden Ressourcen zur Zielerreichung erhält. Eine Belohnung gibt es nicht, nur negative Anreize. Diese können nur selten ein Ansporn ein.
- ✓ Das Ziel bezüglich der Budgeteinhaltung ist zwiespältig. Auf der einen Seite sollen die Kostenstellen so zu realistischeren Budgetplanungen gezwungen werden; auf der anderen Seite nimmt dieses Ziel keine Rücksicht auf Inhalte.

Aufgabe 17.2

In der Verhaltenswissenschaft wird zwischen intrinsischer und extrinsischer Motivation unterschieden. Intrinsisch motivierte Menschen handeln aus innerem Antrieb; sie benötigen keine Drohung oder Belohnung. Extrinsisch motivierte Menschen benötigen dagegen Belohnungen oder Bestrafungen als Anreiz beziehungsweise Abschreckung.

Aufgabe 17.3

Der Überschusszustand kann bei allen möglichen Ressourcenarten vorkommen. Beispielsweise bei Finanzen oder Personen. Bei einem Organizational Slack werden Überkapazitäten im Plan vorgehalten. Bei einem Budgetary Slack wird mehr Budget als nötig vorgehalten.

Aufgabe 17.4

- ✓ Im Falle der Müller AG deutet nichts auf Slacks hin.
- ✓ Bei der Maxberg AG könnten Slacks vorhanden sein, wenn die sinkenden Marktanteile zugleich sinkende Umsätze nach sich ziehen.
- ✓ Bei der Hallsee AG könnten in der Poststelle Slacks vorhanden sein, wenn die Mitarbeiter keine anderen Aufgaben erhalten haben.

Aufgabe 17.5

Sie können die Mitarbeiterkapazitäten im Verhältnis zum Umsatz betrachten und diese Zahl anschließend mit dem Branchendurchschnitt vergleichen. Diesen Vergleich können Sie natürlich noch weiter vertiefen, indem Sie Funktionsbereiche oder Ähnliches mit dem Branchenschnitt vergleichen: Wie viele Einkäufer hat Ihr Unternehmen und wie viele sind es beim Branchendurchschnitt oder den Top 3 der Branche?

Eine weiteres Indiz können überhöhte Vorstandsvergütungen sein. Wenn ein Unternehmen sich einige Luxusprojekte wie schicke Neubauten oder dergleichen leistet, ist dies auch ein Indiz für Slacks. Bekannte Beispiele sind zentral gelegene, großzügige Verwaltungsgebäude mittelgroßer gesetzlicher Krankenversicherungen.

Aufgabe 17.6

Informationen zur Kostenkontrolle sollten den Verantwortlichen stets aktuell zur Verfügung stehen, damit sie bei anstehenden Entscheidungen ihre Budgetsituation kennen und bei Fehlentwicklungen zeitnah reagieren können.

Kostenmanagement mit dem Principal-Agent-Modell

18

In diesem Kapitel ...

- Informationsasymmetrien kennen
- Der richtige Umgang mit Moral Hazards
- Geeignete Leistungsanreize für Agenten

Hier üben Sie, wie geeignete Leistungsanreize gesetzt werden können und wie man am besten mit Moral Hazards umgeht. Da das echte Leben nicht den mathematischen Modellen mancher Ökonomen entspricht, vollkommene Information ist dann doch eher selten, haben sich andere Ökonomen damit beschäftigt, wie man mit diesen Unwägbarkeiten am besten umgeht.

Das Principal-Agent-Modell

Im Principal-Agent-Modell wird untersucht, was passiert, wenn die Beteiligten nicht denselben Informationsstand besitzen. Die Beziehung zwischen Auftraggeber und Auftragnehmer bei ungleich verteilter Information steht im Mittelpunkt des Modells.

Wenn der Auftragnehmer, sprich der *Agent*, gegenüber dem Auftraggeber, dem *Principal*, einen Informationsvorsprung besitzt, handelt es sich um eine Situation mit ungleich verteilten Informationen, also um eine *asymmetrische Informationsverteilung*.

Beispiele für typische Principal-Agent-Beziehungen sind:

- ✓ Eigentümer – Manager
- ✓ Führungskräfte – Mitarbeiter

Im Principal-Agent-Modell wird davon ausgegangen, dass der Agent sich auf Kosten des Principal optimieren möchte.

Aufgabe 18.1

Welche Begriffe gehören zusammen?

- ✓ Auftraggeber
- ✓ Agent

- Auftragnehmer
- Principal

Aufgabe 18.2

Wann kann man von einer Situation mit ungleich verteilten Informationen zwischen Agent und Principal sprechen?

Informationsasymmetrien

Ein Agency-Problem entsteht immer dann, wenn die Beteiligten ungleich informiert sind. In der Regel ist der Agent besser informiert als der Principal, da er sich ja mitten im operativen Geschehen tummelt. Im Principal-Agent-Modell werden vier Problemtypen beschrieben:

- hidden characteristics, verborgene Eigenschaften
- hidden information, verborgene Informationen
- hidden action, verdeckte Handlungen
- hidden intention, verdeckte Absichten

Hidden Characteristics

Man spricht von hidden characteristics, von verborgenen Eigenschaften, wenn der Principal vor einem Vertragsabschluss keine Informationen über Charakter, Fähigkeiten, Risikoneigung und Eigenschaften des Agenten besitzt.

Aufgabe 18.3

Was versteht man unter einer adverse selection?

Aufgabe 18.4

Ein gewisser Herr Akerlof ist Nobelpreisträger und verheiratet mit Frau Yellen, einer ebenfalls prominenten Ökonomin. Er ist ziemlich bekannt für seinen Zeitschriftenartikel »The Market for Lemons«. Was hat dieses Obst mit diesem Kapitel hier zu tun?

Hidden Information

Besitzt ein Akteur einen Informationsvorsprung, kann er diesen für sich nutzen. Im Alltag gibt es viele solcher Hidden-Information-Situationen. Der Klempner kann Ihnen dringend den Austausch aller Wasserleitungen in Ihrem Haus anraten. Ob der Austausch wirklich notwendig ist, können Sie in aller Regel nicht beurteilen.

Aufgabe 18.5

In welchem der folgenden Fälle spricht man von einem moralischen Wagnis, einem Moral Hazard?

✓ Fall 1: Der Agent besitzt andere Informationen als der Prinzipal und erläutert ihm diese vor der nächsten Entscheidung.

✓ Fall 2: Der Prinzipal besitzt einen Informationsvorsprung gegenüber dem Agenten.

✓ Fall 3: Der Agent besitzt einen Informationsvorsprung gegenüber dem Prinzipal.

✓ Fall 4: Der Agent ist etwas besser informiert als der Prinzipal und macht sich diesen Informationsvorsprung dann und wann zunutze.

Hidden Action

Wenn der Prinzipal das tägliche Handeln des Agenten nicht vollständig beobachten kann, handelt es sich um eine Hidden-Action-Situation.

Aufgabe 18.6

Liegt hidden action vor, wenn der Principal das Arbeitsergebnis des Agenten offen vorliegen hat, den genauen Weg zum Ergebnis aber nicht?

Aufgabe 18.7

Was versteht man unter consumption on the job?

Hidden Intention

Beim Agency-Problem hidden intention geht es um die Möglichkeit, dass der Principal nach Vertragsabschluss in ein Abhängigkeitsverhältnis gegenüber seinem Agenten fallen könnte.

Aufgabe 18.8

Was versteht man im Kontext der hidden intention unter einem »hold up«?

Die Suche nach dem optimalen Vertrag

Das Principal-Agent-Modell untersucht, wie die Vertragsbeziehung zwischen den Beteiligten aussehen muss, damit der Agent einen Anreiz hat, sich für die Interessen des Principal einzusetzen.

Nutzen und Risiken

Zunächst wird untersucht, wie der Nutzen des Principal maximiert werden kann. Dessen Nutzen steht und fällt ganz klassisch mit der Höhe des Gewinns. Zudem geht man im Modell meist davon aus, dass der Principal stets risikoneutral ist. Der Gewinn des Principal wird durch die Bezahlung des Agenten reduziert. Diese Bezahlung stellt wiederum den Nutzen des Agenten dar. Dessen Nutzen wird wiederum durch sein subjektiv empfundenes Arbeitsleid reduziert.

Aufgabe 18.9

Der Nutzen des Agenten durch die Bezahlung wird durch sein subjektiv empfundenes Arbeitsleid reduziert. Wie drückt sich das Arbeitsleid aus?

Aufgabe 18.10

Was versteht man unter einem Reservationsnutzen?

Aufgabe 18.11

Muss der Nutzen des Vertrags für den Agenten über dem Reservationsnutzen liegen?

Die richtigen Leistungsanreize auswählen

Die Agenten müssen die richtigen Leistungsanreize erhalten, damit sie das Unternehmensziel mit ihrer Arbeit auch wirklich unterstützen und wahrheitsgemäß berichten. Es gibt einige Methoden, die sich mit diesem Thema intensiv auseinandersetzen. Die bekanntesten sind:

- ✓ Profit Sharing
- ✓ Osband/Reichelstein-Anreizschema
- ✓ Weitzman-Schema oder Sowjetisches Anreizschema
- ✓ Groves-Schema

Aufgabe 18.12

Was versteht man unter dem Trittbrettfahrerproblem?

Das Profit Sharing

Beim Modell der Gewinnbeteiligung wird auf Grundlage der abgegebenen Planungen der einzelnen Bereiche das Budget verteilt. Die Zentrale bevorzugt bei der Verteilung dabei die Bereiche mit höherer Ergebnisprognose. Gibt ein Bereichsleiter nun eine übertriebene Ergebnisprognose ab, schadet er sich selbst, da er einem profitableren Bereich die Ressourcen vorenthält und damit den Gesamtgewinn und letztlich seine Prämie schmälert. Deshalb werden – so das Modell – die Manager wahrheitsgemäß planen und berichten.

Aufgabe 18.13

Warum besteht beim Modell des Profit Sharing die Gefahr des Trittbrettfahrerproblems?

Das Osband/Reichelstein-Anreizschema

Das Modell von Osband und Reichelstein verknüpft wie das Profit-Sharing-Modell die Belohnung mit der Differenz zwischen dem geplanten und dem tatsächlichen Ergebnis, um so eine möglichst wahrheitsgetreue und genaue Planung zu erhalten.

Aufgabe 18.14

Beschreiben Sie das Osband/Reichelstein-Anreizschema. Runden Sie Ihre Erläuterung am Ende mit einer Beurteilung des Modells ab.

Das Weitzman-Schema

Je größer das Unternehmen, desto höher die positiven Skaleneffekte. Mit anderen Worten: Die Fixkosten verteilen sich auf immer mehr Menge; das Unternehmen wird mit steigender Größe immer rentabler. So weit die positive Seite. Da die Wurst nun mal zwei Enden hat, gibt es auch eine Kehrseite: die negativen Skaleneffekte. Diese sind natürlich bei Weitem nicht so populär wie die positiven Skaleneffekte. Wer beschäftigt sich schon gerne mit den negativen Seiten des Lebens …

Große Konzerne erinnern manchmal an die Ende der Achtzigerjahre des vergangenen Jahrhunderts untergegangenen Staaten und Systeme, die auf einer zentralen Planwirtschaft basierten. Große Konzerne besitzen ein paar Ähnlichkeiten mit den ehemaligen zentralen Planwirtschaften. Der ehemalige MIT-Professor Martin Lawrence Weitzman veröffentlichte 1976 in den USA einen Artikel über ein neues Entlohnungssystem in der damaligen Sowjetunion. Deren neues Entlohnungssystem versuchte den Planabweichungen mit einem neuen Anreizsystem Herr zu werden. Dabei wurde die Entlohnung der Agenten an den Wahrheitsgehalt der Planung gekoppelt. Der Agent erhält ein fixes Grundentgelt und eine Prämie bei Planerfüllung. Wird der Plan übererfüllt gibt es zwar auch eine Prämie, diese ist aber wesentlich niedriger als die Prämie bei exakter Planerfüllung. Bei Planunterschreitung gibt es einen schmerzlichen Prämienabzug.

Aufgabe 18.15

Bei der Kekersen AG gelten folgende Regeln: Bei Planeinhaltung gibt es zehn Prozent Prämie auf den Prämienbetrag. Bei Planübererfüllung gibt es fünf Prozent auf jede Einheit über den Plan. Bei Planunterschreitung gibt es 20 Prozent Abzug auf jede Einheit unter dem Plan.

Herr Dargies, Leiter eines Profitcenters bei der Kekersen AG, schwankt bei der Abgabe der Planwerte an die Konzernzentrale zwischen drei oder zwei Millionen Euro Ergebnis. Am Ende entscheidet er sich für die vorsichtigere Ergebnisabschätzung: Er meldet der Konzernzentrale, dass sein Profitcenter im kommenden Jahr einen Gewinn von zwei Millionen Euro erzielen wird. Im Ist waren es dann 2,5 Millionen Euro. Welche Prämie erhält Herr Dargies? Wäre es besser gewesen, wenn Herr Dargies statt 2 Millionen Euro 3 Millionen Euro im Plan gemeldet hätte?

Aufgabe 18.16

Besitzt das Weitzman-Schema Schwächen?

Das Groves-Schema

Bei diesem Modell wird etwas über den Tellerrand geschaut. Beim Groves-Schema wird der Agent nämlich nicht nur für das eigene erreichte Ist-Bereichsergebnis belohnt, er wird darüber hinaus auch an den geplanten Gewinnen der anderen Bereiche beteiligt. So soll ein Mix aus einer Beteiligung am eigenen Ist-Bereichsergebnis und am geplanten Gesamtergebnis erreicht werden. Das Schema funktioniert wie folgt:

1. Planungsphase: Im ersten Schritt planen die Agenten, wie zum Beispiel Bereichsleiter, ihren Budgetbedarf, ihren damit möglichen Output und so ihr mögliches Ergebnis und melden dies der Zentrale.
2. Budgetgenehmigung: Die Zentrale sichtet im zweiten Schritt die eingegangenen Planungen der Bereiche und entscheidet über die Budgetvergabe.
3. Zahltag: Wenn am Ende des Planungsjahrs die tatsächlich erreichten Bereichsergebnisse feststehen, können die Prämien an die Bereichsleiter bezahlt werden. Die Prämie setzt sich aus zwei Bestandteilen zusammen:
   - ein Anteil vom eigenen, erreichten Bereichsergebnis
   - ein Anteil an den geplanten Bereichsergebnissen der anderen Bereiche

Aufgabe 18.17

Was passiert beim Groves-Schema, wenn ein Agent bei seiner Ergebnisprognose übertreibt, und was passiert, wenn er untertreibt?

Aufgabe 18.18

Im Zusammenhang mit dem Groves-Schema wird ab und an auch dessen mangelnde Kollusionsresistenz kritisiert. Was versteht man denn unter dem Begriff Kollusion und besteht hier wirklich die Gefahr der mangelnden Kollusionsresistenz?

Lösungen zu den Übungsaufgaben

Aufgabe 18.1

Der Agent ist der Auftragnehmer und der Principal der Auftraggeber.

Aufgabe 18.2

Wenn einer der beiden einen Informationsvorsprung besitzt, handelt es sich um eine Situation mit ungleich verteilten Informationen.

Aufgabe 18.3

Unter einer adverse selection versteht man eine nachteilige Auswahl aufgrund von fehlenden Informationen. Dies kann bei der Personaleinstellung oder beispielsweise bei Vertragsabschlüssen vorkommen.

Aufgabe 18.4

George Akerlof beschreibt in diesem Zeitschriftenartikel, wie es bei asymmetrischer Information zu einem Marktversagen kommen kann: Er erläutert das »lemons problem«, das »Saure-Gurken-Problem«. Die Käufer haben Angst davor, beim Einkaufen eine saure Gurke zu erwischen. Da sie die jeweils angebotene Qualität der Ware nicht mit letzter Sicherheit beurteilen können, unterstellen sie der angebotenen Ware immer nur eine durchschnittliche Qualität und wollen auch nur entsprechend bezahlen. Die Konsequenz: Die Anbieter hochqualitativer Waren erzielen keine gewinnbringenden Preise mehr. Sie verabschieden sich nach und nach aus dem Markt. Eine Abwärtsspirale setzt ein. Am Ende bricht der Markt zusammen, sofern die Informationsasymmetrie nicht beseitigt werden kann.

Aufgabe 18.5

Im vierten Fall handelt es sich um ein Moral Hazard. Nur hier nutzt ein Akteur den Informationsvorsprung.

Aufgabe 18.6

Ja, hier liegt eine Hidden-Action-Situation vor, da der Principal das tägliche Handeln des Agenten nicht vollständig beobachten konnte.

Aufgabe 18.7

Unter consumption on the job versteht man die Nutzung von Unternehmenseigentum für private Zwecke.

Aufgabe 18.8

Beim Agency-Problem hidden intention geht es um die Möglichkeit, dass der Principal nach Vertragsabschluss in ein Abhängigkeitsverhältnis gegenüber seinem Agenten fallen könnte und der Agent diese Situation ausnutzen wird. Sollte er dies tun, ähnelt diese Vorgehensweise einem Raubüberfall; daher wird diese Situation auch als »hold up« bezeichnet.

Aufgabe 18.9

Das Arbeitsleid manifestiert sich einmal in der aufgewendeten Zeit; diese reduziert die frei verfügbare Zeit des Agenten. Des Weiteren manifestiert sich das Arbeitsleid in den körperlichen und psychischen Anstrengungen.

Aufgabe 18.10

Der Reservationsnutzen ist der Nutzen des Agenten, den er auch ohne Vertragsabschluss erzielen kann, beispielsweise das Arbeitslosengeld.

Aufgabe 18.11

Ja, der Agent wird einen Vertrag immer nur dann annehmen, wenn der dadurch erzielte Nutzen mindestens so hoch ist wie sein Reservationsnutzen, den er auch ohne diesen Vertrag erzielen könnte.

Aufgabe 18.12

Werden Manager am Gesamtgewinn des Unternehmens beteiligt, besteht ab einer gewissen Unternehmensgröße die Gefahr, dass sie sich nicht mehr engagieren und nur noch ihre Zeit absitzen und die Prämie einstreichen, solange es dem Unternehmen gut geht. Die Manager verhalten sich in solchen Fällen wie Schwarzfahrer.

Aufgabe 18.13

Bei großen Unternehmen besteht bei diesem Modell die Gefahr des Trittbrettfahrerproblems, da der eigene Arbeitsanteil am Gesamterfolg des Unternehmens naturgemäß immer kleiner wird, je größer das Unternehmen ist. Der Schaden, den ein Manager mit einer übertriebenen Ergebnisprognose abgeben kann, wird so immer unbedeutender. Das Problem dabei: Verhalten sich viele Agenten so, hat das betroffene Unternehmen ein massives Problem. Deshalb ist von der Anwendung dieses Modells bei größeren Unternehmen abzuraten.

Aufgabe 18.14

Das Osband/Reichelstein-Anreizschema besteht aus zwei Phasen. In der ersten Phase melden die Agenten beziehungsweise Budgetverantwortlichen der Unternehmenszentrale ihre Planwerte inklusive einer Ergebnisprognose. Nach Annahme der Planwerte folgt die zweite Phase:

Die mehr oder weniger gelungene Umsetzung der Pläne mündet in Istwerten. Auf deren Basis bekommen die Agenten ihre Belohnung. Die Besonderheit dieses Modells ist dabei die ansteigende Anreizfunktion. Je näher ein Agent an den Planwerten liegt, desto mehr Bonuspunkte gibt es im übertragenen Sinne.

Das Modell besitzt jedoch einen nicht ganz so kleinen Haken: Es belohnt lediglich die jeweils eigenen Bereichsergebnisse. Eine gesamthafte Unternehmenssteuerung wird damit nicht besonders gut unterstützt, da niemand gezwungen wird, über den eigenen Tellerrand zu schauen.

Aufgabe 18.15

Herr Dargies erhält folgende Prämie: zehn Prozent auf den Planwert, das sind 200.000 Euro. Dazu kommen noch fünf Prozent auf 500.000 Euro, also 25.000 Euro. Das ergibt eine Prämie in Höhe von 225.000 Euro. Wenn Herr Dargies eine Ergebnisprognose über drei Millionen Euro abgeliefert hätte, würde er eine Prämie in Höhe von 200.000 Euro abzüglich 20 Prozent aus 500.000 Euro, also insgesamt 100.000 Euro erhalten. Mit dieser Variante wäre er also deutlich schlechter gefahren.

Aufgabe 18.16

Beim Weitzman-Schema geht es um die ausschließliche Einbeziehung der eigenen Ergebnisse in die Belohnung. Gegenseitige Abhängigkeiten und der Blick fürs Ganze drohen hier verloren zu gehen.

Aufgabe 18.17

Wenn ein Agent beim Groves-Schema bei seiner Ergebnisprognose übertreibt, um mehr Budget zugeteilt zu bekommen, würde er Bereichen mit höherem Grenzertrag planerisch Budget und damit auch Ergebnispotenzial entziehen. Am Ende muss der Agent für die Übertreibung büßen, da die Planergebnisse der anderen Bereiche niedriger als möglich ausfallen. Seine Belohnung sinkt.

Wenn der Agent untertreibt und ein geringeres Ergebnis als eigentlich möglich für seinen Bereich plant, schadet er sich auch selbst. Seine Belohnung fällt in diesem Fall niedriger als möglich aus.

Aufgabe 18.18

Unter dem Begriff Kollusion versteht man die Situation, dass sich die Agenten beziehungsweise Bereichsleiter untereinander absprechen und jeder bei der Planung übertreibt und so seine Prämie erhöht. Beim Groves-Schema besteht durchaus die Gefahr, dass die Agenten sich über die Jahre offen über ihre Erfahrungen austauschen und irgendwann Optimierungsmöglichkeiten besprechen. Im Ergebnis werden sie alle zu hohe Planungen abgeben.

Target Costing von oben und unten betrachtet

19

In diesem Kapitel ...

- Target Costing anwenden
- Mit Kostenobergrenzen jonglieren
- Continuous Improvement

Hier gibt es jede Menge Übungen rund um das Minenfeld Top-down-Vorgaben und Bottom-up-Planung. Abschließend wird noch das Continuous Improvement betrachtet.

Beim Target Costing handelt es sich um eine Art Prozess, der die Kostenrechnung begleitet. Das Target Costing soll bei der Planung und Markteinführung neuer Produkte und Dienstleistungen unterstützen. Es wird dabei die Frage gestellt, was das Produkt oder die Dienstleistung kosten darf.

Inhalt des Target Costing

Beim Target Costing werden zwei Fragen gestellt. Die Fragen lauten: Wie hoch ist der erzielbare Verkaufspreis eines Produkts und wie hoch soll der Gewinn aus diesem Produkt sein? Sind beide Fragen beantwortet, purzeln auch schon die maximal möglichen Kosten für das Produkt heraus. Das sind dann die Zielkosten.

Zielkostensuche – top-down und bottom-up

Die Zielkostensuche können Sie in fünf Phasen aufteilen:

- ✓ Phase 1: Marktpreis herausfinden
- ✓ Phase 2: Gewinnspanne festlegen
- ✓ Phase 3: Die erlaubten Kosten auf die Produktkomponenten verteilen
- ✓ Phase 4: Kosten anhand einer klassischen Kalkulation ermitteln
- ✓ Phase 5: Verhandlungsprozess: Target Costs ermitteln

Die erlaubten Kosten, die Allowable Costs, sind die Differenz aus Verkaufspreis abzüglich Gewinnspanne. Das ist die Top-down-Kostenvorgabe. In der vierten Phase erfolgt die klassische Kostenplanung bottom-up. Resultat sind die sogenannten Drifting Costs. Da die beiden Seiten wohl nur in den allerseltensten Fällen gleich übereinstimmen werden, folgt in Phase 5 ein

Verhandlungsprozess. Ergebnis sind am Ende die Target Costs, die irgendwo zwischen den Allowable Costs und den Drifting Costs liegen werden.

Aufgabe 19.1

Kann das Target Costing die Produktgestaltung beeinflussen?

Aufgabe 19.2

Der Automobilkonzern Motive AG möchte einen neuen Kleinwagen auf den Markt bringen. Der Verkaufspreis soll 9.900 Euro betragen. Im Konzern gilt eine Zielrendite von 10 Prozent. Wie hoch sind die Allowable Costs für das neue Auto?

Aufgabe 19.3

Der Fahrradhersteller Bendig will für die nächste Saison mit einem neuen Trekkingbike auf den Markt. Das beauftragte Marktforschungsinstitut hat die Produktfunktionen von der relevanten Käufergruppe gewichten lassen. Das Resultat finden Sie in Tabelle 19.1.

Produktfunktion	Gewichtung
Fahrkomfort	25 %
Gewicht	40 %
Schaltung	20 %
Bremsen	5 %
Design	10 %

Tabelle 19.1: Produktfunktionen gewichtet

Diese fünf Produktfunktionen können durch die einzelnen Fahrradbauteile erfüllt werden. In Tabelle 19.2 finden Sie die zugehörigen Werte.

	Fahrkomfort	Gewicht	Schaltung	Bremsen	Design
Rahmen	30 %	60 %	10 %	10 %	80 %
Schaltkomponente	30 %	10 %	90 %	10 %	0 %
Bremsen	10 %	10 %	0 %	80 %	5 %
Restliche Bauteile	30 %	20 %	0 %	0 %	15 %
Summe	100 %	100 %	100 %	100 %	100 %

Tabelle 19.2: Zuordnung Produktfunktionen zu Bauteilen

Da bei Bendig schon viele Fahrräder hergestellt wurden, fällt es den zuständigen Mitarbeitern leicht, die Kosten der einzelnen Komponenten des neuen Trekkingbikes zu kalkulieren. In Tabelle 19.3 finden Sie die Ergebnisse der Kalkulation.

Bauteil	Kosten
Rahmen	350
Schaltkomponente	150
Bremsen	100
Restliche Bauteile	120
Summe	720

Tabelle 19.3: Kosten der Bauteile

Wenn wir schon beim Geld sind: Bei der Firma Bendig muss jedes Produkt übrigens eine Rendite von 5 Prozent erwirtschaften. Der Bereich Marketing & Vertrieb sieht für das neue Rad nur Erfolgschancen bei einem Verkaufspreis von maximal 500 Euro.

Die Fragen:

✓ Wie hoch sind die Allowable Costs für das neue Produkt?

✓ Aus den Ergebnissen der Marktforschung in Tabelle 19.1 und den Analysewerten in Tabelle 19.2 können Sie die Nutzengewichtung der vier Komponenten berechnen. Dazu ein Beispiel: Der Fahrkomfort wird von den potenziellen Kunden mit 25 Prozent gewichtet, der Rahmen trägt 30 Prozent zum Fahrkomfort bei. Das ergibt eine Nutzengewichtung von 7,5 Prozent. Stellen Sie anschließend die Nutzenanteile den Kostenanteilen gegenüber, um daraus Schlussfolgerungen für die einzelnen Bauteile des neuen Trekkingbikes zu ziehen.

Zu Ihrer Unterstützung in Tabelle 19.4 eine leere Funktionsmatrix, die Sie nur noch mit den richtigen Werten befüllen müssen.

	Komfort	Gewicht	Schaltung	Bremsen	Design	Summe Nutzenanteil
Rahmen						
Schaltung						
Bremsen						
Rest						

Tabelle 19.4: Funktionsmatrix

Aufgabe 19.4

Der Badewannenproduzent Kausch verliert zusehends Marktanteile. Bevor die Situation für das Unternehmen bedrohlich wird, beauftragt Herr Kausch eine externe Firma mit einem Benchmarking. Hier soll untersucht werden, ob die Kostenstrukturen und die Produkteigenschaften der Standardbadewanne Stone wettbewerbsfähig sind. Das Benchmarking wurde von der Firma Matzke durchgeführt. Herr Matzke präsentiert zunächst das Umfrageergebnis zu den gewünschten Produkteigenschaften. Danach gewichten die potenziellen Käufer in Tabelle 19.5 die von ihnen gewünschten Produkteigenschaften.

Produktfunktion	Gewichtung
Wasserinhalt	30 %
Länge	50 %
Breite	5 %
Form	5 %
Farbe	10 %

Tabelle 19.5: Produktfunktionen gewichtet

Für Herrn Kausch ist bei den Kosten nur das erste Quartil im Benchmark maßgeblich. Daran will er sich messen.

Das erste Quartil beinhaltet die 25 Prozent der Wettbewerber, die im Benchmarking am besten abgeschnitten haben. Diese Unternehmen realisieren meist die Best-Practice-Lösungen bei den Prozessen und damit auch bei den Kosten.

Die Firma Matzke hat in ihrem Benchmarking bei den Kostenstrukturen für die Badewanne Stone einen Wert von 4.000 Euro beim ersten Quartil ermittelt. In der Branche ist eine Rendite von 20 Prozent üblich. Entsprechend gestaltet sich der Zielverkaufspreis für die Badewanne.

Damit ist die Arbeit der Firma Matzke erledigt. Nun sind Herr Kausch und seine Mitarbeiter gefragt. Zuerst haben sie untersucht, durch welche einzelnen Produktbestandteile die gewünschten Produktfunktionen erfüllt werden. Das Ergebnis finden Sie in Tabelle 19.6.

	Wasserinhalt	Länge	Breite	Form	Farbe
Materialart	0 %	10 %	10 %	60 %	100 %
Abmessungen	80 %	80 %	80 %	30 %	0 %
Technische Komponenten	20 %	10 %	10 %	10 %	0 %
Summe	100 %	100 %	100 %	100 %	100 %

Tabelle 19.6: Zuordnung Produktfunktionen

Nun werden die Kalkulationen der Badewanne Stone ausgepackt. In Tabelle 19.7 können Sie die Zusammenfassung sehen.

Bauteil	Kosten
Materialart	2.000
Abmessungen	2.000
Technische Komponenten	1.000
Summe	5.000

Tabelle 19.7: Kalkulation der Badewanne Stone

So weit die Informationen zur Firma Kausch. Jetzt dürfen Sie aktiv werden:

- ✓ Wo liegt der ideale Verkaufspreis der Badewanne Stone, wenn sich die Firma Kausch am Benchmark orientiert?
- ✓ Aus den Ergebnissen der Firma Matzke zu den gewünschten Produktfunktionen und der Zuordnung der Produktbestandteile zu den Funktionen können Sie die Nutzengewichtung der drei Komponenten ermitteln. Stellen Sie danach die Nutzenanteile den Kostenanteilen gegenüber, damit die Firma Kausch aus dem Benchmarking konkrete Aktivitäten ableiten kann.

Zu Ihrer Unterstützung in Tabelle 19.8 eine leere Funktionsmatrix, die Sie nur noch mit den richtigen Werten befüllen müssen.

	Wasserinhalt	Länge	Breite	Form	Farbe	Summe Nutzenanteil
Materialart						
Abmessungen						
Technische Komponenten						

Tabelle 19.8: Funktionsmatrix

Aufgabe 19.5

Der Fernsehhersteller Lepa entwickelt einen neuen Fernseher mit LED-Hintergrundbeleuchtung. Kaum sind die ersten Prototypen fertig, entbrennt bei der Lepa ein heftiger Streit über die Produkteigenschaften und den Preis des neuen Geräts. Um die Wogen zu glätten, wird die eigene Belegschaft zu den für sie wichtigsten Eigenschaften des neuen Fernsehers befragt. Immerhin hat man hier das geballte Fachwissen im eigenen Haus. Das Resultat finden Sie in Tabelle 19.9.

Produktfunktion	Gewichtung
Bildqualität	40 %
Tonqualität	20 %
Bedienkomfort	20 %
Internetfähigkeit	20 %

Tabelle 19.9: Produktfunktionen gewichtet

Diese vier Produktfunktionen können durch verschiedene Bauteile erfüllt werden. In Tabelle 19.10 finden Sie die zugehörigen Werte.

	Bildqualität	Tonqualität	Bedienkomfort	Internetfähigkeit
LED-Display	70 %	0 %	5 %	0 %
Lautsprecher	0 %	80 %	5 %	0 %
Software	30 %	20 %	90 %	0 %
WLAN	0 %	0 %	0 %	100 %
Summe	100 %	100 %	100 %	100 %

Tabelle 19.10: Zuordnung Produktfunktionen zu Bauteilen

Die voraussichtlichen Kosten der einzelnen Komponenten des neuen Fernsehers finden Sie in Tabelle 19.11.

Bauteil	Kosten
LED-Display	400
Lautsprecher	200
Software	200
WLAN	60
Summe	860

Tabelle 19.11: Kosten der Bauteile

Die Lepa hat eine Zielrendite von 10 Prozent. Der mögliche Verkaufspreis wird bei 700 Euro angesiedelt.

Die Fragen:

- ✓ Wie hoch sind die Allowable Costs für den neuen Fernseher?
- ✓ Aus den Ergebnissen der Mitarbeiterbefragung in Tabelle 19.9 und den Analysewerte der Tabelle 19.10 können Sie die Nutzengewichtung der vier Komponenten berechnen. Stellen Sie anschließend die Nutzenanteile den Kostenanteilen gegenüber, um daraus Schlussfolgerungen für die einzelnen Bauteile des neuen Fernsehers zu ziehen.
- ✓ Eine Zusatzfrage: Können die Allowable Costs erreicht werden, wenn auf die Internetfähigkeit des Fernsehers verzichtet wird?

Zu Ihrer Unterstützung in Tabelle 19.12 eine leere Funktionsmatrix, die Sie nur noch mit den richtigen Werten befüllen müssen.

	Bild	Ton	Komfort	Internet	Summe Nutzenanteil
LED-Display					
Lautsprecher					
Software					
WLAN					

Tabelle 19.12: Funktionsmatrix

Continuous Improvement

Das Target Costing ist keine zwingende Voraussetzung für das Continuous Improvement, aber oftmals sind beide Elemente im Spiel. Unter Continuous Improvement versteht man den kontinuierlichen Verbesserungsprozess. In Japan ist dieser als Kaizen bekannt.

Alle Aspekte des Continuous Improvement Process, also Kosten, Qualität, technische Innovation, spiegeln sich letztendlich in den Kosten wider.

Aufgabe 19.6

Ist das Continuous Improvement dem Top-down- oder dem Bottom-up-Prozess zuzuordnen?

Aufgabe 19.7

Gehört das Thema Continuous Improvement zum Qualitätsmanagement oder zur Kostenrechnung?

Lösungen zu den Übungsaufgaben

Aufgabe 19.1

Weichen die Drifting Costs von den Allowable Costs ab, kann es sein, dass eine Anpassung an die Zielkosten durch eine Änderung des Produktionsprozesses oder auch durch eine Veränderung am Produkt selbst erreicht wird. Somit kann das Target Costing die Produktgestaltung beeinflussen.

Aufgabe 19.2

Die Allowable Costs erhalten Sie, indem Sie vom Verkaufspreis in Höhe von 9.900 Euro die 10 Prozent Zielrendite abziehen; das ergibt 8.910 Euro.

Aufgabe 19.3

Die Berechnung der Allowable Costs je Trekkingbike:

Umsatzerlöse: 500 Euro abzüglich 5 Prozent Rendite ergibt 475 Euro Allowable Costs je Trekkingbike.

Tabelle 19.13 zeigt die ausgefüllte Funktionsmatrix.

	Komfort	Gewicht	Schaltung	Bremsen	Design	Summe Nutzenanteil
Rahmen	7,5 %	24,0 %	2,0 %	0,5 %	8,0 %	42,0 %
Schaltung	7,5 %	4,0 %	18,0 %	0,5 %	0,0 %	30,0 %
Bremsen	2,5 %	4,0 %	0,0 %	4,0 %	0,5 %	11,0 %
Rest	7,5 %	8,0 %	0,0 %	0,0 %	1,5 %	17,0 %

Tabelle 19.13: Funktionsmatrix

Nun müssen die Kosten der Bauteile in Relation zu den Gesamtkosten gesetzt werden (siehe Tabelle 19.14).

Bauteil	Kostenanteil
Rahmen	48,6 %
Schaltkomponente	20,8 %
Bremsen	13,9 %
Restliche Bauteile	16,7 %

Tabelle 19.14: Kosten der Bauteile in Prozent

Damit können Sie die relativen Kosten- und Nutzenanteile in Tabelle 19.15 gegenüberstellen.

Bauteil	Nutzenanteil	Kostenanteil
Rahmen	42,0 %	48,6 %
Schaltkomponente	30,0 %	20,8 %
Bremsen	11,0 %	13,9 %
Restliche Bauteile	17,0 %	16,7 %

Tabelle 19.15: Kosten- und Nutzenanteile

Die Kostenanteile des Rahmens und der Bremsen liegen über den jeweiligen Nutzenanteilen, sie sind noch zu teuer. Bei den restlichen Bauteilen entsprechen sich die Kosten- und Nutzenanteile in etwa, bei der Schaltkomponente wurde eine zu günstige Baugruppe ausgewählt. Die Konstrukteure müssen versuchen, die Gesamtkosten um 245 Euro entsprechend zu senken.

Aufgabe 19.4

Die Berechnung des idealen Verkaufspreises für die Badewanne:

Die Allowable Costs betragen 4.000 Euro. Dazu kommt die Zielrendite von 20 Prozent. Das ergibt einen Verkaufspreis von 4.800 Euro.

Jetzt wird in Tabelle 19.16 die Funktionsmatrix befüllt.

	Wasserinhalt	Länge	Breite	Form	Farbe	Summe Nutzenanteil
Materialart	0,0 %	5,0 %	0,5 %	3,0 %	10,0 %	18,5 %
Abmessungen	24 %	40 %	4,0 %	1,5 %	0,0 %	69,5 %
Technische Komponenten	6,0 %	5,0 %	0,5 %	0,5 %	0,0 %	12,0 %

Tabelle 19.16: Funktionsmatrix

Dann werden die Kosten der Komponenten in Relation zu den Gesamtkosten gesetzt (siehe Tabelle 19.17).

Komponente	Kostenanteil
Materialart	40 %
Abmessungen	40 %
Technische Komponenten	20 %

Tabelle 19.17: Kosten der Komponenten in Prozent

Damit können Sie die relativen Kosten- und Nutzenanteile in Tabelle 19.18 gegenüberstellen.

Komponente	Nutzenanteil	Kostenanteil
Materialart	19 %	40 %
Abmessungen	70 %	40 %
Technische Komponenten	12 %	20 %

Tabelle 19.18: Kosten- und Nutzenanteile

Die gewählte Materialart und die daraus auch entstehenden konstruktionsbedingten Kosten für die Abmessungen der Badewanne sind zu hoch. Hier muss geschaut werden, ob man noch mit einem wettbewerbsfähigen Material arbeitet.

Aufgabe 19.5

Die Berechnung der Allowable Costs je Fernseher: Umsatzerlöse: 700 Euro abzüglich 10 Prozent Rendite ergibt 630 Euro Allowable Costs je Fernseher. Tabelle 19.19 zeigt die ausgefüllte Funktionsmatrix.

	Bild	Ton	Komfort	Internet	Summe Nutzenanteil
LED-Display	28,0 %	0,0 %	1,0 %	0,0 %	29,0 %
Lautsprecher	0,0 %	16,0 %	1,0 %	0,0 %	17,0 %
Software	12,0 %	4,0 %	18,0 %	0,0 %	34,0 %
WLAN	0,0 %	0,0 %	0,0 %	20,0 %	20,0 %

Tabelle 19.19: Funktionsmatrix

Nun müssen die Kosten der einzelnen Bestandteile in Relation zu den Gesamtkosten gesetzt werden (siehe Tabelle 19.20).

Bestandteile	Kostenanteil
LED-Display	46,5 %
Lautsprecher	23,3 %
Software	23,3 %
WLAN	7,0 %

Tabelle 19.20: Kosten der Bauteile in Prozent

Damit können Sie die relativen Kosten- und Nutzenanteile in Tabelle 19.21 gegenüberstellen.

Bestandteile	Nutzenanteil	Kostenanteil
LED-Display	29,0 %	46,5 %
Lautsprecher	17,0 %	23,3 %
Software	34,0 %	23,2 %
WLAN	20,0 %	7 %

Tabelle 19.21: Kosten- und Nutzenanteile

Die Kosten für das Display und die Lautsprecher sind noch zu hoch. Dagegen sind die Kosten für die Software und die WLAN-Schnittstelle im Vergleich zum beigemessenen Nutzen sehr niedrig. Dies ist dann kein Problem, wenn die günstigen Komponenten den gewünschten Nutzen voll erbringen; ein Kostenvorteil.

Wenn auf die Internetfähigkeit des Fernsehers verzichtet wird, können die Allowable Costs nicht erreicht werden. Es sind vielmehr Kostenanpassungen bei den kritischen Komponenten LED-Display und Lautsprecher vorzunehmen.

Aufgabe 19.6

Der Prozess der kontinuierlichen Verbesserung lebt davon, dass die Mitarbeiter, die tagtäglich operativ mit ihren Themen zu tun haben, Verbesserungsvorschläge einbringen, denn sie kennen sich am besten damit aus. Zusätzlich benötigt der Prozess aber auch Top-down-Anstöße.

Aufgabe 19.7

Das Continuous Improvement ist schwerpunktmäßig im Qualitätsmanagement aufgehängt, hat aber enorme Auswirkungen auf die Kosten, da Qualitätsverbesserungen immer auch Kostenwirkungen besitzen.

Life Cycle Costing

20

In diesem Kapitel ...

- Die Phasen eines Produktlebenszyklus kennen
- Ein- und Auszahlungen des gesamten Produktlebenszyklus erfassen
- Kapitalwert und Amortisationszeitpunkt ermitteln

Nun dürfen Sie Lebenszyklusrechnungen durchführen, um Aussagen über die Kosten- und Erlössituation des gesamten Lebenszyklus eines Produkts zu gewinnen.

Das Ziel der Lebenszyklusrechnung

Die Zielsetzung der Lebenszyklusrechnung ist die erlös- und kostenmäßige Erfassung des gesamten Produktlebenszyklus.

Aufgabe 20.1

Wozu benötigt man neben einer normalen Kostenrechnung auch noch eine Lebenszyklusrechnung?

Aufgabe 20.2

Die Produktlebenszyklen werden immer kürzer. Ist da eine Lebenszyklusrechnung noch erforderlich?

Aufgabe 20.3

Unter welchen Namen kann Ihnen die Lebenszyklusrechnung noch so über den Weg laufen?

Der Produktlebenszyklus

Der aus dem Marketing stammende klassische Produktlebenszyklus besteht aus fünf Phasen:

- ✓ Einführung
- ✓ Wachstum
- ✓ Reife

- Sättigung
- Rückgang

Aufgabe 20.4

Das Marketing betrachtet natürlich die marktnahen Phasen. Gibt es im Leben eines Produkts noch weitere Phasen als die fünf marktnahen Phasen des Marketings?

Aufgabe 20.5

Bei der Grandous AG befinden sich aktuell fünf der acht Produkte in der Vormarktphase. Bei der Spingat AG sind es zwei von sieben Produkten. Beide Unternehmen stellen Sonnenschirme her und sind in etwa im gleichen Preissegment aktiv. Was könnte man aus diesen Informationen heraus für die Kosten- und Erlössituation der beiden Unternehmen vermuten? Jedes der in der Marktphase befindlichen Produkte kommt etwa auf die gleichen Marktanteile.

Ein- und Auszahlungen, Kapitalwert und Amortisationszeitpunkt

Nun verschaffen Sie sich einen Überblick über die in den drei Phasen

- Vormarktphase,
- Marktphase und
- Nachmarktphase

anfallenden Kosten und Erlöse. Im Unterschied zu allen anderen Systemen der Kosten- und Leistungsrechnung müssen Sie in der Lebenszyklusrechnung die Kosten und Erlöse dabei nicht periodisieren, da Sie ja die gesamte Lebensdauer betrachten. Sie periodisieren höchstens im übertragenen Sinne auf diese Phasen. Die Lebenszyklusrechnung ähnelt übrigens in gewisser Weise der Investitionsrechnung. Bei der Investitionsrechnung wird die Vorteilhaftigkeit einer Investition mithilfe der Kapitalwertmethode geprüft. Beim Kapitalwert werden die zukünftigen Ein- und Auszahlungen auf den heutigen Zeitpunkt abgezinst, also alle zukünftigen Zahlungen in einer Zinseszinsrechnung berücksichtigt. Von diesem Betrag, den man auch Barwert nennt, werden dann noch die Anfangszahlungen der Investition abgezogen, um zu sehen, ob sich die Investition überhaupt lohnt.

Zusätzlich kann man mit einer Lebenszyklusrechnung auch den Amortisationszeitpunkt ermitteln. Vom Amortisationszeitpunkt an übersteigen die kumulierten Einzahlungen die Auszahlungen.

Aufgabe 20.6

Wie wird der Kauf von Anlagegütern in der Lebenszyklusrechnung gehandhabt? Verteilt man die Kosten des Anlagegutes auf die Nutzungsdauer oder erfasst man nur die Auszahlung?

Aufgabe 20.7

Bislang war davon die Rede, dass in der Vormarktphase nur Kosten anfallen. Kosten entstehen beispielsweise bei der Entwicklung und der Produktionsvorbereitung. Gibt es in der Vormarktphase also stets nur Kosten?

Aufgabe 20.8

Ordnen Sie die folgenden Kosten und Erlöse der Vormarktphase, Marktphase und der Nachmarktphase zu:

- ✓ Kosten für Plakatwerbung
- ✓ Garantiekosten
- ✓ Verkaufserlöse
- ✓ Kosten für die Wartung einer Produktionsmaschine
- ✓ Kosten für die Designstudie
- ✓ Erlöse aus Subventionen für die Erforschung neuer Produkte
- ✓ Entgeltzahlungen an die Produktionsmitarbeiter
- ✓ Entgeltzahlungen an die Ingenieure der Produktionsabteilung
- ✓ Entgeltzahlungen an die Ingenieure der Entwicklungsabteilung
- ✓ Vorstandsvergütungen
- ✓ Kosten für einen Fernsehwerbespot zur aktuellen Rabattaktion
- ✓ Kosten für das Recycling alter Produkte
- ✓ Kosten für den Umbau einer Produktionslinie für das neue Produkt

Aufgabe 20.9

Inwieweit hängen die Kosten der Forschung- und Entwicklungsphase mit den Kosten der Marktphase zusammen?

Aufgabe 20.10

Kann die Forschung- und Entwicklungsphase die Nachmarktphase beeinflussen?

Aufgabe 20.11

Bei der Zwengel GmbH wird gerade heftig an einem neuen Produkt gearbeitet: dem vollautomatischen Heckenschneideroboter. Hierbei fallen Kosten für Forschung und Entwicklung,

Produktionsvorbereitung und Absatzvorbereitung an. In Tabelle 20.1 finden Sie die Auszahlungen der Vormarktphase.

Vormarktphase	Jahr 0	Jahr 1	Jahr 2	Jahr 3	Summe
Forschung & Entwicklung	–200.000	–30.000	–90.000	–10.000	–330.000
Produktionsvorbereitung	–10.000	–0.000	–150.000	–260.000	–500.000
Absatzvorbereitung	0	–10.000	–40.000	–400.000	–450.000
Summe	–210.000	–120.000	–280.000	–670.000	–1.280.000

Tabelle 20.1: Auszahlungen in der Vormarktphase

Für Forschung & Entwicklung sollen laut Plan 330.000 Euro ausgegeben werden.

Für die Produktionsvorbereitung werden 500.000 Euro veranschlagt. Dieser Betrag umfasst den Kauf von Maschinen und den Aufbau der Produktionslinien, die Prototypenfertigung und die Tests. Für die Absatzvorbereitung, also die Marktforschungskosten und Kosten für die Werbung vor Produkteinführung, sind 450.000 Euro angesetzt.

Die gesamten Auszahlungen müssen Sie nun per Abzinsung vergleichbar rechnen. Abgezinst wird mit folgender Formel:

$$\text{Kapitalwert} = (\text{Einzahlung} - \text{Auszahlung})\frac{1}{(1+i)^t}$$

Die Zwengel GmbH arbeitet übrigens mit einem kalkulatorischen Zinssatz von 8 Prozent. Wie hoch sind die abgezinsten Auszahlungen der Vormarktphase?

Das i steht übrigens für den Zinssatz und das t für die Zeit beziehungsweise die Jahre.

Aufgabe 20.12

Bei der Zwengel GmbH wurde in den letzten Jahren heftig an einem neuen Produkt gearbeitet: dem vollautomatischen Heckenschneideroboter. Hierbei fielen Kosten für Forschung und Entwicklung, Produktionsvorbereitung und Absatzvorbereitung an. Die geplanten Auszahlungen dieser Vormarktphase zu Ihrer Information in Tabelle 20.2.

Vormarktphase	Jahr 0	Jahr 1	Jahr 2	Jahr 3	Summe
Forschung & Entwicklung	–200.000	–30.000	–90.000	–10.000	–330.000
Produktionsvorbereitung	–10.000	–80.000	–150.000	–260.000	–500.000
Absatzvorbereitung	0	–10.000	–40.000	–400.000	–450.000
Summe	–210.000	–120.000	–280.000	–670.000	–1.280.000

Tabelle 20.2: Auszahlungen in der Vormarktphase

Die Vormarktphase ist Vergangenheit. Seit ein paar Monaten befindet sich der Heckenschneideroboter nun in der Marktphase. Aus Sicht des Produktlebenszyklus begann die Marktphase im vierten Jahr. In Tabelle 20.3 finden Sie die Werte der Marktphase.

Marktphase	Jahr 4	Jahr 5	Jahr 6	Jahr 7	Summe
Umsatzerlöse	500.000	600.000	400.000	200.000	1.700.000
Herstellung	–250.000	–300.000	–200.000	–100.000	–850.000
Verwaltung- und Vertrieb	–80.000	–90.000	–60.000	–40.000	–270.000
Summe	170.000	210.000	140.000	60.000	580.000

Tabelle 20.3: Werte der Marktphase

Für die Nachmarktphase gibt es ebenfalls schon Planwerte. Sie finden diese in Tabelle 20.4.

Nachmarktphase	Jahr 6	Jahr 7	Jahr 8	Jahr 9	Summe
Ersatzteilgeschäft	40.000	80.000	120.000	160.000	400.000
Wartungen	20.000	60.000	140.000	180.000	400.000
Garantiefälle	–40.000	–80.000	–80.000	–60.000	–260.000
Entsorgung	0	0	–10.000	–20.000	–30.000
Summe	20.000	60.000	170.000	260.000	510.000

Tabelle 20.4: Werte der Nachmarktphase

Nachdem Sie nun alle Informationen zum neuen Heckenscheideroboter haben, können Sie die Ein- und Auszahlungen abzinsen, um den Gesamterfolg des neuen Produkts zu ermitteln. Wann wird der Amortisationszeitpunkt erreicht? Die Zwengel GmbH arbeitet übrigens mit einem kalkulatorischen Zinssatz von 8 Prozent.

Zum Schluss noch ein kleiner Tipp: Wenn Sie die abgezinsten Werte und damit den Kapitalwert nicht mit der Formel und dem Taschenrechner berechnen wollen, können Sie alternativ die Aufgabe auch mithilfe von Excel oder Numbers auf Ihrem PC, Mac oder iPhone lösen. Die Formel, die Sie dazu verwenden müssen, ist stets dieselbe:

$$= \text{NBW(Abzinsung; Cash} - \text{Flow)} + \text{Wert aus dem Jahr 0}$$

Damit Sie sich das besser vorstellen können, in Abbildung 20.1 drei Screenshots: einmal Numbers auf dem iPhone und dem Mac und einmal dasselbe mit Excel.

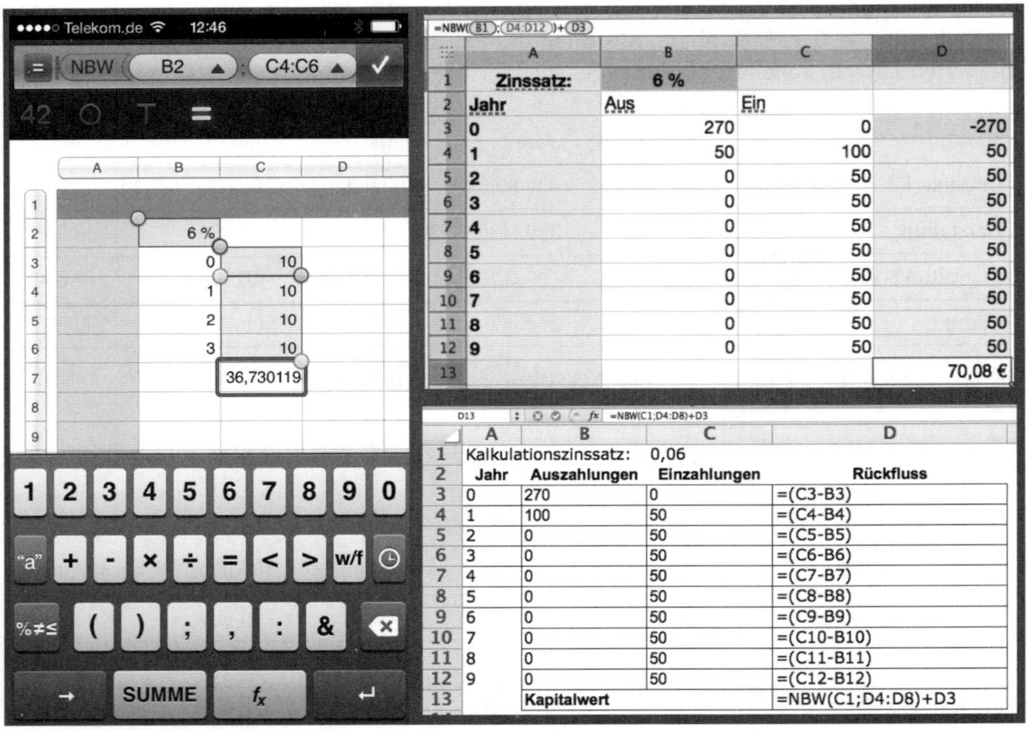

Abbildung 20.1: Nettobarwertformel

Aufgabe 20.13

Bei der Zwengel GmbH wurde ein vollautomatischer Heckenschneideroboter entwickelt. Die bisher geplanten Ein- und Auszahlungen führten zu einem negativen Kapitalwert für den gesamten Lebenszyklus des neuen Produkts. In Tabelle 20.5 finden Sie diese geplanten Ein- und Auszahlungen.

Jahr	Auszahlungen	Einzahlungen	Summe
0	–210.000	0	–210.000
1	–120.000	0	–120.000
2	–280.000	0	–280.000
3	–670.000	0	–670.000
4	–330.000	500.000	170.000
5	–390.000	600.000	210.000
6	–300.000	460.000	160.000
7	–220.000	340.000	120.000
8	–90.000	260.000	170.000
9	–80.000	340.000	260.000

Tabelle 20.5: Aus- und Einzahlungen des gesamten Lebenszyklus

Um das negative Ergebnis umzudrehen, wurden an verschiedenen Punkten Einsparungen erzielt. So sollen die Forschungs- und Entwicklungskosten im Jahr 0 von 200.000 auf 150.000 Euro reduziert werden. Die geplanten Kosten der Produktionsvorbereitung im Jahr 3 können um 60.000 Euro reduziert werden, die der Absatzvorbereitung um 200.000 Euro. Zusätzlich haben sich zwei Planungsfehler eingeschlichen: In den Jahren 1 und 2 gibt es gar keine Kosten für die Produktionsvorbereitung. Im Jahr 1 entfallen somit 80.000 Euro und im Jahr 2 entfallen 150.000 Euro. Die Herstellkosten konnten um 20 Prozent gesenkt und der Verkaufspreis des Roboters um 10 Prozent erhöht werden. Zu den optimierten Herstellkosten und Verkaufserlösen gibt Ihnen Tabelle 20.6 Auskunft.

Marktphase	Jahr 4	Jahr 5	Jahr 6	Jahr 7
Umsatzerlöse Plan alt	500.000	600.000	400.000	200.000
Umsatzerlöse Plan neu	550.000	660.000	440.000	220.000
Herstellkosten Plan alt	–250.000	–300.000	–200.000	–100.000
Herstellkosten Plan neu	–200.000	–240.000	–160.000	–80.000

Tabelle 20.6: Optimierte Herstellkosten

Nachdem Sie nun alle Informationen haben, können Sie die Ein- und Auszahlungen abzinsen, um den Gesamterfolg des neuen Produkts zu ermitteln. Wann wird der Amortisationszeitpunkt mit diesen Planoptimierungen erreicht? Die Zwengel GmbH arbeitet übrigens mit einem kalkulatorischen Zinssatz von 8 Prozent.

Unterschiedliche Preisstrategien in der Marktphase

Um den Amortisationszeitpunkt früher zu erreichen, können auf der Erlösseite unterschiedliche Strategien gefahren werden. Grundsätzlich gibt es bei der Produkteinführung zwei Möglichkeiten der Preisgestaltung: die Abschöpfungsstrategie und die Niedrigpreisstrategie.

Aufgabe 20.14

Was versteht man unter einer Abschöpfungsstrategie und was sind deren Voraussetzungen?

Aufgabe 20.15

Was versteht man unter einer Niedrigpreisstrategie?

Lösungen zu den Übungsaufgaben

Aufgabe 20.1

In den normalen Kosten- und Leistungsrechnungen werden die Kosten und Leistungen beziehungsweise Erlöse immer nur für eine Abrechnungsperiode, also periodenweise, erfasst. So können Sie nicht erkennen, ob ein Produkt über den gesamten Lebenszyklus hinweg lohnend ist oder nicht. Um dies herauszufinden, muss eine Lebenszyklusrechnung erstellt werden.

Aufgabe 20.2

Auch wenn die Produktlebenszyklen immer kürzer werden, macht es weiterhin Sinn, den Produkterfolg mittels Lebenszyklusrechnung zu planen und später zu kontrollieren. Für diese Aufgabe ist es unerheblich, ob ein Produktlebenszyklus über zehn, fünf oder drei Jahre geht.

Aufgabe 20.3

Die Lebenszyklusrechnung wird auch gerne mal als Life Cycle Costing, Life Cycle Cost Management, Product Life Cycle Costing oder Lebenszykluskostenrechnung bezeichnet. Gemeint ist damit stets dasselbe System.

Aufgabe 20.4

Ja, die sogenannte Vormarktphase und die Nachmarktphase. Die Vormarktphase besteht aus

- ✓ Forschung,
- ✓ Entwicklung,

- ✓ Produktionsvorbereitung und
- ✓ Absatzvorbereitung.
- ✓ Die Nachmarktphase besteht aus
- ✓ Garantie,
- ✓ Wartung,
- ✓ Ersatzteilgeschäft und
- ✓ Entsorgung.

Aufgabe 20.5

Mit diesen Informationen allein kann man keine fundierten Aussagen über die Kosten- und Erlössituation der beiden Unternehmen treffen. Eine kleine Vermutung kann dennoch angestellt werden: Da in der Vormarktphase keine Erlöse erzielt werden können und nur Kosten anfallen, dürfte die Ergebnissituation bei der Grandous AG schlechter als bei der Spingat AG sein.

Aufgabe 20.6

Der Anschaffungspreis einer Maschine wird in der Lebenszyklusrechnung nicht über die Nutzungsdauer verteilt, sprich abgeschrieben, sondern sofort voll als Auszahlung erfasst.

Aufgabe 20.7

Wenn es für die Forschung und Entwicklung eines Produkts Fördermittel gibt, sind dies Erlöse in der Vormarktphase.

Aufgabe 20.8

- ✓ Kosten für Plakatwerbung können zur Vormarkt- oder Marktphase gehören.
- ✓ Garantiekosten können zur Markt- oder Nachmarktphase gehören.
- ✓ Verkaufserlöse gehören zur Markt- oder Nachmarktphase.
- ✓ Kosten für die Wartung einer Produktionsmaschine gehören sehr wahrscheinlich nur zur Marktphase.
- ✓ Kosten für die Designstudie gehören zur Vormarktphase.
- ✓ Erlöse aus Subventionen für die Erforschung neuer Produkte gehören zu der Vormarktphase.
- ✓ Entgeltzahlungen an die Produktionsmitarbeiter gehören zur Marktphase.
- ✓ Entgeltzahlungen an die Ingenieure der Produktionsabteilung gehören zur Marktphase.

- ✓ Entgeltzahlungen an die Ingenieure der Entwicklungsabteilung gehören zur Vormarktphase.
- ✓ Vorstandsvergütungen können keiner der drei Phasen zugeordnet werden.
- ✓ Kosten für einen Fernsehwerbespot zur aktuellen Rabattaktion gehören zur Marktphase.
- ✓ Kosten für das Recycling alter Produkte gehören zur Nachmarktphase.
- ✓ Kosten für den Umbau einer Produktionslinie für das neue Produkt gehören zur Vormarktphase.

Aufgabe 20.9

Schlaue Unternehmen vernetzen die Forschung und Entwicklung stark mit der Produktion. In der Forschungs- und Entwicklungsphase ist die Beeinflussbarkeit der Produktionskosten sehr hoch. Je nachdem, wie das Produkt konstruiert wird, ist es später einfacher oder komplizierter herstellbar. Dasselbe gilt für die Menge und Art der verwendeten Materialien. Entsprechend fallen die Produktionskosten dann aus.

Aufgabe 20.10

Die Produktentwicklung kann spätere Garantiefälle verringern und auch die am Ende anstehende Entsorgung kostengünstiger ausfallen lassen, wenn das Produkt einfach recycelbar ist.

Aufgabe 20.11

Die Auszahlungen für das aktuelle Jahr müssen nicht abgezinst werden. Somit bleiben die 210.000 Euro zunächst einmal stehen.

Die Auszahlungen in Höhe von 120.000 Euro für das erste Planjahr werden mit 8 Prozent mit der in der Aufgabe gezeigten Formel abgezinst. Das Ergebnis: 111.111 Euro. Weiter geht es mit den Auszahlungen des zweiten Planjahrs. Hier wurden Auszahlungen in Höhe von 280.000 Euro eingeplant. Abgezinst sind das 240.055 Euro. Jetzt fehlt noch das dritte Planjahr. Hier wurden Auszahlungen in Höhe von 670.000 Euro eingeplant. Abgezinst sind das 531.868 Euro.

Aufgabe 20.12

Zunächst die Ein- und Auszahlungen in Tabelle 20.7 zusammengefasst.

Mit diesen Werten ist dann schnell der Kapitalwert berechnet. Es ergibt sich ein negativer Kapitalwert in Höhe von 432.400 Euro. Der Heckenscheideroboter amortisiert sich nie.

Jahr	Auszahlungen	Einzahlungen	Summe
0	–210.000	0	–210.000
1	–120.000	0	–120.000
2	–280.000	0	–280.000
3	–670.000	0	–670.000
4	–330.000	500.000	170.000
5	–390.000	600.000	210.000
6	–300.000	460.000	160.000
7	–220.000	340.000	120.000
8	–90.000	260.000	170.000
9	–80.000	340.000	260.000

Tabelle 20.7: Aus- und Einzahlungen des gesamten Lebenszyklus

Aufgabe 20.13

In Tabelle 20.8 finden Sie die optimierten Planwerte.

Jahr	Auszahlungen	Einzahlungen	Summe
0	–160.000	0	–160.000
1	–40.000	0	–40.000
2	–130.000	0	–130.000
3	–410.000	0	–410.000
4	–280.000	550.000	270.000
5	–330.000	660.000	330.000
6	–260.000	440.000	180.000
7	–200.000	360.000	160.000
8	–90.000	260.000	170.000
9	–80.000	340.000	260.000

Tabelle 20.8: Aus- und Einzahlungen des gesamten Lebenszyklus

Damit errechnet sich ein positiver Kapitalwert von 217.788 Euro. Das Produkt amortisiert sich ab dem achten Jahr. Die berechneten Werte finden Sie in Tabelle 20.9.

Jahr	Ein- und Auszahlungen zusammen	Abgezinster, kumulierter Betrag
0	–160.000	–160.000
1	–40.000	–197.037
2	–130.000	–308.491
3	–410.000	–633.962
4	270.000	–435.504
5	330.000	–210.912
6	180.000	–97.481
7	160.000	–4.123
8	170.000	87.723
9	260.000	217.788

Tabelle 20.9: Kumulierte Werte

Aufgabe 20.14

Bei der Abschöpfungsstrategie, auch Skimming-Strategie genannt, versucht man, mit hohen Preisen preisunempfindlichere Verbraucher abzuschöpfen. Voraussetzung für die Abschöpfungsstrategie sind preisunempfindliche Käufer und natürlich ein Produkt, für das die Kunden auch bereit sind, höhere Preise zu zahlen. Mit dieser Strategie können bei geringen Stückzahlen hohe Einzahlungen erreicht werden.

Aufgabe 20.15

Bei der Niedrigpreisstrategie beziehungsweise Penetrationspreisstrategie versucht man, mit sehr niedrigen Preisen schnell Marktanteile zu gewinnen. Später werden dann die Preise schrittweise erhöht.

Gemeinkostenwertanalyse und Budgetierungsmethoden

21

In diesem Kapitel ...

- Gemeinkostenwertanalysen durchführen
- Zero-Base-Budgeting
- Beyond und Better Budgeting

Da der Anteil der Gemeinkosten an den Gesamtkosten immer weiter steigt, steht das Gemeinkostenmanagement immer mehr im Mittelpunkt. Ziel des Gemeinkostenmanagements ist die Kontrolle und Steuerung der Gemeinkosten. Zwei Instrumente, die sich den Gemeinkosten ganz intensiv widmen, sind

- ✓ die Gemeinkostenwertanalyse und
- ✓ das Zero-Base-Budgeting.

Danach geht es zu weiteren Budgetierungsmethoden:

- ✓ Beyond Budgeting
- ✓ Better Budgeting
- ✓ Advanced Budgeting

Die Gemeinkostenwertanalyse

Die Gemeinkostenwertanalyse verfolgt als Ziel die Reduzierung der Gemeinkosten und die Verbesserung des Kosten-Nutzen-Verhältnisses im Gemeinkostenbereich. Dabei werden in ausgewählten Abteilungen sämtliche Prozesse unter die Lupe genommen und drei Fragen gestellt:

- ✓ Dient der Prozess dem Unternehmensziel oder kann man darauf verzichten?
- ✓ Wird der Prozess so effizient wie möglich durchgeführt?
- ✓ Kann der aus dem Prozess resultierende Nutzen noch weiter gesteigert werden?
- ✓ Die Gemeinkostenwertanalyse besteht aus vier Phasen:
- ✓ Vorbereitungsphase
- ✓ Analysephase

- Entscheidungsphase
- Realisierungsphase

Aufgabe 21.1

Unter welchem Namen ist die Gemeinkostenwertanalyse im englischsprachigen Raum bekannt?

Die Vorbereitungsphase

Die Vorbereitungsphase dient der Zielfindung. Hier werden die Ziele festgelegt. Idealerweise sind diese objektiv messbar, sofern die Organisation Verbindlichkeit wünscht.

Aufgabe 21.2

Gibt es neben der Zielfindung in der Vorbereitungsphase noch ein paar Punkte, die beachtet werden müssen?

Die Analysephase

Zunächst werden in der Analysephase alle Leistungen in den untersuchten Abteilungen erfasst und strukturiert. Dabei werden für jede Leistung die zugehörigen Personalkosten ermittelt, indem für einen bestimmten Zeitraum die erforderliche Arbeitszeit notiert wird. Bewertet mit einem Stundensatz, ergibt das so die Personalkosten für die betrachtete Leistung. Danach werden auch die Sachkosten den Leistungen verursachungsgerecht zugeordnet.

Durch die strukturierte Erfassung der Leistungen entsteht ein Leistungskatalog. Darin finden Sie die Leistungsbeschreibung und unter anderem auch den Umfang und die Häufigkeit der Leistungserbringung.

Nun wird der Zweck und die Effizienz der im Leistungskatalog erfassten Leistungen hinterfragt. Für alle weiterhin als sinnvoll erachteten Leistungen wird nun eine Kostenersparnis in Höhe eines bestimmten Prozentsatzes eingefordert.

Aufgabe 21.3

Kostensenkungen können entweder durch Leistungsreduktion oder durch eine effizientere Leistungserstellung erzielt werden. Kostensenkungen mithilfe von Leistungsreduktionen sind in welcher Art und Weise möglich?

Aufgabe 21.4

Kostensenkungen können entweder durch Leistungsreduktion oder durch eine effizientere Leistungserstellung erzielt werden. Kostensenkungen mithilfe einer effizienteren Leistungserstellung sind in welcher Art und Weise möglich?

Die Entscheidungsphase

In dieser Phase werden alle in der Analysephase erarbeiteten Vorschläge einem Entscheidungsgremium vorgelegt. Die Vorschläge müssen nun in drei Kategorien eingeordnet werden: A-, B- oder C-Vorschläge.

- ✓ **Prio-A-Vorschläge:** Der Vorschlag führt in absehbarer Zeit zu einer Kostensenkung und beeinträchtigt die Unternehmensziele nicht.
- ✓ **Prio-B-Vorschläge:** Der Vorschlag führt in absehbarer Zeit zu einer Kostensenkung, hat aber auch spürbare Konsequenzen für eine wichtige Leistung, die dem Unternehmensziel dient. Diese Konsequenzen sind risikobehaftet, sodass die Vorschläge zunächst einmal zurückgestellt und weiter untersucht werden müssen.
- ✓ **Prio-C-Vorschläge:** Die Vorschläge sind nur sehr schwer oder gar nicht umsetzbar oder schlicht unwirtschaftlich.

Aufgabe 21.5

Die Swars AG führt gerade eine Gemeinkostenwertanalyse durch. Nach Abschluss der Analysephase liegen die nachfolgend gelisteten Vorschläge auf dem Tisch. Sie sind der Leiter des Entscheidungsgremiums, das die Vorschläge nun in die drei Töpfchen A-, B- und C-Vorschläge einsortieren soll. Da die eine Hälfte des Gremiums plötzlich erkrankt ist – der August ist nun mal Erkältungszeit – und die andere Hälfte ahnungs- und wortlos in ihre Laptops starrt, müssen Sie letztlich allein entscheiden. Hier sind die Vorschläge für Sie:

- ✓ Die Buchhaltung soll komplett eingespart werden, da sie eh nur lästig ist.
- ✓ Die Nachtschicht soll eingestellt werden, da bei der derzeitigen Auftragslage alles mit der Früh- und Spätschicht bewältigt werden kann.
- ✓ Die Abteilung Qualitätssicherung soll massiv aufgestockt werden. Mittelfristig soll dies die Kosten senken.
- ✓ Die Kantine soll an den Imbiss um die Ecke fremdvergeben werden. Der ist deutlich günstiger und verträglicher.
- ✓ Das interne Marketing, das alle internen Arbeitsanweisungen mit tollen PowerPoint-Folien den Mitarbeitern schmackhaft machen soll, soll entfallen.
- ✓ Die Steuerabteilung soll nach Indien ausgelagert werden.
- ✓ Die Rechtsabteilung soll halbiert werden, da sie in den letzten drei Jahren deutlich unterbeschäftigt war.
- ✓ Die Desktops und Laptops sollen künftig mindestens zehn Jahre lang genutzt werden.
- ✓ Der Einsatz von Tablets soll massiv forciert werden, da damit alle Mitarbeiter produktiver werden.

- ✓ Kommt es in den Stabsabteilungen zu Fluktuation, muss jede Ersatzanforderung mit einer Wirtschaftlichkeitsrechnung begründet werden.
- ✓ Im Vertrieb sollen nach und nach die festen Mitarbeiter durch freie Mitarbeiter ersetzt werden.

Die Realisierungsphase

In der Realisierungsphase geht es an die Umsetzung der Vorschläge. Neben der inhaltlichen Umsetzung werden der betreffenden Abteilung auch gleich das Budget und die Planstellen den Vorgaben entsprechend gekürzt.

Aufgabe 21.6

In der Entscheidungsphase konnte ein Prio-A-Vorschlag identifiziert werden: In der personell überbesetzten Verwaltung sollen mittelfristig zwanzig Prozent der Mitarbeiter abgebaut werden. Dies soll über die natürliche Fluktuation laufen; betriebsbedingte Kündigungen gibt es keine. Was muss dazu in der Realisierungsphase unternommen werden?

Zero-Base-Budgeting

Die Budgetplanung kann top-down geschehen, indem die Unternehmensleitung den einzelnen Abteilungen ihre Budgetziele vorgibt. Planen die einzelnen Abteilungen ihr Budget selbst, findet eine Bottom-up-Budgetierung statt. Dabei besteht die große Gefahr, dass Luft eingeplant wird. Am erfolgreichsten ist deshalb das sogenannte Gegenstromverfahren. Hier gibt es beides, Top-down-Zielvorgaben und eine Bottom-up-Planung. In mehreren gegenseitigen Abstimmungen werden diese beiden Sichten in Übereinstimmung gebracht.

Die konventionelle Budgetplanung baut eigentlich immer auf den Vorjahreswerten auf. Diese werden dann häufig mit einer kleinen Steigerungsrate versehen, also einfach fortgeschrieben. Besondere Vorhaben, die im nächsten Jahr neu hinzukommen, werden zusätzlich budgetiert. Und so wachsen die Blasen Jahr für Jahr.

Beim Zero-Base-Budgeting soll genau dies verhindert werden, indem das gesamte Budget von den Kostenstellenverantwortlichen jedes Jahr von Grund auf neu geplant und mit den jeweiligen Leistungen auch begründet werden muss.

Aufgabe 21.7

Mit welchen Maßnahmen soll die Reduzierung der Gemeinkosten beim Zero-Base-Budgeting erreicht werden? Nennen Sie mindestens zwei mögliche Maßnahmen.

Die Vorbereitungsphase: Ziele setzen

In der ersten Phase des Zero-Base-Budgeting, der Vorbereitungsphase, werden zunächst die Mitarbeiter benannt, die sich künftig dem Zero-Base-Budgeting intensiv widmen. Die benannten Mitarbeiter sollten die Leistungen und Prozesse der zu untersuchenden Abteilungen ziemlich gut kennen.

Aufgabe 21.8

Warum sollten in der Vorbereitungsphase des Zero-Base-Budgeting erfahrene Mitarbeiter für das Thema benannt werden, die die betroffenen Abteilungen und Prozesse sehr gut kennen? Wäre es nicht besser, mit einem unbefangenen Blick an die Arbeit zu gehen?

Aufgabe 21.9

Aus welchem Grund ist die Mitarbeit der Unternehmensleitung bereits hier in der Vorbereitungsphase gefragt?

Phase II: Die erste Hauptphase

- ✓ Diese Phase besteht aus insgesamt mehreren Schritten:
- ✓ Die untersuchten Bereiche werden zuerst in sogenannte Entscheidungseinheiten unterteilt.
- ✓ Im zweiten Schritt erfolgt die Festlegung der Leistungsniveaus.
- ✓ Im dritten Schritt werden die Kostensenkungspotenziale ermittelt.
- ✓ Im vierten Schritt werden die Entscheidungspakete für das Management geschnürt.
- ✓ Im fünften Schritt werden die Entscheidungspakete abteilungsintern priorisiert, eine Rangfolge wird gebildet.
- ✓ Im sechsten Schritt muss das Management abteilungsübergreifend eine Priorisierung vornehmen.
- ✓ Zuletzt erfolgt der Budgetschnitt, das Budget wird verteilt.

Erster Schritt: Entscheidungseinheiten bilden

Hier werden in jeder betrachteten Kostenstelle Entscheidungseinheiten gebildet. Eine Entscheidungseinheit ist der organisatorische Rahmen für gleichartige Tätigkeiten.

Aufgabe 21.10

Erläutern Sie bitte, was unter einer Entscheidungseinheit zu verstehen ist und welche Voraussetzung dafür gilt.

Zweiter Schritt: Leistungsniveaus festlegen

Im zweiten Schritt wird für jede Entscheidungseinheit ein Leistungsniveau festgelegt. Zur Auswahl stehen dabei wie so oft im Leben unterschiedliche Leistungsniveaus.

Aufgabe 21.11

Zwischen welchen Leistungsniveaus kann unterschieden werden?

Aufgabe 21.12

Ordnen Sie die nachfolgenden Sachverhalte einem der drei Leistungsniveaus zu:

- ✓ Fall 1: Die Verkaufsabteilung eines Autohauses wird mit so vielen Mitarbeitern ausgestattet, dass Zeit für von Kunden gewünschte Beratungsgespräche bleibt.
- ✓ Fall 2: Die Verkaufsabteilung eines Autohauses wird mit so vielen Mitarbeitern ausgestattet, dass keine Zeit für von Kunden gewünschte Beratungsgespräche bleibt, sondern lediglich Kunden mit klaren Kaufabsichten abgewickelt werden können.
- ✓ Fall 3: Die Verkaufsabteilung eines Autohauses wird mit so vielen Mitarbeitern ausgestattet, dass keine Zeit für von Kunden gewünschte Beratungsgespräche bleibt, sondern mit einiger Wartezeit ab und an Kunden mit klaren Kaufabsichten abgewickelt werden können.
- ✓ Fall 4: Die Verkaufsabteilung eines Autohauses wird mit so vielen Mitarbeitern ausgestattet, dass stets Zeit für von Kunden gewünschte Beratungsgespräche bleibt und freie Mitarbeiter auch aktiv auf Kunden zugehen können, um ein Beratungs- und Verkaufsgespräch eröffnen zu können.

Dritter Schritt: Kostensenkungspotenziale ermitteln

In dieser Phase wird es ziemlich anspruchsvoll: Jede Entscheidungseinheit ist mit bereits einer eigenen Kostenfunktion ausgestattet. Und genau diese wird nun ganz genau betrachtet. Wie verändern sich die Gemeinkosten, wenn das Leistungsniveau noch oben oder unten geschraubt wird?

Neben der reinen Beobachtung der vorhandenen Kostenfunktionen werden die Entscheidungseinheiten auch auf deren Effizienz geprüft. Sind die Prozesse bereits so effizient wie aktuell möglich oder kann noch etwas verbessert werden?

Aufgabe 21.13

Was ist eine Kostenfunktion und wie sieht diese als Formel aus? Erläutern Sie dabei auch den Begriff Stückliste.

Vierter Schritt: Entscheidungspakete schnüren

Nun werden Entscheidungspakete für das Management geschnürt. Für jede Entscheidungseinheit werden drei Szenarien erstellt, also drei Pakete geschnürt, von Leistungsniveau 1 bis 3. Ein Entscheidungspaket enthält die folgenden Punkte:

- ✓ Ziele und Aufgaben der Entscheidungseinheit
- ✓ Beschreibung der Alternativen
- ✓ Beschreibung der Tätigkeiten beim jeweiligen Leistungsniveau 1 bis 3
- ✓ jeweils notwendige Ressourcen
- ✓ Konsequenzen beim Wegfall der Entscheidungseinheit
- ✓ Abhängigkeiten mit anderen Entscheidungseinheiten

Aufgabe 21.14

Wie schätzen Sie den Arbeitsumfang dieser Arbeitsphase ein?

Fünfter Schritt: Entscheidungspakete abteilungsintern priorisieren

Nun müssen die Abteilungen Empfehlungen für eine Rangfolge ihrer Entscheidungspakete erstellen. Dabei sollten Entscheidungspakete mit geringeren Leistungsniveaus stets den Paketen mit höheren Niveaus vorgezogen werden.

In diesem Schritt setzen die betroffenen Mitarbeiter die Prioritäten. Trotzdem müssen die Unternehmensziele beachtet werden. Um das zu gewährleisten, bietet sich eine gelegentliche Vorstellung der Priorisierung in abteilungsübergreifenden Projektgremien an.

Aufgabe 21.15

Nach welchen Kriterien sollen Entscheidungspakete in dieser Phase abteilungsintern priorisiert werden?

Sechster Schritt: Abteilungsübergreifende Priorisierung

In diesem Schritt müssen die Abteilungen und Bereiche abteilungsübergreifend priorisieren. Zusammenarbeit und Abstimmung ist nun gefragt.

Aufgabe 21.16

Welche Risiken bestehen in dieser Abstimmphase?

Siebter Schritt: Der Budgetschnitt

Nun wird operiert. Die Unternehmensleitung darf dabei den Chirurgen spielen und den entscheidenden Schnitt durchführen. Bleibt zu hoffen, dass dies mit viel Sachverstand geschieht und wenig Blut fließt. Der entscheidende Schnitt besitzt beim Zero-Base-Budgeting Kultstatus und damit auch einen eigenen Namen: Budgetschnitt.

Aufgabe 21.17

Was passiert mit Entscheidungspaketen, die unterhalb des Budgetschnitts liegen?

Aufgabe 21.18

Was passiert, wenn alle Entscheidungspakete einer Kostenstelle oder Abteilung unterhalb des Budgetschnitts liegen?

Phase III: Die zweite Hauptphase

Jetzt geht es an die Umsetzung der hehren Pläne. Dazu werden zunächst konkrete Umsetzungspläne erarbeitet und festgelegt.

Aufgabe 21.19

Ihre Einschätzung ist nun gefragt: Wie lange kann so eine Umsetzungsphase dauern:

- ✓ Drei Tage?
- ✓ Zwei Monate?
- ✓ Ein Jahr?
- ✓ Zwei Jahre?

Weitere Budgetierungsmethoden

Das Ende der Geschichte ist noch lange nicht erreicht. Mit der Gemeinkostenwertanalyse und dem Zero-Base-Budgeting gibt es zwar zwei gute Ansätze zum Gemeinkostenmanagement, aber mit dem Better Budgeting, dem Advanced Budgeting und dem Beyond Budgeting stehen weitere Methoden in den Startlöchern.

Beyond Budgeting

Wenn allein der Gedanke an die anstehende Planungsrunde inklusive der Budgetierung für Müdigkeitsattacken sorgt, sollten Sie mal einen Blick auf das Beyond Budgeting werfen. Ziel des Modells ist es, Unternehmen unter völligem Verzicht auf Budgets besser steuern zu können.

Aufgabe 21.20

Damit beim Beyond Budgeting nichts aus dem Ruder läuft, müssen die konventionellen Steuerungsinstrumente Budgetplanung und -kontrolle durch neue Instrumente ersetzt werden. Welche sind das?

Aufgabe 21.21

Ihr Urteil ist gefragt! In welchen der folgenden Fälle wird traditionell budgetiert und in welchen Fällen gibt es Hinweise auf die Anwendung des Beyond Budgeting?

Die Fälle:

- ✓ Die Rimkus-Werft plant im November das folgende Geschäftsjahr. Dabei werden auch die Budgets der einzelnen Kostenstellen geplant.
- ✓ Die Didlapp AG stellt Smartphones her. Fixe Leistungsvereinbarungen gibt es nicht, da oftmals kurzfristig auf den Markt reagiert werden muss. Die Leistungsbewertung erfolgt im Nachhinein auf Basis interner und externer Benchmarks.
- ✓ Die Pauliks GmbH ist ein junges, modernes Unternehmen, das mit rollierenden Forecasts arbeitet, indem dreimal jährlich neue Ist-Erwartungen erstellt werden.
- ✓ Bei der Dargies AG wird die Leistung der einzelnen Abteilungen an den »Best-in-Class-Unternehmen« gemessen.

Better Budgeting

Mit dem Better Budgeting soll die Budgetierung flexibler und schlanker werden.

Aufgabe 21.22

Nennen Sie mindestens fünf typische Eigenschaften des Better Budgeting.

Lösungen zu den Übungsaufgaben

Aufgabe 21.1

Die Gemeinkostenwertanalyse ist im englischsprachigen Raum unter dem Namen Overhead Value Analysis bekannt.

Aufgabe 21.2

Ja, da gibt es noch einige wichtige Punkte, die beachtet werden müssen. Da die Gemeinkostenwertanalyse ähnlich wie ein Projekt durchgeführt wird, müssen in der Vorbereitungsphase auch die Projektmitglieder benannt und ein Lenkungsausschuss und ein Entscheidungsgremium besetzt werden. Die Auswahl der Abteilungen, deren Prozesse und Leistungen analysiert werden sollen, gehört natürlich ebenfalls zur Vorbereitungsphase. Da die Analyse am Ende auch zu Umorganisationen führen kann, sollten alle betroffenen Führungskräfte und der Betriebsrat im Projekt vertreten sein.

Aufgabe 21.3

Kostensenkungen mithilfe von Leistungsreduktionen sind möglich, indem

- ✓ die Leistung komplett gestrichen wird,
- ✓ die Qualitätsansprüche etwas gesenkt werden,
- ✓ der Leistungsumfang ein wenig abgespeckt wird,
- ✓ die Intervalle gedehnt werden, indem zum Beispiel ein Bericht statt wöchentlich nur monatlich erstellt wird.

Aufgabe 21.4

Kostensenkungen mithilfe einer effizienteren Leistungserstellung sind möglich, indem

- ✓ eine Leistung so weit wie möglich standardisiert wird. Meist können dann sogar mehrere bislang dezentral erbrachte Leistungen zusammengefasst und zentral erbracht werden,
- ✓ eine Leistung künftig von einer anderen Abteilung erbracht wird, die damit mehr Erfahrung hat, oder die Leistung extern vergeben wird.

Aufgabe 21.5

Hier die Einordnung der Fälle:

- ✓ Die Buchhaltung soll komplett eingespart werden, da sie eh nur lästig ist: Prio-C-Vorschlag, da nicht umsetzbar. Die Buchhaltung dient der Erfüllung gesetzlicher Vorschriften und kann nicht komplett eingespart werden.

- ✓ Die Nachtschicht soll eingestellt werden, da bei der derzeitigen Auftragslage alles mit der Früh- und Spätschicht bewältigt werden kann: Prio-B-Vorschlag, wenn dem wirklich so ist und sofern die festangestellten Mitarbeiter der Nachtschicht in der Früh- und Spätschicht untergebracht werden können.
- ✓ Die Abteilung Qualitätssicherung soll massiv aufgestockt werden. Mittelfristig soll dies die Kosten senken: Maximal ein Prio-B-Vorschlag, da er nicht in absehbarer Zeit zu Kostensenkungen führt. Ehrlich gesagt eher Prio C, da hier eher Kostenerhöhungen drohen.
- ✓ Die Kantine soll an den Imbiss um die Ecke fremdvergeben werden. Der ist deutlich günstiger und verträglicher: Prio-C-Vorschlag, da die bestehende Kantinenbelegschaft nicht von heute auf morgen nach Hause geschickt werden kann.
- ✓ Das interne Marketing, das alle internen Arbeitsanweisungen mit tollen PowerPoint-Folien den Mitarbeitern schmackhaft machen soll, soll entfallen: Prio-B-Vorschlag, da die Mitarbeiter nicht von heute auf morgen interessantere und produktivere Arbeiten finden werden.
- ✓ Die Steuerabteilung soll nach Indien ausgelagert werden: Prio-C-Vorschlag, da sich in Indien nur sehr schwer Steuerexperten für deutsches, österreichisches oder Schweizer Steuerrecht finden lassen dürften.
- ✓ Die Rechtsabteilung soll halbiert werden, da sie in den letzten drei Jahren deutlich unterbeschäftigt war: Prio-C-Vorschlag; hier liegen möglicherweise Einsparpotenziale brach.
- ✓ Die Desktops und Laptops sollen künftig mindestens zehn Jahre lang genutzt werden: Prio-C-Vorschlag, da unwirtschaftlich.
- ✓ Der Einsatz von Tablets soll massiv forciert werden, da damit alle Mitarbeiter produktiver werden: Prio-C-Vorschlag; er wird eher für Kostensteigerungen sorgen.
- ✓ Kommt es in den Stabsabteilungen zu Fluktuation, muss jede Ersatzanforderung mit einer Wirtschaftlichkeitsrechnung begründet werden: Prio-A-Vorschlag, der sofort umgesetzt werden kann.
- ✓ Im Vertrieb sollen nach und nach die festen Mitarbeiter durch freie Mitarbeiter ersetzt werden: Prio-A-Vorschlag, sofern er zur Unternehmenskultur passt.

Aufgabe 21.6

In der Realisierungsphase müssen alle beteiligten Entscheider darüber informiert werden, dass für die Verwaltung ein Einstellungsstopp verhängt wurde. Das sind zum Beispiel die Personalabteilung und die Personalverantwortlichen in der Verwaltung. Des Weiteren muss die Verwaltung für bereits bekannte Fluktuationsfälle die Arbeitspläne anpassen und das Controlling muss das Personalbudget entsprechend ausplanen.

Aufgabe 21.7

Die Reduzierung der Gemeinkosten soll beim Zero-Base-Budgeting erreicht werden, indem

- ✓ unnötige Leistungen und Prozesse eingestellt werden,
- ✓ bei benötigten Leistungen und Prozessen der Umfang und das Qualitätsniveau auf das gerade noch erforderliche Mindestmaß reduziert werden,
- ✓ bislang brach liegende oder kaum genutzte Ressourcen aktiviert oder bei Nichtgebrauch abgebaut werden.

Aufgabe 21.8

Unerfahrene und damit eventuell auch unbefangene Mitarbeiter können in diesem Prozess sicher einige neue Ideen und Vorschläge einbringen. Auf der anderen Seite laufen sie aber auch Gefahr, von erfahrenen Kostenstellenverantwortlichen ausgetrickst zu werden. Deshalb ist es besser, wenn in dem Team auf jeden Fall erfahrene Mitarbeiter vertreten sind. Es bereichert ein solches Team, wenn diesen Mitarbeitern auch neue Mitarbeiter zur Seite gestellt werden, die manch eingefahrenen Dinge auch mal infrage stellen.

Aufgabe 21.9

In der Vorbereitungsphase ist die Mitarbeit der Unternehmensleitung gefragt, da sie die strategischen und operativen Ziele formulieren muss. Nur so kann später beurteilt werden, ob eine Leistung oder ein Prozess benötigt wird. Obendrein wird von der Unternehmensleitung auch noch das zur Verfügung stehende Gesamtbudget definiert.

Aufgabe 21.10

Eine Entscheidungseinheit ist eine organisatorische Hülle für gleichartige Tätigkeiten, ähnlich wie ein Prozess in der Prozesskostenrechnung. Dabei sollten die folgende Voraussetzungen erfüllt sein: Die einer Entscheidungseinheit zugeordneten Tätigkeiten sollten klar von Tätigkeiten anderer Entscheidungseinheiten abgrenzbar sein.

Aufgabe 21.11

Es kann zwischen drei Leistungsniveaus unterschieden werden:

- ✓ Leistungsniveau 1: das Minimalniveau. Hierbei handelt es sich um das geringste Leistungsniveau, das gerade mal zur Aufrechterhaltung des Geschäftsbetriebs reicht.
- ✓ Leistungsniveau 2: das Mediumniveau. Dieses Niveau entspricht dem auf etwas mehr Effizienz getrimmten Istzustand.
- ✓ Leistungsniveau 3: das Maximalniveau: Dieses Niveau kostet und soll das Unternehmen zukunftsfit machen.

Aufgabe 21.12

Die einzelnen Fälle müssen den folgenden drei Leistungsniveaus zugeordnet werden:

- ✓ Leistungsniveau 1: das Minimalniveau. Hierbei handelt es sich um das geringste Leistungsniveau, das gerade mal zur Aufrechterhaltung des Geschäftsbetriebs reicht.
- ✓ Leistungsniveau 2: das Mediumniveau. Dieses Niveau entspricht dem auf etwas mehr Effizienz getrimmten Istzustand.
- ✓ Leistungsniveau 3: das Maximalniveau: Dieses Niveau kostet und soll das Unternehmen zukunftsfit machen.

Und hier die Zuordnung der vier Fälle zu diesen drei Leistungsniveaus:

- ✓ Fall 1: Die Verkaufsabteilung eines Autohauses wird mit so viel Mitarbeitern ausgestattet, dass Zeit für von Kunden gewünschte Beratungsgespräche bleibt: Diese Situation entspricht am ehesten dem Mediumniveau.
- ✓ Fall 2: Die Verkaufsabteilung eines Autohauses wird mit so viel Mitarbeitern ausgestattet, dass keine Zeit für von Kunden gewünschte Beratungsgespräche bleibt, sondern lediglich Kunden mit klaren Kaufabsichten abgewickelt werden können: Diese Situation entspricht dem Mindestniveau.
- ✓ Fall 3: Die Verkaufsabteilung eines Autohauses wird mit so viel Mitarbeitern ausgestattet, dass keine Zeit für von Kunden gewünschte Beratungsgespräche bleibt, sondern mit einiger Wartezeit ab und an Kunden mit klaren Kaufabsichten abgewickelt werden können: Diese Situation entspricht gerade noch dem Mindestniveau, vielleicht sogar eher noch darunter.
- ✓ Fall 4: Die Verkaufsabteilung eines Autohauses wird mit so viel Mitarbeitern ausgestattet, dass stets Zeit für von Kunden gewünschte Beratungsgespräche bleibt und freie Mitarbeiter auch aktiv auf Kunden zugehen können, um ein Beratungs- und Verkaufsgespräch eröffnen zu können. Diese Situation entspricht am ehesten dem Maximalniveau.

Aufgabe 21.13

Um Kosten fundiert planen und steuern zu können, benötigen Sie eine Kostenfunktion. Sie bildet die Beziehung zwischen den Kosten und deren Einflussgrößen ab. Die simpelste Variante der Kostenfunktion ist die sogenannte Stückliste. Hier wird stets von konstanten, linearen Beziehungen ausgegangen. Fixkosten oder unterproportionale Kosten kommen in dieser einfachen Variante nicht vor.

Eine Kostenfunktion sieht in der Grundform so aus:

$$K = K_{\text{fix}} + K_{\text{var}}$$

Aufgabe 21.14

Dieses Arbeitspaket wird sehr viele Ressourcen für geraume Zeit binden. Zusätzlich bedarf es enormer Vorarbeiten, erinnert sei an die Kostenfunktionen. Wenn die gesamte Organisation nicht dauerhaft damit blockiert werden soll, kann das Zero-Base-Budgeting nicht jährlich, sondern allenfalls alle paar Jahre durchgeführt werden.

Aufgabe 21.15

Die Priorisierung ist nach folgenden Kriterien vorzunehmen:

- ✓ Entscheidungspakete mit geringeren Leistungsniveaus sollen stets Paketen mit höheren Niveaus vorgezogen werden.
- ✓ Weitere abteilungsinterne Priorisierungen müssen im Einklang mit den Unternehmenszielen sein.

Aufgabe 21.16

Hier besteht die Gefahr, dass Machtpositionen ausgenutzt werden, um persönliche »Prio-Listen« durchzusetzen. Sachargumente können bei solchen politischen Spielchen schnell unter die Räder kommen. Besteht zudem keine eindeutige Zielvorgabe der Unternehmensleitung, kann dieser Schritt zum Desaster werden. Durchsetzen werden sich dann Koalitionäre und mächtige Manager. Besteht bei Ihrem Unternehmen diese Gefahr, sollten Sie für diesen Schritt entweder einen Elder Manager oder einen externen Moderator hinzuziehen. Voraussetzung: eine starke Persönlichkeit, die dafür sorgt, dass eine den Unternehmenszielen dienende Rangfolge zustande kommt.

Aufgabe 21.17

Entscheidungspakte die unterhalb des Budgetschnitts liegen, erhalten kein Budget und keine Planstellen. Sie werden handlungsunfähig.

Aufgabe 21.18

Die Antwort ist nicht witzig: Die Kostenstellen beziehungsweise Abteilungen müssen geschlossen werden.

Aufgabe 21.19

Die Umsetzung beschlossener Maßnahmen kann wenige Tage oder Jahre dauern. Das kommt schlicht drauf an. Sollen lediglich kleinere Änderungen im Tagesgeschäft umgesetzt werden, die mit den bestehenden Rahmenbedingungen erfolgen können, kann die Umsetzung recht schnell erfolgen. Müssen IT-Systeme angepasst werden, dauert es schon mal ein paar Monate. Ist eine Umorganisation erforderlich, dauert es ebenfalls ein paar Monate, bis alle Mitarbeiter versetzt und neue Strukturen gebildet wurden.

Aufgabe 21.20

Im Wesentlichen sind es drei Instrumente:

- ✓ rollierende Kostenvorhersagen statt Budgetplanung
- ✓ Balanced Scorecard und Benchmarking statt Budgetvorgaben
- ✓ dezentrale Verantwortung statt zentraler Planung und Kontrolle

Aufgabe 21.21

- ✓ Bei der Rimkus-Werft wird traditionell budgetiert.
- ✓ Bei der Didlapp AG gibt es ein Indiz für die Anwendung des Beyond Budgeting: Es gibt keine starren Ziele.
- ✓ Bei der Pauliks GmbH wird klassisch mit dreimal jährlich überarbeiteten Ist-Erwartungen gearbeitet.
- ✓ Bei der Dargies AG gibt es ein Indiz für die Anwendung des Beyond Budgeting: Das Benchmark-Instrument wird stark genutzt.

Aufgabe 21.22

Für dieses Budgetierungskonzept werden immer wieder die folgenden typischen Eigenschaften genannt:

- ✓ Der Fokus liegt auf bei der Budgetierung relevanten Themen.
- ✓ Die Budgetierung soll so weit wie möglich am Ort des Geschehens stattfinden, also dezentralisiert werden.
- ✓ Der Zero-Base-Ansatz wird angewendet.
- ✓ Benchmark statt interner Zielvorgaben
- ✓ Die Budgetierung orientiert sich an strategischen Zielen, indem Reporting-Tools wie die Balanced Scorecard eingesetzt werden.
- ✓ Rollierende Budgetplanung: Die jährliche Planung hat ausgedient, angesagt ist hier die rollierende Planung. So bleibt die Budgetierung immer schön flexibel.
- ✓ Verstärkte Selbstkontrolle: Die klassische Budgetkontrolle durch die Kostenrechner und Controller wird reduziert, die Abteilungen sollen ab und an auch selbst berichten, wie es um die Budgeteinhaltung steht.
- ✓ Reduktion dysfunktionaler Effekte: keine Zielerreichungsprämien bei Budgeteinhaltung oder Budgetunterschreitung mehr

Teil V
Der Top-Ten-Teil

In diesem Teil …

Falls Sie schon das eine oder andere Buch aus der … *für Dummies*-Reihe gelesen haben, wissen Sie natürlich, was jetzt kommt. Falls nicht, erfahren Sie es jetzt: Es folgt der obligatorische Top-Ten-Teil.

Hier gibt es zehn nützliche Tipps zur Kostensenkung und zehn Internetsites zum Thema Kosten- und Leistungsrechnung.

Zehn Tipps zur Kostensenkung

22

In diesem Kapitel …

- Spare in der Zeit, so hast du in der Not.
- Der Wege, sich zu bereichern, sind viele. Sparsamkeit ist einer der besten.
- Armut, Not und manches Leid fliehen vor der Sparsamkeit.

Keine Sorge, Sie müssen es mit dem Sparen ja nicht gleich so extrem wie die reichste Ente der Welt betreiben, die einmal gesagt haben soll: »Leute, die Geld ausgeben, verstehen nichts von den wahren Freuden eines Kapitalisten.«

Es schadet jedoch nie, in regelmäßigen Abständen alle Ausgaben auf ihre Einsparmöglichkeiten hin abzuklopfen. In diesem Kapitel finden Sie schon einmal ein paar Anregungen. Denn: »Wer den Kreuzer nicht ehrt, ist des Talers nicht wert!«

Klein, aber fein – der Dienstwagen

Wenn Sie glauben sollten, die Zeiten der Tauschwirtschaft seien längst vorbei, täuschen Sie sich. Das Prinzip Ware gegen Ware wird auch heute noch in vielen Unternehmen praktiziert. Der Mitarbeiter stellt seine Ware Arbeit zur Verfügung, als Gegenleistung erhält er einen dicken Geschäftswagen, den er nicht nur geschäftlich, sondern auch privat nutzen darf. Zugegeben, er bekommt am Monatsende daneben auch ein wenig Geld für seine Arbeit. Arbeitgeber nutzen diese Art der Entlohnung gerne, da sie steuerlich gefördert wird.

Die steuerlichen Vorteile bei Dienstwagen werden als *Dienstwagenprivileg* bezeichnet.

Mittlerweile sind mehr als die Hälfte aller Neuzulassungen in Deutschland Dienstwagen. Da der Dienstwagen ein nettes Bonbon sein soll, wird ein Ford Fiesta oder ein VW Polo eher selten als Dienstwagen gekauft oder geleast. Es sind Fahrzeuge der Mittel- und Oberklasse, die als Dienstwagen zugelassen werden. Der Anteil der Dienstwagen in der Mittel- und Oberklasse ist im Laufe der Jahre auf über 85 Prozent angestiegen. Mit anderen Worten: Privat leistet sich eigentlich fast kein Mensch mehr in Deutschland ein neues Fahrzeug aus der Mittel- oder Oberklasse.

Für ein Fahrzeug aus der Mittel- und Oberklasse muss das Unternehmen ganz ordentliche Leasingraten bezahlen. Bewerben Sie deshalb doch bei Ihren Leistungsträgern günstigere Fahrzeuge der Kompaktklasse, indem Sie an deren Vorbildfunktion erinnern. Warum sollen die restlichen Mitarbeiter mit den Ressourcen des Unternehmens sparsam umgehen, wenn die Führungskräfte stets alle Vergünstigungen bis zum Äußersten ausreizen? Sollte für Ihr Unternehmen zudem ein umweltfreundliches Image wichtig sein, können Sie mit dem Argument des niedrigeren CO_2-Ausstoßes bei kleineren Fahrzeugen zusätzlich punkten.

Wenn Sie mit diesen Argumenten auf taube Ohren treffen sollten, können Sie die freiwillige Ebene auch verlassen und mithilfe von unternehmensinternen Anweisungen das kostensenkende Downsizing durchsetzen.

Überflüssige Arbeiten einstellen

Unglaublich, aber wahr: Nicht alle durchgeführten Tätigkeiten im Unternehmen sind wirklich zwingend notwendig. Hinterfragen Sie ab und zu die eine oder andere Tätigkeit. Der Klassiker: Ein Vorstand hat vor Jahren einmal einen Bericht angefordert. Seitdem wird dieser Bericht monatlich erstellt und dem Vorstand zur Verfügung gestellt. Niemand wagt es nachzufragen, ob der Bericht überhaupt noch benötigt wird. Und so landet der Bericht seit Jahren in der Ablage P.

Es kann aber nicht nur der Bericht für den Vorstand sein, auch aufgrund einer schlichten Arbeitsanweisung können unnötig gewordene Tätigkeiten ausgeführt werden. Packen Sie das Übel an der Wurzel und lassen Sie alle Anweisungen, die in irgendeiner Form Arbeit generieren, regelmäßig auf deren Inhalte überprüfen.

Erstellen Sie am besten eine Art Checkliste, anhand derer Sie unnötige Arbeiten erkennen können:

- ✓ Ist die Anweisung noch aktuell?
- ✓ Ist die Anweisung noch sinnvoll?
- ✓ Wird diese Arbeit doppelt und dreifach erledigt?
- ✓ Kann auf die Arbeit verzichtet werden, ohne dass Sie beim nächsten Audit durchfallen oder das laufende Geschäft gefährden?

Nicht so pingelig sein – Arbeiten abspecken

Wenn in Ihrem Unternehmen das Motto gilt: »Wer früher geht, ist schneller fort«, bedeutet das noch lange nicht, dass effizient gearbeitet wird. Der karrierebedingte Wettlauf um die höchste Wochenarbeitszeit schadet Ihrem Unternehmen nicht nur, wenn Sie hierfür Überstunden bezahlen müssen. Sind die Mitarbeiter vornehmlich damit beschäftigt, möglichst als Letzte das Büro zu verlassen und perfektionieren sie deshalb stundenlang die nächste unternehmensinterne Präsentation, kann es durchaus vorkommen, dass Ihre Mitarbeiter irgendwann etwas ausgepowert wirken und die Kreativität und das zielgerichtete Arbeiten leiden.

Ächten Sie aufwendig erstellte interne Präsentationen und prüfen Sie bei jeder manuellen Tätigkeit, ob sie nicht auch mit der Standardsoftware schneller erledigbar gewesen wäre.

Alle Verträge überprüfen

Schnell kann es geschehen, dass man alle laufenden Verpflichtungen als gottgegeben hinnimmt. Überprüfen Sie zuallererst die ältesten Verträge. Hier verstecken sich oftmals die größten Einsparpotenziale. Alte Telekommunikationsverträge, Versicherungsverträge oder Wartungsverträge sollten alle paar Jahre vom Einkauf neu verhandelt werden.

Altverträge sind meistens die Cash-Cows, die Melkkühe der Anbieter.

Sie sollten alle Verträge aber nicht nur auf deren Konditionen hin überprüfen, sondern sich auch fragen, ob Sie diese Leistung wirklich noch zwingend benötigen. Ein Wartungsvertrag für eine alte, kaum noch im Betrieb befindliche Maschine ist nicht mehr nötig, wenn es genügt, bei Problemen einen Wartungsdienst zu bestellen.

Fordern Sie bei allen Wartungsverträgen eine Wirtschaftlichkeitsrechnung ein. Stellen Sie dazu die Frage: Ist die laufende Wartung wirklich kostengünstiger als eine fallweise Wartung, für die nur der angefallene Aufwand bezahlt werden muss?

Working Capital Management

Beim Working Capital Management optimieren Sie ihr operatives Umlaufvermögen, das sich aus den Forderungen, Vorräten und Verbindlichkeiten zusammensetzt:

✓ **Vorräte:** Der Lagerbestand hat dann die optimale Höhe, wenn möglichst wenig Kapital gebunden wird und die Produktion mit ausreichend Material versorgt werden kann.

✓ **Forderungen:** Sie müssen die Zahlungsziele so gestalten, dass Ihre Kunden möglichst schnell bezahlen. Das erreichen Sie, indem Sie zum Beispiel ein klein wenig Skonto gewähren.

✓ **Verbindlichkeiten:** Hier kommt es auf Ihr Verhandlungsgeschick und Ihre Marktmacht an. Ihr Ziel müssen möglichst lange Zahlungsziele sein.

Angenommen, Ihr Unternehmen stünde vor folgendem Problem: Die laufenden Einnahmen reichen gerade so, um die Ausgaben abzudecken. Ihr Ziel ist es jedoch, am Monatsende immer etwas Gewinn zu erzielen. Da Sie keine weiteren Einsparmöglichkeiten sehen, müssen Sie sich etwas Schlaueres einfallen lassen.

Ihr Ziel ist es, das Working Capital auf das Nötigste zu reduzieren, damit am Monatsende etwas Geld übrig bleibt. Und das geht so:

- **Vorräte:** Sie analysieren Ihre Lagerbestände und stellen fest, dass Sie eigentlich die nächsten acht Wochen gar nichts mehr einkaufen müssten. Nachdem Sie die abgelaufene Ware entsorgt haben, bleiben immer noch Vorräte für mindestens sechs Wochen. Sie nehmen sich also vor, Ihre Lagerhaltung zu optimieren.
- **Forderungen:** Ein paar wichtige Kunden zahlen immer erst nach einem halben Jahr. Sie nehmen sich vor, sie künftig freundlich, aber bestimmt um die Begleichung der offenen Rechnungen zu bitten. Das Geld, das Ihnen nun wieder zur Verfügung steht, können Sie sofort auf ein Konto schieben und Zinsen kassieren.
- **Verbindlichkeiten:** Bisher handelten Sie getreu dem Motto: »Nur Bares ist Wahres« und haben die Einkäufe stets bar bezahlen oder sofort überweisen lassen. Kreditkarten und Kundenkarten mit zinsfreien sechsmonatigen Zahlungszielen hielten Sie bislang für unnötigen Schnickschnack. Ab sofort nutzen Sie solche Vorteile radikal aus, ohne deshalb jedoch in einen Konsumrausch zu verfallen. Bis die Rechnungen fällig werden, legen Sie das Geld gut an und kassieren schon wieder Zinsen.

Diese Maßnahmen werden die Situation sicherlich nicht grundsätzlich verändern, aber zumindest ein wenig aufhellen.

Abos kündigen

Kollege Meier benötigt ganz dringend das Abo einer Zeitschrift, Kollege Müller kann ohne den Zugang zu einer Datenbank im Internet seine Aufgaben nicht erfüllen.

Irgendwann hat Kollege Müller das Unternehmen verlassen. Kollege Meier wechselte bereits vor drei Jahren in eine andere Abteilung. Die Abos laufen dennoch munter weiter. Lassen Sie sich doch einmal von jeder Abteilung eine Aufstellung aller Abos geben und schauen Sie dem Kostenstellenleiter tief in die Augen, während Sie ihn fragen, ob die Abos und Zugänge wirklich noch benötigt werden.

Mehr Mut zum Risiko – Selbstbeteiligung erhöhen

Wie sind Sie eigentlich privat versichert? Haben Sie bei Ihrer Kfz-Versicherung eine Selbstbeteiligung gewählt, um die Versicherungsprämie zu reduzieren? Wenn einmal tatsächlich etwas passieren sollte, können Sie eine Selbstbeteiligung von 300 Euro verschmerzen. Gegen ein Risiko in dieser Höhe muss man sich ja nicht versichern.

Handeln Sie im Unternehmen genauso oder haben Sie hier die Versicherungsagenten handeln lassen? Prüfen Sie bei allen Versicherungsverträgen, ob eine Selbstbeteiligung möglich und wirtschaftlich ist.

Mietkosten senken

Sind bei Ihnen im Büro jeden Tag immer alle Schreibtische besetzt? Nein? Dann prüfen Sie doch, ob Sie die Raumnutzung nicht besser organisieren können. Am Ende springen dabei vielleicht sogar ein paar ungenutzte Räume raus, die nicht weiter gemietet werden müssen.

Energiekosten senken

Auch wenn Sie die Mitarbeiter schon hundertmal ermahnt haben, abends die Monitore und Drucker auszuschalten: Irgendwelche Geräte laufen trotzdem immer die ganze Nacht auf Stand-by. Am besten helfen dagegen Schalter, mit denen Sie die komplette Stromversorgung eines Raumes aus- und anschalten können – ähnlich wie ein Lichtschalter. Sind solche Schalter nicht vorhanden, können Sie Energiebeauftragte ernennen, deren Aufgabe es ist, abends danach zu schauen, ob verwaiste Geräte noch an sind.

Sonderwünsche ablehnen

Wenn der Vorstand mal wieder auf die Schnelle eine Sonderauswertung benötigt, die die halbe Abteilung eine Woche lang beschäftigt, sollten Sie all Ihren Mut zusammenfassen und ihn darauf hinweisen, dass Ihre halbe Abteilung damit eine Woche lang beschäftigt ist. Wenn er trotzdem weiterhin auf die Auswertung besteht, muss es ja wirklich wichtig sein.

Zehn wichtige Webseiten

23

In diesem Kapitel ...

- Hilfe bei Problemen
- Foren
- Downloads

Nach so vielen Übungsaufgaben können Sie in den Internet-Foren bestimmt dann und wann weiterhelfen. Sollten Sie selber mal die eine oder andere kniffelige Frage haben, sind die hier aufgeführten Foren und die anderen Websites auch ganz hilfreich.

Glauben Sie nicht sofort alles, was Sie im Internet finden. Prüfen Sie die Inhalte, indem Sie zumindest noch weitere Websites zu Ihrem Thema absuchen.

Xing

`www.xing.com`

Auf Xing können Sie sich nach Anmeldung über berufsspezifische Themen in diversen Gruppen austauschen. Auf dieser Plattform können Sie sich für eine kostenlose oder für eine kostenpflichtige Mitgliedschaft entscheiden. Mein Tipp: zuerst die kostenlose Mitgliedschaft ausprobieren.

Controllerspielwiese

`www.controllerspielwiese.de`

Hier handelt es sich eindeutig um die Website mit dem schönsten Namen. Die Startseite ist übersichtlich in verschiedene Themengebiete gegliedert. In der Toolbox finden Sie zum Beispiel Kennzahlen, Reports, diverse Berechnungen und Excel-Tools. Unter den Links `News`, `Wörterbuch` und `Themenspeicher` gibt es Erläuterungen zu den wichtigsten Themen.

Besonders erwähnenswert ist die Kontaktecke. Sollten Sie sich für die kostenlose Mitgliedschaft auf der Controllerspielwiese entscheiden, können Sie diese Plattform zum Erfahrungsaustausch nutzen. Im Forum können Sie zudem Ihre Fragen loswerden und mit ein bisschen Glück auch Antworten bekommen. Das Forum verfügt auch über eine Suchfunktion.

Ergänzt wird das Angebot dieser Seite durch einen kleinen Stellenmarkt und eine Linksammlung.

Controllerverein

www.controllerverein.com

Das Unvermeidliche geschah im Jahre 1975. Controller gründeten den Internationalen Controllerverein e.V. Heute hat der Verein nach eigenen Angaben über 4.000 Mitglieder, hauptsächlich aus dem deutschsprachigen Raum.

Die übersichtlich gestaltete Website ist unter anderem in die Bereiche VEREIN, ARBEITSKREISE, CONTROLLING-WISSEN, VERANSTALTUNGEN und KARRIERE gegliedert. Unter VEREIN finden Sie allgemeine Informationen rund um die Kosten- und Leistungsrechnung sowie Informationen über den Verein. Beim Link CONTROLLING-WISSEN gibt es eine Werkzeugkiste mit ein paar Tools zum Download sowie ein kleines Forum.

Competence-Site

www.competence-site.de

Auf der Competence-Site finden Sie jede Menge Beiträge aus der Welt des Managements. Darunter natürlich auch Artikel zum Thema Kostenrechnung. Wenn Sie sich für die kostenlose Mitgliedschaft auf dieser Seite entschieden haben sollten, dürfen Sie dort sogar eigene Artikel verfassen. Eine Redaktion wacht darüber, dass kein Unsinn auf die Seite gestellt wird. Das Angebot dieser Website wird durch ein Forum und den Bezug von Newslettern abgerundet.

Business-Wissen

www.business-wissen.de

Die Rubrik »Kosten- und Leistungsrechnung« versteckt sich im Kasten Schlagworte. Dort können Sie ein paar Artikel zu Kostenrechnungsthemen ansehen.

Controllingportal

www.controllingportal.de

Das Controllingportal glänzt durch ein relativ gut frequentiertes Forum, das zudem mit einer Suchfunktion ausgestattet ist.

Auf dieser Website finden Sie unter dem Stichwort »Kostenrechnung« kurze Erläuterungen zu den wichtigsten Kostenrechnungsthemen. Unter dem Stichwort Fachbeträge gibt es recht gute Artikel zu unterschiedlichen Themen.

Handelsblatt

`http://www.handelsblatt.com`

Diese Seite bietet aktuelle Unternehmensmeldungen. Wenn Sie die Seite nach dem Stichwort Kostenrechnung durchsuchen, werden Sie immer wieder interessante Artikel finden, die sich mit der Praxis und der Theorie der Kostenrechnung beschäftigen.

Wikipedia

`http://www.wikipedia.de`

Wikipedia ist eine riesige Online-Enzyklopädie mit freien Inhalten. Hier finden Sie zu nahezu jedem Schlagwort eine Info und auf fast jede Frage eine Antwort. Der Clou: Hier kann jeder Anwender bestehende Artikel ergänzen oder neue Texte anlegen. Diese Artikel werden mittlerweile vor ihrer endgültigen Veröffentlichung sehr genau geprüft, um die Verbreitung von Schwachsinn zu vermeiden. Das Prinzip der Site ist es, das Wissen von möglichst vielen Nutzern zu bündeln, um es anderen Nutzern zur Verfügung zu stellen.

Auch das Thema Kosten- und Leistungsrechnung ist hier mit sehr vielen Fachbegriffen vertreten. Probieren Sie es einfach mal aus und falls Sie auf einen Fehler stoßen sollten, beheben Sie ihn doch gleich – nach der Lektüre dieses Buches kann Ihnen nämlich keiner so schnell mehr etwas vormachen.

Gruenderlexikon

`http://www.gruenderlexikon.de`

Die Hauptadressaten dieser Website sind, wie es der Name schon sagt, Existenzgründer. Allerdings bietet diese Seite auch Nicht-Existenzgründern ein umfangreiches Lexikon, in dem unter anderem viele Begriffe aus der Kostenrechnungswelt nochmals anschaulich erklärt werden.

Und falls Sie mit dem Gedanken spielen, sich selbstständig zu machen oder Sie das womöglich bereits sind, sei Ihnen die Seite umso mehr ans Herz gelegt.

Wirtschaftslexikon24

`www.wirtschaftslexikon24.net`

Auf Wirtschaftslexikon24 finden Sie ein recht umfassendes Online-Wirtschaftslexikon. Hier erhalten Sie sehr schnell erste Informationen zu Ihrem Suchwort.

Betrieben wird diese Seite von einem Team von Freiwilligen. Spenden sind jederzeit herzlich willkommen, damit die Informationen weiterhin kostenlos zur Verfügung gestellt werden können.

Stichwortverzeichnis

L

M

N

O

P

R

S

Übungsbuch Kosten- und Leistungsrechnung für Dummies – Schummelseite

Wichtige Begriffe

Finanz- und Betriebsbuchhaltung

Die Finanzbuchhaltung ermittelt das Unternehmensergebnis, indem sie sämtliche Geschäftsfälle einer Periode erfasst, also auch alle Geschäftsfälle mit externen Partnern. Die Betriebsbuchhaltung erfasst dagegen nur innerbetriebliche Vorgänge, die mit dem eigentlichen Leistungsprozess des Unternehmens zusammenhängen.

Ein- und Auszahlungen

Bei Einzahlungen handelt es sich um die Erhöhung der vorhandenen Zahlungsmittel, sprich der liquiden Mittel. Liquide Mittel sind Bargeld, jederzeit verfügbare Bankguthaben oder Schecks. Auszahlungen verringern den Bestand an Zahlungsmitteln, sprich die Liquidität. Liquide Mittel sind Bargeld, jederzeit verfügbare Bankguthaben oder Schecks.

Einnahmen und Ausgaben

Alle Einzahlungen, Forderungszuwächse und Schuldenabnahmen erhöhen Ihr Geldvermögen und sind somit Einnahmen. Alle Auszahlungen, Schuldenzuwächse und Forderungsabnahmen verringern Ihr Geldvermögen und sind somit Ausgaben.

Ertrag und Aufwand

Willkommen beim externen Rechnungswesen. Genauer gesagt in der Welt der Erfolgsrechnung. Hier geben Ertrag und Aufwand den Ton an. Erträge sind alle Wertzuwächse eines Abrechnungszeitraums, erbracht etwa mithilfe von produzierten Gütern und Dienstleistungen oder auch Wertsteigerungen. Natürlich immer bewertet in harten Euros oder Schweizer Franken, eventuell auch in anderen Währungen wie etwa dem US-Dollar. Aufwendungen sind alle in einer Periode, das ist meist ein Geschäftsjahr, verbrauchten Güter und Dienstleistungen sowie Abnutzungen von Anlagen und Wertminderungen. Natürlich immer bewertet in Geld, nicht in gefühlten Einheiten oder Muscheln.

Kosten und Leistungen

Vorhang auf für die Kosten- und Leistungsrechnung. Leistungen beziehungsweise Erlöse sind die in Geld bewerteten, sachzielbezogenen Güter- und Leistungsentstehungen einer Abrechnungsperiode. Leistungen beziehungsweise Erlöse entstehen also, wenn Produkte oder Dienstleistungen erstellt werden. Zieht man von den Erlösen beziehungsweise Leistungen die Kosten ab, erhält man übrigens das Betriebsergebnis. Kosten sind der in Geld bewertete, sachzielbezogene Güter- und Leistungsverbrauch einer Abrechnungsperiode. Kosten fallen also an, wenn Produkte oder Dienstleistungen erstellt werden.

Fixe und variable Kosten

Fixkosten fallen in gleichbleibender Höhe an, egal welche Mengen produziert werden. Variable Kosten sind dagegen von der Produktionsmenge abhängig. Fixe Kosten werden gerne auch als Kosten der Betriebsbereitschaft bezeichnet, manchmal auch als zeitabhängige Kosten oder Bereitschaftskosten. Langfristig betrachtet gibt es keine fixen Kosten; im Extremfall, so bei einer Betriebsschließung, können alle Kosten auf null reduziert werden. Sie sollten also immer einen Zeitrahmen definieren, der für die Unterscheidung in fixe und variable Kosten gelten soll. Dies kann ein Monat oder das Geschäftsjahr sein. Meistens betrachtet man einen Monat, seltener ein Jahr.

Stück- und Grenzkosten

Stückkosten sind die pro produzierter Einheit entstehenden Kosten. Sie werden manchmal auch als Durchschnittskosten bezeichnet. Die Grenzkosten sind jene Kosten, die durch die Produktion genau einer weiteren Einheit eines Produkts entstehen.

Übungsbuch Kosten- und Leistungsrechnung für Dummies – Schummelseite

Hilfreiche Websites für Kostenrechner

Business-Wissen

www.business-wissen.de

Die Rubrik »Kosten- und Leistungsrechnung« versteckt sich im Kasten SCHLAGWORTE. Dort finden Sie Artikel zu Kostenrechnungsthemen.

ControllerSpielwiese

www.controllerspielwiese.de

Hier handelt es sich eindeutig um die Website mit dem schönsten Namen. Die Startseite ist übersichtlich in verschiedene Themengebiete gegliedert. In der Toolbox finden Sie Kennzahlen, Reports, diverse Berechnungen und Excel-Tools. Unter den Links NEWS, WÖRTERBUCH und THEMENSPEICHER gibt es kurze Erläuterungen zu den wichtigsten Themen.

Controller Verein

www.controllerverein.com

Das Unvermeidliche geschah im Jahre 1975. Controller gründeten den Internationalen Controller Verein e.V. Heute hat der Verein nach eigenen Angaben über 4.000 Mitglieder, hauptsächlich aus dem deutschsprachigen Raum.

Wirtschaftslexikon24

www.wirtschaftslexikon24.net

Auf Wirtschaftslexikon24 finden Sie ein recht umfassendes Online-Wirtschaftslexikon. Hier erhalten Sie sehr schnell erste Informationen zu Ihrem Suchwort.

Kostenrechnungssysteme

Istkostenrechnung

Hier wird mit Istmengen und Istpreisen gearbeitet.

Normalkostenrechnung

Der Zufall hat hier kaum Chancen, zufällige Schwankungen werden mithilfe der Durchschnittbildung eingeebnet.

Plankostenrechnung

In Zukunft wird alles gut. So zumindest der Plan. Unwirtschaftliche Vergangenheitswerte werden hier nicht einfach fortgeschrieben, hier wird stattdessen mit geplanten Mengen und Preisen gearbeitet.

Vollkostenrechnung

Hier werden alle Kosten, ob fix oder variabel, verrechnet.

Teilkostenrechnung

Bei einer Teilkostenrechnung werden im Gegensatz zur Vollkostenrechnung nicht alle fixen und variablen Kosten erfasst und verteilt. Es werden nur die variablen Kosten den Produkten zugerechnet.